JN312204

ポイントがわかる
分子生物学 第2版

Molecular Biology

真野　佳博
川向　誠
編著

丸善出版

まえがき

　分子生物学という学問領域には夢がある．生き物に関わる不思議な自然現象に遭遇し，「なぜそうなるのか」という素朴な問いかけに対し，遺伝子や分子のレベルで答えを見いだそうとする学問である．実験を通して得られた結果からは，さらに「なぜ」「なにが」「どのようにして」という知的探求心が湧いてくる．探求心を満たすことは喜びである．その飽くことのない探求心によって，生命現象が解き明かされ，分子生物学は目覚ましく進展してきた．

　生命の基本単位が細胞で，その根源的物質がDNAであり，どのような構造をしているのかが明らかにされた．その発見から間もなく60年，分子生物学は還暦を迎えようとしている．この間の研究によって，生命現象はより深く詳しく理解できるようになった．しかし，わかれば解るほど，いっそう生き物の不思議さが見えてくる．分子のことばで生命現象を語るには，まだ100年早いのかもしれない．そう考えると，分子生物学は老年期を迎えたのではなく，むしろ，これからが青年期なのである．

　分子生物学の黎明期には，原核生物の大腸菌や，それに感染するバクテリオファージを用いて生命現象解明の研究が行われた．原核生物で得られた多くの知見をもとに，次に，真核生物の酵母を用いて研究が進み，動物や植物へと研究の対象が広まっていった．その間に数多くの発見があり，科学と技術の進歩があった．2003年にヒトゲノムが解読され，今では個人のゲノム配列が解読できる時代になった．また，1,000種類以上の生物の遺伝情報が集積されて，それらは，医学，薬学，農学分野で応用されている．

　このように壮大な学問に成長した夢のある分子生物学の最新情報を的確に伝えるため，10年ぶりに内容を大幅に改訂することにした．そして，ポイントを絞って，図や表を多用し，わかりやすい言葉で解説しようというのが本書のめざすところである．わかりやすく伝えると，ものごとの本質がその中に見えてくる．この分野の最先端でご活躍の専門家に執筆をお願いし，ご自分の学術活動で得られた知見を，新たに足を踏み入れる若人たちに還元していただくことにした．内容をこれ以上は短くできないところまで濃縮し，かつ，できるだけ平易な言葉で説明するという，究極の「濃縮還元」書が出来上がったと思っている．じっくりと味わっていただけたら幸いである．また，索引の充実にも心がけた．日本語と英語の両方からキーワードを調べることができる用語集としても活用できると考えている．

　本書の出版にあたり，執筆者の皆様にはいろいろとご協力をいただきました．また，丸善出版事業部の東美由紀さん，添田京子さん，安井美樹子さんには，たいへんお世話になりました．末筆ながら，お礼を申し上げます．

2010年9月

編　著　者

執筆者一覧

■編著者　真野　佳博　東海大学大学院生物科学研究科教授
　　　　　川向　　誠　島根大学生物資源科学部教授

■執筆者　池田　正人　信州大学農学部
　　　　　内海龍太郎　近畿大学大学院農学研究科
　　　　　大坪　久子　日本大学総合科学研究所
　　　　　岡田　典弘　東京工業大学大学院生命理工学研究科
　　　　　川向　　誠　島根大学生物資源科学部
　　　　　木岡　紀幸　京都大学大学院農学研究科
　　　　　小山　直人　味の素株式会社イノベーション研究所
　　　　　　　　　　　フロンティア研究所
　　　　　下坂　　誠　信州大学繊維学部
　　　　　千　　菊夫　信州大学農学部
　　　　　田中　克典　関西学院大学理工学部
　　　　　中川　　強　島根大学総合科学研究支援センター
　　　　　根本圭一郎　愛媛大学無細胞生命科学工学研究センター
　　　　　堀越　哲郎　東海大学工学部医用生体工学科
　　　　　真野　佳博　東海大学大学院生物科学研究科
　　　　　村中　俊哉　大阪大学大学院工学研究科
　　　　　吉田　健一　明治大学大学院農学研究科
　　　　　和地　正明　東京工業大学大学院生命理工学研究科
　　　　　渡辺　　勝　岩手医科大学薬学部

（五十音順　2010年9月現在）

目　　次

1. 遺伝子の世界

遺伝子DNA

1-1　ゲノムと遺伝子 ……………………………………………（真野佳博）　2
生物とは／ゲノムという概念／物体としての染色体／染色体およびDNAの二重らせん構造／ゲノムの中の遺伝子

1-2　遺伝子の本体はDNAである ………………………………（真野佳博）　4
遺伝物質としての核酸／DNAの化学構造／RNAの化学構造／DNAの半保存的複製

1-3　ヌクレオチド生合成 …………………………………………（真野佳博）　6
代謝とは／核酸を構成する成分の生合成経路／代謝制御機構

1-4　物質と生命現象 ………………………………………………（真野佳博）　8
無駄のない生物のシステム／遺伝子が機能しないと，生命は危機的状況に陥ることがある／リボヌクレオチドとデオキシリボヌクレオチドの不思議／DNA複製には方向性がある

遺伝子の複製

1-5　DNA複製 ……………………………………………………（真野佳博）　10
レプリコン／複製開始点／DNA複製の開始反応／DNA複製機構

1-6　ファージの複製 ………………………………………………（真野佳博）　12
ファージのゲノム／溶菌と溶原性／ファージは宿主に依存して複製する／ファージ複製のための巧妙な戦略

1-7　突然変異 ………………………………………………………（真野佳博）　14
突然変異の種類／変異の起こり方／突然変異による遺伝子発現の変化

1-8　修復機構 ………………………………………………………（真野佳博）　16
DNAに生じた損傷と修復機構／除去修復／直接修復／ミスマッチ修復／大腸菌のDNAポリメラーゼはDNA合成機能と修復機能を併せもっている

遺伝子発現

1-9　原核細胞の転写 ………………………………………………（真野佳博）　18
遺伝情報の発現様式／センス鎖とアンチセンス鎖／プロモーター部位から転写が開始される／転写はRNAポリメラーゼによって行われる

1-10　真核細胞の転写に関与する因子 …………………………（真野佳博）　20
真核細胞のRNAは3種類のRNAポリメラーゼによって合成される／真核細胞のプロモーターとエンハンサー／プロモーターを認識する転写因子／転写因子の構造

1-11　真核細胞の遺伝情報発現 …………………………………（真野佳博）　22
真核細胞の遺伝子構造／真核細胞遺伝子の情報発現／スプライシングによるイントロンの除去

1-12 スプライシングの機構 ……………………………………………………（真野佳博）24
　　グループⅠおよびⅡイントロンのスプライシング機構／核の前駆体mRNAのスプライシング部位／スプライソソームによる前駆体mRNAのスプライシング／リボザイム

1-13 遺伝暗号 ……………………………………………………………………（真野佳博）26
　　トリプレットコドン／遺伝暗号の特徴／コドンとアンチコドン／遺伝子の重複

1-14 翻訳 …………………………………………………………………………（真野佳博）28
　　遺伝情報をアミノ酸配列に変換する／リボソーム／タンパク質の生合成
　　コラム：遺伝子，アリル，タンパク質の表記　（川向　誠）

1-15 遺伝子発現の制御 …………………………………………………………（真野佳博）31
　　遺伝子の発現が制御される段階／転写制御／転写後修飾／翻訳制御／翻訳後修飾／マイクロRNAによる遺伝子発現制御

1-16 クロマチンダイナミックス ………………………………………………（川向　誠）34
　　クロマチン／ヒストン／ヒストンコード／エピジェネティックス
　　コラム：下村脩（ノーベル化学賞受賞者）　（川向　誠）

1-17 RNA編集 ……………………………………………………………………（村中俊哉）36
　　RNA編集とは／哺乳動物におけるRNA編集／高等植物におけるRNA編集
　　コラム：田中耕一（ノーベル化学賞受賞者）　（川向　誠）

1-18 RNAiとジーンサイレンシング ……………………………（根本圭一郎，真野佳博）38
　　RNAiとは／RNAiの分子機構／RNAiを誘導する小さなRNA分子／生物におけるRNAiの役割

【生命の起源と進化】

1-19 生命の起源 ………………………………………………………………（岡田典弘）40
　　化学進化と生物進化／分子化石／RNAワールド／tRNAの出現とタンパク質合成の起源／複製機構の進化

1-20 ウイロイドとプリオン ……………………………………（根本圭一郎，真野佳博）42
　　ウイロイドとは／ウイロイドの構造／ウイロイドの複製と病原性／プリオンとは／正常なプリオンは細胞の遺伝子からつくられる／異常なプリオンはどうやって増えるのか

1-21 分子進化 …………………………………………………………………（岡田典弘）44
　　分子時計／分子進化の中立説／遺伝的浮動と多型／系統樹作成法

1-22 バイオインフォマティクス ………………………………………………（吉田健一）46
　　バイオインフォマティクスとは／配列間の比較／配列の保存性
　　コラム：利根川進（ノーベル生理学・医学賞受賞者）　（川向　誠）

1-23 レトロポゾン ………………………………………………………………（岡田典弘）48
　　レトロポゾンの定義と分類／レトロポゾンとゲノムの多様化／レトロポゾンの進化／SINEとLINEの増幅機構／CNEの発見

1-24 トランスポゾン ……………………………………………………………（大坪久子）50
　　トランスポゾンとは？／トランスポゾンの転移様式／薬剤耐性遺伝子を運ぶトランスポゾン／植物のトランスポゾンと易変性／トランスポゾン・タギング

2. 細胞の世界

細胞複製

2-1　細菌の細胞複製 ……………………………………………（和地正明）54
　細胞分裂変異株/FtsZ リング/アクチン様細胞骨格タンパク質 MreB/ペニシリン結合タンパク質/細胞分裂の制御因子

2-2　真核生物の細胞複製 ………………………………………（田中克典）56
　はじめに/DNA 複製/セントロメア/テロメア

2-3　真核生物の細胞周期 ………………………………………（川向　誠）58
　真核生物の細胞周期/細胞周期におけるサイクリンの変動/Cdc 2 とサイクリンの活性調節

情報伝達

2-4　神経伝達，光受容，細菌走化性のシグナル伝達 …………（内海龍太郎）60
　神経細胞におけるシグナル伝達/光受容とシグナル伝達/細菌走化性におけるシグナル伝達

2-5　ホルモン作用とシグナル伝達 ……………………（内海龍太郎, 川向　誠）62
　G タンパク質を介するアドレナリンの作用/インスリンの作用/ステロイドホルモンの作用

2-6　タンパク質のプロセシング …………………………………（千　菊夫）65
　シグナル配列がタンパク質の行き先を決める/S-S 結合はタンパク質の高次構造を安定化する/シャペロンはタンパク質の折りたたみを介助する/タンパク質のアミノ酸側鎖への修飾

2-7　タンパク質の輸送 …………………………………………（川向　誠）68
　原核生物での膜タンパク質の輸送/小胞体から細胞膜へのタンパク質の輸送/核へのタンパク質の輸送/ミトコンドリアへのタンパク質の輸送

2-8　タンパク質の一生 …………………………………………（渡辺　勝）70
　タンパク質の誕生から死まで/オートファジーによる分解/ユビキチン-プロテアソーム系による分解/タンパク質の品質を管理する 4 段階の戦略

発生と分化

2-9　動物の遺伝子発現 …………………………………………（木岡紀幸）72
　多細胞動物における遺伝子発現調節の重要性/正のフィードバックによる非対称性の構築と段階的誘導相互作用/ホメオティック遺伝子

2-10　動物の形態形成 ……………………………………………（木岡紀幸）74
　体軸決定/外胚葉，中胚葉，内胚葉の形成/器官形成

2-11　ES 細胞と iPS 細胞 ………………………………………（木岡紀幸）76
　全能性と多能性/胚性幹細胞(ES 細胞)/人工多能性幹細胞(iPS 細胞)

2-12　植物の遺伝子発現 …………………………………………（村中俊哉）78
　植物の遺伝子発現の特徴/アクティベーションタギング/DNA マイクロアレイ技術と共発現データ解析

2-13　植物の形態形成 ……………………………………………（中川　強）80
　分裂組織の構造と働き/花の発達/花の形態形成に関わる遺伝子

脳と神経

2-14　神経系の遺伝子発現 ………………………………………（堀越哲郎）82
　神経細胞の特徴/イオンチャネル/神経伝達物質受容体/神経系機能分子の遺伝子発現

vii

2-15 学習と記憶 ································(堀越哲郎) 84
　　学習・記憶とシナプスの可塑的変化/機能分子をみつける/機能分子の働きを確かめる/学習・記憶に関わる遺伝子のネットワークを知るには

　　　　　　　　　　　　が　　　　ん

2-16 がん遺伝子とがん抑制遺伝子 ··················(渡辺　勝) 86
　　細胞の"がん化"とは/多段階発がんモデル/がん遺伝子とその機能/がん抑制遺伝子とその機能

2-17 アポトーシス ································(渡辺　勝) 88
　　アポトーシスとネクローシス/アポトーシスのシグナル伝達/貪食と分解/アポトーシスと疾患

2-18 レトロウイルス ······························(渡辺　勝) 90
　　レトロウイルスとは/レトロウイルスの生活環/レトロウイルスの研究からがん遺伝子 c-onc の発見へ/レトロウイルスによる発がんのメカニズム

　　　　　　　　　　　　免　疫　応　答

2-19 生体防御機構 ································(渡辺　勝) 92
　　自然免疫応答と適応免疫応答/自然免疫応答/補体は食作用を補助する/適応免疫応答/異物の侵入に対する障壁

2-20 体液性免疫 ··································(渡辺　勝) 94
　　体液性免疫の概要/「B細胞」の活性化/クローン選択説/抗体の立体構造と多様性/免疫記憶

2-21 細胞性免疫 ··································(渡辺　勝) 96
　　細胞性免疫の概要/抗原提示細胞によるT細胞の活性化/MHC分子によるT細胞の分化/Tc細胞は感染細胞を直接攻撃する/Th細胞は免疫応答を補助する

付表　分子生物学に関連するノーベル賞受賞者一覧 ··················98

3. 生命科学と技術

　　　　　　　　　　　　遺伝子の解析

3-1 制限酵素 ····································(真野佳博) 100
　　制限と修飾/制限酵素の3つの型/遺伝子操作に汎用されるII型制限酵素

3-2 プラスミド ························(根本圭一郎, 真野佳博) 102
　　プラスミドとは/プラスミドの構造/遺伝子のクローニングと発現用のベクター

3-3 遺伝子のクローニング ················(根本圭一郎, 真野佳博) 104
　　クローニングの概要/DNAライブラリーを用いた遺伝子クローニング/PCRを用いた遺伝子クローニング/目的遺伝子をもつクローンの効率的な選択方法

3-4 遺伝子導入 ························(内海龍太郎, 川向　誠) 106
　　細菌細胞への遺伝子導入/組換えファージDNAの細菌細胞への導入/酵母への遺伝子導入/動物細胞への遺伝子導入/植物細胞への遺伝子導入

3-5 DNA塩基配列決定法 ··························(真野佳博) 108
　　暗号化された遺伝情報を解読する/ダイデオキシ法(サンガー法)/ダイデオキシリボヌクレオチドを用いた塩基配列決定法の原理/4種類の蛍光色素で標識したddNTPを用いて塩基配列を決定する

3-6　PCR ……………………………………………………………（真野佳博）110
　　　DNAの熱変性とアニーリング/in vitro DNA合成/PCRの原理/PCRにおけるDNA合成の忠実度

3-7　PCRの応用 ………………………………………（根本圭一郎，真野佳博）112
　　　インバースPCR/RT-PCR/PCRを用いた遺伝子発現の解析/PCRによる遺伝子の部位特異的変異導入法

3-8　マイクロアレイ ……………………………………………………（川向　誠）114
　　　マイクロアレイ/1色法と2色法マイクロアレイ/マイクロアレイの利用例/定量的PCR
　　　コラム：オミックス omics　（川向　誠）

3-9　ゲノム解析 ……………………………………………………（吉田健一）116
　　　ゲノムプロジェクトとは/個々人で異なる塩基の解析/ポストゲノム

3-10　ブロッティング〈サザン，ノーザン，ウエスタン〉………………（下坂　誠）118
　　　核酸のハイブリダイゼーション/ブロッティング法/サザンブロッティング法/ノーザンブロッティング法/ウエスタンブロッティング法

3-11　細胞の可視化 …………………………………………………（中川　強）120
　　　蛍光観察法/蛍光タンパク質/蛍光タンパク質による細胞の可視化

細胞工学

3-12　植物分子細胞育種 ……………………………………………（真野佳博）122
　　　食糧生産と地球環境の保全/植物分子細胞育種のストラテジー/不思議な能力をもつ土壌細菌アグロバクテリウム

3-13　植物細胞工学 …………………………………………………（真野佳博）124
　　　植物細胞への遺伝子導入方法/形質転換植物の作出

3-14　動物細胞工学 …………………………………………………（木岡紀幸）126
　　　動物細胞への遺伝子導入/トランスジェニック動物/ノックアウトマウス/ES細胞，iPS細胞を用いた再生医療，疾患モデル開発

生産工学

3-15　微生物細胞による物質生産〈農学，薬学への応用〉………………（池田正人）128
　　　微生物による物質生産の概要/生理活性タンパク質の生産/ATP再生系との共役による有用物質生産（グルタチオンの生産を例に）/植物系バイオマスからのバイオ燃料の生産/ゲノム情報に基づいて再構築した生産菌によるアミノ酸の生産/コンピュータ検索により見出した新規酵素によるジペプチドの生産

3-16　植物細胞による物質生産〈農学，薬学への応用〉………………（村中俊哉）130
　　　なぜ植物細胞による物質生産を行うのか/植物細胞培養/毛状根培養
　　　コラム：根性で成し遂げたバイオリップ　（村中俊哉）

3-17　動物細胞による物質生産〈農学，薬学への応用〉………………（小山直人）132
　　　ある種のバイオ医薬品は動物細胞培養法で生産されている/動物細胞用発現ベクターの構造と宿主細胞株/導入された外来遺伝子の発現増強/大量培養によるバイオ医薬品の生産

医 学

3-18 遺伝病と遺伝子診断……………………………………………（渡辺　勝）　134
　　　遺伝子病と遺伝病/疾患責任遺伝子の同定/一塩基多型/遺伝子型から副作用や薬効を予測する/DNA マイクロアレイによる遺伝子発現解析/遺伝子診断からテーラーメイド医療へ

3-19 遺伝子治療……………………………………………………（渡辺　勝）　136
　　　疾患の遺伝子治療/細胞への遺伝子導入方法/遺伝子治療のストラテジー/*ex vivo* 遺伝子治療と *in vivo* 遺伝子治療

付表　タンパク質を構成する L-アミノ酸の構造とその表記法 …………………………138

索　引 ……………………………………………………………………………………139

1 遺伝子の世界

遺伝子 DNA

遺伝子の複製

遺伝子発現

生命の起源と進化

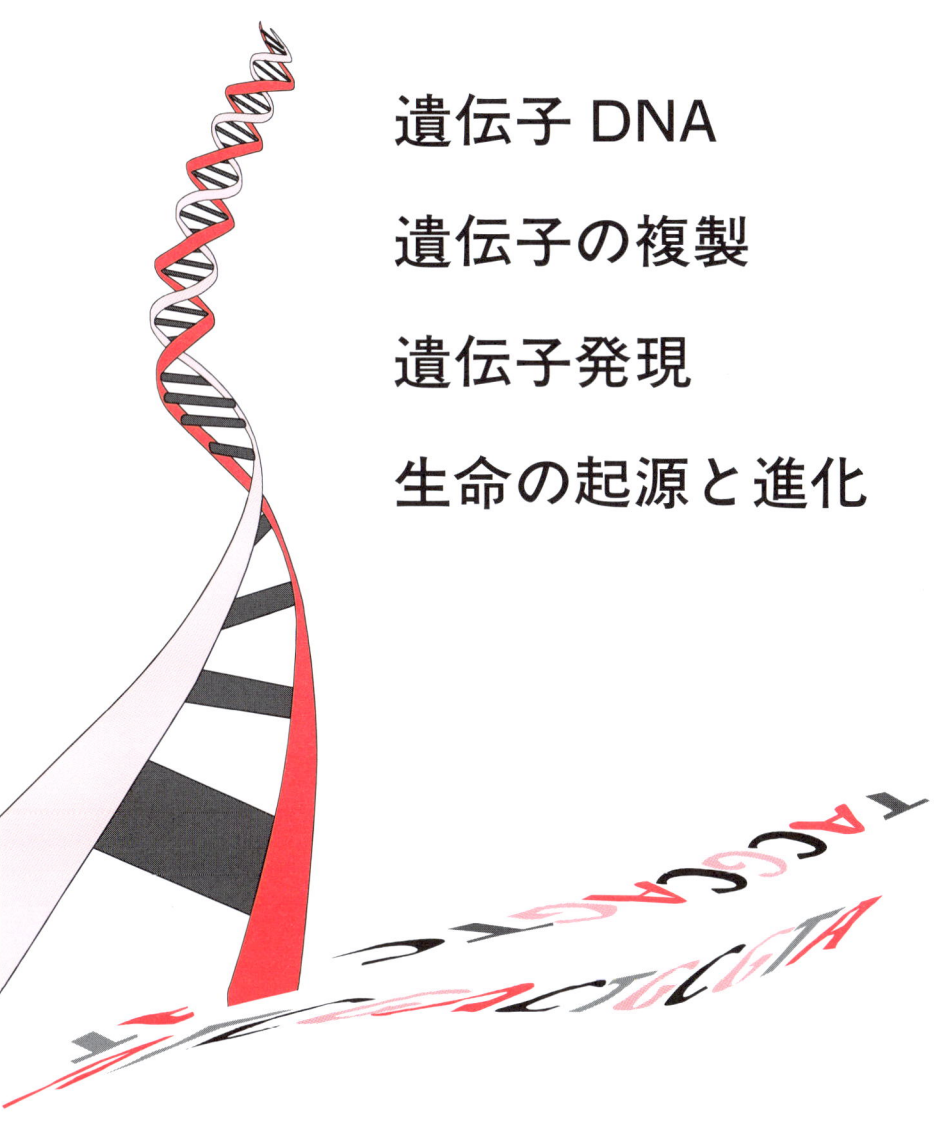

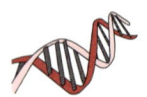

1-1 ゲノムと遺伝子

1-1-1 生物とは

生物 organism，すなわち「生きもの」あるいは「生命体」を厳密に定義するのは難しいが，単なる物質と異なる点を考慮して特徴を挙げるとすれば，「外界と隔離され，代謝を営み，かつ自己複製をして，その構造や機能を次の世代に伝えていくもの」といえるだろう．

生命体は物質でできている．その物質と物質が相互に関わり合って反応し，全体として統合されたシステムのなかで「生きている」という現象が生まれる．生命科学や分子生物学が進展し，多くの知見が得られてきたが，まだ完全には生命現象が解明されていない現時点では，生物とは不思議な存在といわざるを得ない．

1-1-2 ゲノムという概念

ゲノム genome とは，ある生物が持つ**遺伝情報** genetic information 一式のことである．すなわち，あらゆる生物の遺伝的性質はゲノムによって決められている．生命体の基本単位である**細胞** cell が有するゲノムは，**DNA**（デオキシリボ核酸 deoxyribonucleic acid）という物質からできている．一方，**ウイルス** virus などの中には **RNA**（リボ核酸 ribonucleic acid）をゲノムとするものもある．

1-1-3 物体としての染色体

生物は**真核生物** eucaryote と**原核生物** procaryote とに分けられる．真核生物には，動物，植物，真菌類や原生動物などが含まれ，原核生物には**細菌** bacteria が含まれる．近年，**古細菌** archaea を第3のグループとして分類し，生物界を真核生物，真正細菌，古細菌に分けることもある．

真核生物の細胞（それを**真核細胞** eucaryotic cell とよぶ）には，**核** nucleus，**ミトコンドリア** mitochondria，植物にはさらに**葉緑体** chloroplast（**クロロプラスト**ともいう）などの，膜に囲まれた**細胞小器官** organelle（**オルガネラ**，細胞内小器官ともいう）が存在し，それぞれの細胞小器官にはゲノムが存在する．その中で，**核ゲノム** nuclear genome は**タンパク質** protein と結合しており，その物体を**染色体** chromosome という（図1.1.1）．一般的に，真核細胞は複数の染色体を有し，その数は生物種によって異なる．

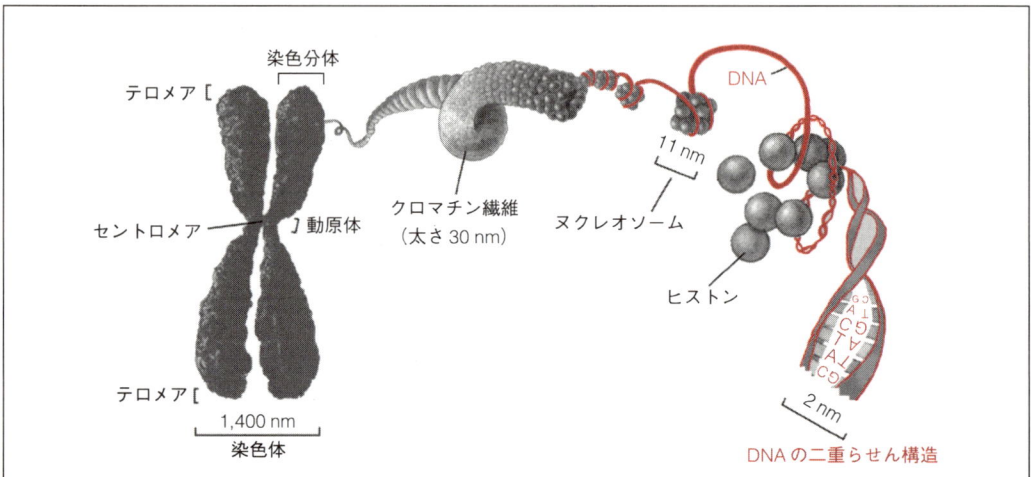

図1.1.1 真核細胞の染色体はDNAとヒストンが結合し，高度に凝縮したものである．Becker W. M., Deamer D. W.："The world of the Cell 2nd edition", The Benjamin/Cummins Publishing Company, Inc. (1991)をもとに改変．

1-1-4 染色体およびDNAの二重らせん構造

真核細胞の染色体は，分裂期にのみ観察できる．一対の染色分体 chromatid が**セントロメア** centromere を介してくっついている（図1.1.1）．セントロメアは染色体の維持や分配に関わる DNAの領域であり，この領域の染色体表面に紡錘糸が結合する部位を動原体 kinetochore という．**テロメア** telomere は染色体の末端に存在する反復配列である．この特殊な塩基配列は，全ての真核生物で類似しており，染色体末端の保護に関わっている．

染色体は，太さ 30 nm のクロマチン繊維 chromatin fiber が高度に凝縮したものである（図1.1.1）．クロマチンの基本的なユニットは**ヌクレオソーム** nucleosome であり，それは DNA と，**ヒストン** histone とよばれるタンパク質の八量体からなる 11 nm のビーズ状構造をしている．それをさらに紐解くと，DNA が**二重らせん** double helix 構造をしていることがわかる．DNA は4種類（A, T, G, C）の**塩基** base が連なった 2 本の鎖状のものが，互いに弱い結合力で対合している（図1.2.3参照）．

1-1-5 ゲノムの中の遺伝子

近年，ヒトやイネなど多くの生物においてゲノム構造が明らかになってきた．表1.1.1に示したように，**ゲノムサイズ** genome size は個々の生物によって大きく異なる．これらは**塩基配列** base sequence を解読した結果，明らかにされたものであり，ゲノムサイズは塩基の数で表される．

表1.1.1　代表的な生物のゲノムサイズと遺伝子数

生物種	学名	ゲノムサイズ [半数体の(Mb)*]	遺伝子数 (個)
原核生物			
マイコプラズマ	*Mycoplasma genitalium*	0.58	524
大腸菌	*Escherichia coli*	4.64	4,288
真核生物			
出芽酵母	*Saccharomyces cerevisiae*	12.1	6,600
線虫	*Caenorhabditis elegans*	97	20,000
ショウジョウバエ	*Drosophila melanogaster*	120	14,200
シロイヌナズナ	*Arabidopsis thaliana*	125	25,500
イネ	*Oryza sativa*	370	29,000
マウス	*Mus musculus*	2,700	30,000
ヒト	*Homo sapiens*	3,300	32,000

* 1 Mb（megabase）＝1,000 kb（kilobase）＝1,000,000 base

ゲノムには，生物を作りそれを維持するために必要な多数の生物学的情報が含まれており，その情報を担う機能的単位が**遺伝子** gene である．遺伝子は制御領域と転写領域からなる（図1.1.2）．

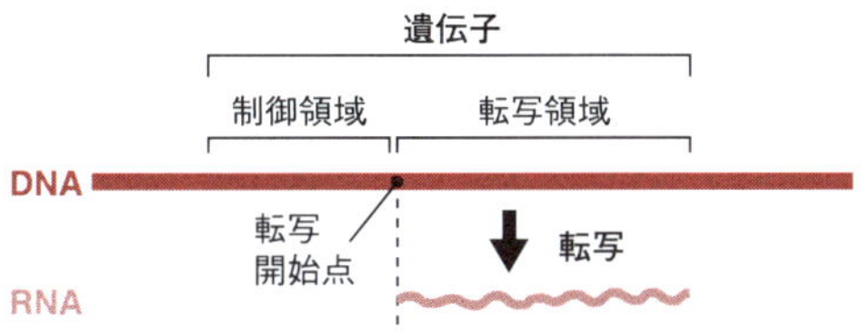

遺伝子にはタンパク質をつくるためのもの，および，**リボソーム RNA** ribosomal RNA（**rRNA**）や**トランスファー RNA** transfer RNA（**tRNA**）（転移 RNA ともいう）などの RNA をつくるためのものがある．DNA から RNA がつくられることを**転写** transcription という．

図1.1.2　遺伝子の構造．遺伝子はプロモーターなどの調節因子を含む制御領域と，RNA に転写される領域からなっている．

なお，タンパク質をつくるための遺伝子は，まず DNA から**メッセンジャー RNA** messenger RNA（**mRNA**）（伝令 RNA ともいう）へと転写されたあと，それをもとにタンパク質がつくられる．

1-2 遺伝子の本体は DNA である

1-2-1 遺伝物質としての核酸

肺炎球菌(肺炎連鎖球菌ともいう)*Streptococcus pneumoniae* を用いた 1928〜1944 年の**形質転換** transformation 実験や，**バクテリオファージ** bacteriophage を用いた 1952 年の感染実験の結果から，DNA という**核酸** nucleic acid が遺伝子の本体であることが示された．そして，1953 年に Nature という学術雑誌に DNA の立体構造，すなわち二重らせん構造(図 1.2.1)が示された．この原著論文は，わずか 2 ページであり，しかも図が 1 つだけという短い報文であったが，その発見は分子生物学 molecular biology の進展に極めて大きく貢献することとなった．

1-2-2 DNA の化学構造

DNA は**ヌクレオチド** nucleotide とよばれる物質(図 1.2.2)が単位となってできている．**塩基** base と糖の一種である**デオキシリボース** deoxyribose が **N-グリコシド結合** *N*-glycosidic bond でくっついたものを**ヌクレオシド** nucleoside とよび，それにリン酸基がくっついたものがヌクレオチドである．図 1.2.2 では，代表例として塩基の部分を**アデニン** adenine(A)で示してあるが，他には**グアニン** guanine(G)，**チミン** thymine(T)，**シトシン** cytosine(C)がある(図 1.2.3 C)．アデニンやグアニンの仲間を**プリン** purine 塩基とよび，その塩基をもつものをプリンヌクレオチド，一方，チミンやシトシンの仲間を**ピリミジン** pyrimidine 塩基とよび，それをもつものをピリミジンヌクレオチドということもある．

それぞれのヌクレオチドが，**ホスホジエステル結合** phosphodiester bond で直鎖状に連結し，ポリマー polymer(重合体ともいう)となったものを**ポリヌクレオチド** polynucleotide とよび，それが 1 本の **DNA 鎖** DNA strand である(図 1.2.3)．二重らせん構造では，2 本の DNA 鎖を構成する塩基どうしが**水素結合** hydrogen bond によって**塩基対** base pair を形成している．この形成には法則があり，A は T と特異的に対をつくり，G は C とだけ対をつくる．このように，**2 本鎖 DNA** double-strand DNA の塩基は互いに**相補**

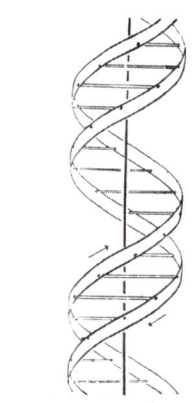

Fig. 1. This figure is purely diagrammatic. The two ribbons symbolize the two phosphate-sugar chains, and the horizontal rods the pairs of bases holding the chains together. The vertical line marks the fibre axis.

図 1.2.1 ワトソンとクリックが提示した **DNA** の二重らせん構造．Watson J. D. and Crick F. H. C.: *Nature*, 171 : 737-738 (1953) の原図から引用．

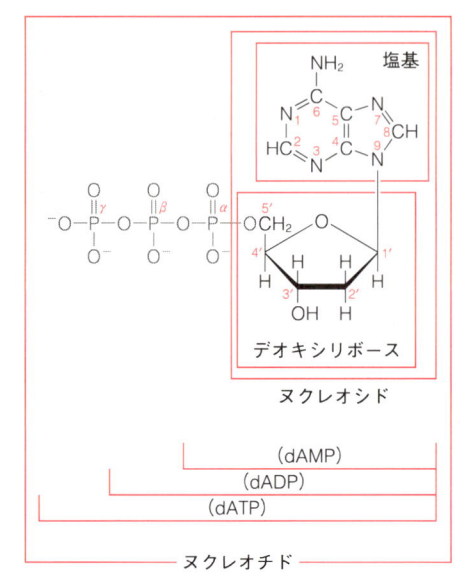

図 1.2.2 ヌクレオチドの構造．ここでは，アデニンを塩基として例示してある．したがって，この分子はデオキシアデノシン 5′-三リン酸 deoxyadenosine 5′-triphosphate(dATP)である．なお，図中の赤字で記した数字(1, 2, 3, …)やギリシャ文字(α, β, γ)は，化合物を構成する原子の位置を表すための番号や記号である．

的 complementary である．AとTは2個，GとCは3個の水素結合で対をつくるが，共有結合に比べるとそれほど強い結合力ではなく，熱などによって離れる(解離という)場合がある．また，2本のDNA鎖は互いに反対方向(5′→3′ および 3′←5′)に並んでいる．

1-2-3　RNA の化学構造

ここで，もう1つの核酸である RNA について述べておこう．RNA もヌクレオチドが単位となってできているが，その糖の部分が DNA とは異なっており，**リボース** ribose からなる．リボースは，図1.2.2 中のデオキシリボースの2′位の炭素に結合している水素(H)の代わりに水酸基(OH 基)が結合したものである．また，塩基が A，G，C は同じであるが，T ではなく**ウラシル** uracil(U) である．ウラシルは，図1.2.3 C 中のチミンの5位の炭素に結合しているメチル基(CH_3)の代わりに水素(H)が結合したものである．このようなヌクレオチドがホスホジエステル結合で直鎖状に連結して，1本の **RNA 鎖** RNA strand となる．

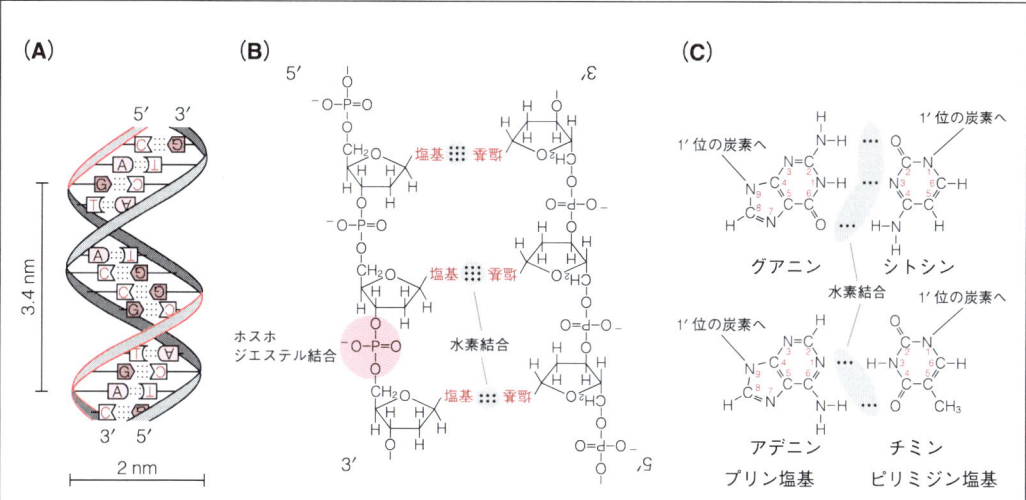

図 1.2.3　**DNA の化学構造**．(A) DNA 二重らせん構造のモデル．らせんの幅は 2 nm，らせんは 10 塩基で 1 回転し，その距離は 3.4 nm である．(B) 2 本鎖 DNA の構造．1 本の DNA 鎖は，糖がホスホジエステル結合で連結した骨格を持ち，その骨格に 4 種類の塩基が結合した構造になっている．(C) A と T，G と C の塩基対と塩基の化学構造．

1-2-4　DNA の半保存的複製

遺伝情報は正確に**複製** replication され，子孫へと伝達されなければならない．この命題に対して，生命体はシンプルで美しい解決策を有している．それは2本のDNA鎖が相補的塩基対を形成するという性質である．すなわち，一方の鎖が他方の鎖の**鋳型** template になることによって，簡単で正確に複製できる．これは自己複製にとって極めて都合がよい．DNAの構造は，それ自身が遺伝情報を正確に保存するための情報となっているのである．

親の2本鎖DNAのうち，それぞれが鋳型になって新たに対になる相手のDNA鎖が作られる．このように，ある世代のDNA鎖を構成していた片方の鎖が，次の世代へと保存される複製様式を**半保存的複製** semiconservative replication という(図1.2.4)．

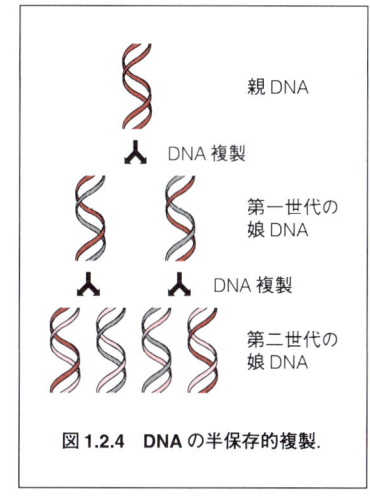

図 1.2.4　**DNA の半保存的複製**．

1-3 ヌクレオチド生合成

1-3-1 代謝とは

生物が生命活動を行うために必要とする物質を，外界から摂取した比較的簡単な無機化合物や有機化合物を素材として合成する活動と，外界から吸収したエネルギーを生体内の化学反応に利用できる形に変換する活動を，併せて**代謝** metabolism という．すなわち，前者は簡単な化合物から核酸，タンパク質，多糖類，脂質などの高分子化合物や，その他の複雑な化合物へと**生合成** biosynthesis する過程（**同化** anabolism）である．逆に，後者はこれらの高分子化合物を簡単な分子にまで**分解** degradation する過程（**異化** catabolism）である．同化に必要なエネルギーは，主として**アデノシン三リン酸** adenosine triphosphate（**ATP**）によって供給され，一方，異化によって生じるエネルギーは，主として ATP の形で蓄えられる．

1-3-2 核酸を構成する成分の生合成経路

核酸の構成成分であるヌクレオチドは，簡単な物質から新しく合成される（**de novo 合成**）か，あるいは，すでに存在する塩基を再利用する経路（**サルベージ経路** salvage pathway）で合成されるかのどちらかである．ヌクレオチドのうち，ここではプリンヌクレオチドの生合成について詳しく述べる．

(1) **解糖系とクエン酸回路**　グルコース glucose をピルビン酸に変え，その際に比較的少量の ATP を生産する一連の反応を**解糖** glycolysis という（図 1.3.1）．好気的条件下では，それに続く**クエン酸回路** citric acid cycle（**トリカルボン酸回路** tricarboxylic acid cycle ともいう）によって，グルコースは完全に酸化されて二酸化炭素と水になり，これと共役する酸化的リン酸化によって，多量の ATP が生産される．真核細胞では，解糖は細胞質で起こり，クエン酸回路の反応はミトコンドリア内で起こる．また，これら一連の反応によってできた代謝中間体から，**アミノ酸** amino acid が生合成される．

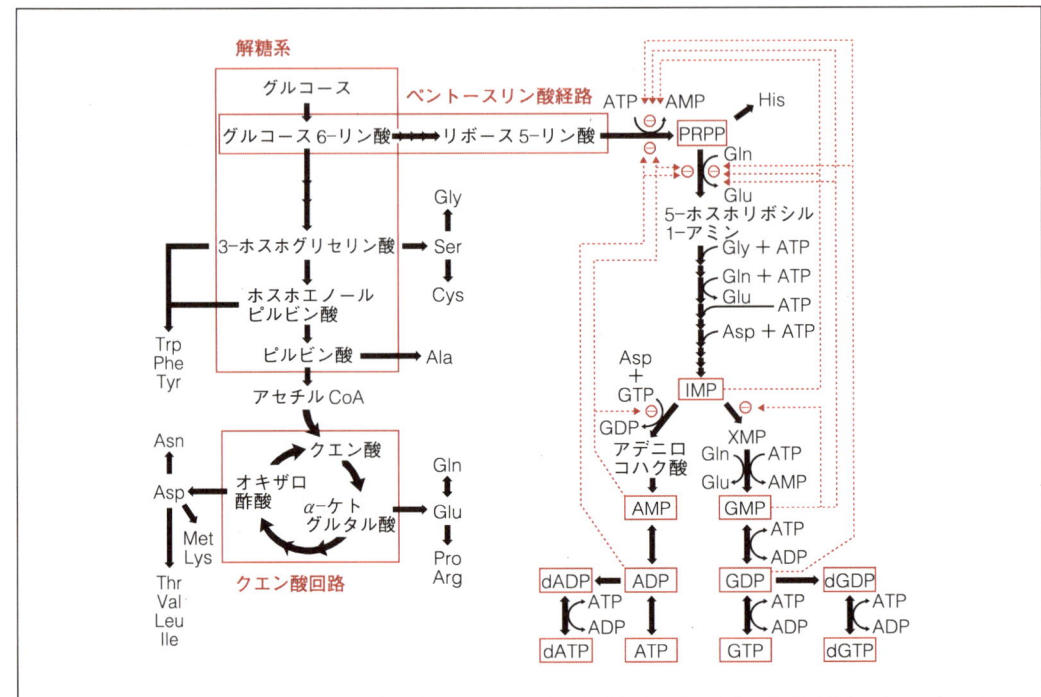

図 1.3.1 プリンヌクレオチドの生合成経路．黒の太い矢印は代謝経路，赤の点線は代謝中間体によって起こる負のフィードバック制御機構を示す．

（2）**ペントースリン酸経路**　グルコースなどは炭素6個からなる六炭糖であり，炭素5個の糖を五炭糖（**ペントース** pentose）という．グルコース6-リン酸（図1.3.2）は，**ペントースリン酸経路** pentose phosphate pathway によって酸化されて五炭糖に変化する．この経路は細胞質で進行し，ヌクレオチド生合成における代謝中間体リボース5-リン酸を供給するための重要な経路となっている（図1.3.1）．

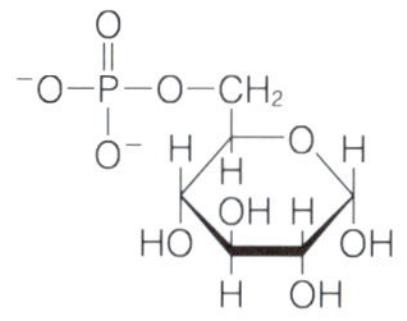

（3）**プリンヌクレオチドの生合成経路**　プリンヌクレオチドの de novo 合成は，リボース5-リン酸とATPから，5-ホスホリボシル-1-ピロリン酸（**PRPP**）（図1.3.3）が合成されるところから始まる（図1.3.1）．次いで，PRPPはグルタミン（Gln）と結合して5-ホスホリボシル1-アミンとなる．さらに，グリシン（Gly）やGln，アスパラギン酸（Asp）といったアミノ酸やATPなどの作用によってプリン環が形成されていき，完全なプリン環を持った**イノシン酸** inosinate（**IMP**）ができる．このように，塩基をつくるためにアミノ酸が利用される．

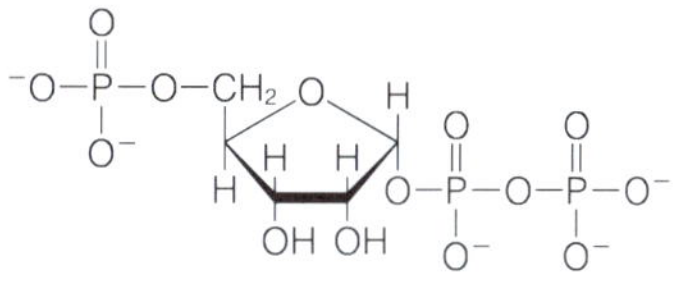

図1.3.2　グルコース6-リン酸の構造．

図1.3.3　PRPPの構造．

アデニル酸 adenylate（adenosine 5′-monophosphate：**AMP**）と**グアニル酸** guanylate（guanosine 5′-monophosphate：**GMP**）は，IMPから合成される（図1.3.1）．**グアノシン三リン酸** guanosine 5′-triphosphate（**GTP**）のエネルギーを用いてIMPにAspが付加されてアデニロコハク酸ができ，そのあとAMPとなる．一方，IMPが酸化されてキサンチル酸（XMP）ができ，そのあとATPのエネルギーを用いてGlnからアミノ基が転移されてGMPとなる．

ヌクレオシドの一リン酸 monophosphate（例：AMP, GMP）から，二リン酸 diphosphate（例：ADP, GDP）や三リン酸 triphosphate（例：ATP, GTP）は簡単にできる．その反応には，ATPからリン酸基を移すための特異的な**キナーゼ** kinase という酵素が関与している．また，たった一段階の反応でリボースをデオキシリボースに還元し，DNAの合成に必要なデオキシ誘導体（例：dATP, dGTP）がつくられる（図1.3.1）．

1-3-3　代謝制御機構

代謝経路 metabolic pathway には，それぞれの反応に特異的な**酵素** enzyme が関与しており，代謝産物が過剰生産されないように**調節** control（**制御** regulation ともいう）するしくみがある．プリンヌクレオチド生合成経路（図1.3.1）を例にとって，代謝の制御機構を述べてみよう．

この経路では，いくつかの段階で**フィードバック阻害** feedback inhibition などの制御機構が働いている．まず，PRPPが合成される反応に関わる酵素，および，この経路で最も重要な反応であるPRPPが5-ホスホリボシル1-アミンに変換される反応に関わる酵素は，この経路の産物であるIMP，AMP，GMP，ADP，GDPによって阻害される．このように，代謝経路の末端にある産物が初発の反応を触媒する酵素を阻害し，全体の反応を抑制することをフィードバック阻害という．また，IMPはAMP合成とGMP合成の分岐点であり，IMPから先の反応は，それぞれの代謝産物によってフィードバック阻害を受ける．

阻害だけではなく，促進による制御機構もある．この経路においては，AMP合成にGTPが必要であり，GMP合成にATPが必要である．すなわち，GTPが過剰ならばAMP，ADP，ATPの合成が促進され，逆に，ATPが過剰ならばGMP，GDP，GTPの合成が促進される．このような制御によって，2種類のプリンヌクレオチド合成のバランスが保たれている．

1-4　物質と生命現象

1-4-1　無駄のない生物のシステム

DNAやRNA，あるいは，生体内の遊離ヌクレオチドの分解によって生じた塩基やヌクレオシドは，廃棄されることなくヌクレオチドに再利用される．このような再利用経路をサルベージ経路という（1-3を参照）．

プリンヌクレオチドのサルベージ経路では，PRPP（図1.3.3参照）のピロリン酸基がプリン塩基（アデニン，グアニン，キサンチン，ヒポキサンチンなど）（図1.2.3参照）に置換する1段階の反応で，それぞれのリボヌクレオチドがつくられる（図1.4.1）．簡単で無駄のない再利用システムが生物には備わっている．

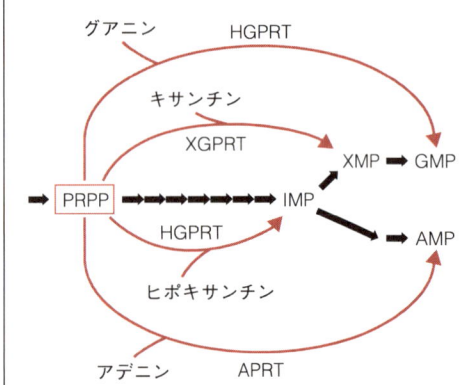

図1.4.1　プリンヌクレオチドのサルベージ経路．黒の矢印は de novo 合成経路，赤の矢印がサルベージ経路である．遊離の塩基を1段階の反応でPRPPにくっつけて，プリンヌクレオチドを作る．その反応に関わる酵素には，次の3種類がある．HGPRT：ヒポキサンチン-グアニンホスホリボシルトランスフェラーゼ，XGPRT：キサンチン-グアニンホスホリボシルトランスフェラーゼ，APRT：アデニンホスホリボシルトランスフェラーゼ．

ちなみに，IMPやGMPはアミノ酸のグルタミン酸（Glu）と並んで，「うま味」成分として知られている．これら生命の維持に必要不可欠な物質が，極めてまずい味だとしたら，摂取する気にはならないだろう．美味しいから食べる，そうすると生命が維持できる．なかなか「うまく」できている．

なお，プリンヌクレオチドは図1.4.2のような経路で分解され，ヒトでは尿酸塩として尿中に排泄される．

1-4-2　遺伝子が機能しないと，生命は危機的状況に陥ることがある

ヒポキサンチン-グアニンホスホリボシルトランスフェラーゼ hypoxanthine-guanine phosphoribosyl transferase（**HGPRT**）は，プリンヌクレオチドのサルベージ経路に関わる重要な酵素である（図1.4.1）．HGPRTはグアニンやヒポキサンチンをPRPPにくっつける活性をもっている．

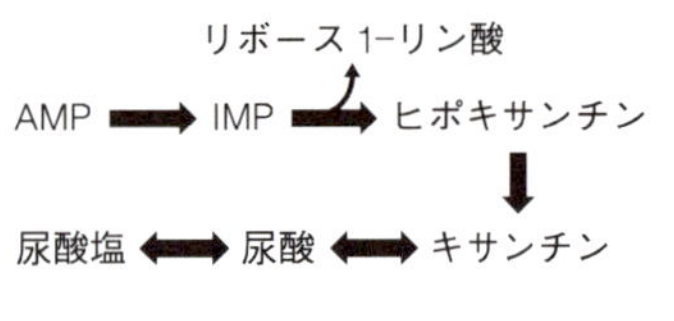

この酵素を完全に欠損した先天性代謝異常症は，レッシュ・ナイハン症候群 Lesch-Nyhan syndrome とよばれ，ヒトの小児に起こる重篤な遺伝病である．HGPRTが機能しないためにPRPPの濃度が異常に上昇する．その結果，5-ホスホリボシル1-アミンを合成する酵素のフィードバック阻害（図1.3.1参照）が妨害され，逆にその酵素が活性化されることによって de novo 合成経路の合成速度が著しく上昇し，プリンヌクレオチドが過剰に蓄積する．

そして，分解経路によって尿酸や尿酸塩が過剰につくられ，それが中枢神経系に特異的な影響を与えると考えられている．この病気の子供では，2〜3歳で自傷行為や過剰な敵対行為のような異常行動，精神的発達の遅延，協調性の欠如などがみられ，腎臓に石ができたり，痛風の症状が現れる．

また，痛風は遺伝性の代謝異常症だと考えられており，痛風患者の一部は，このHGPRTを部分的に欠いていることが知られている．

図1.4.2　プリンヌクレオチドの分解経路．

1-4-3 リボヌクレオチドとデオキシリボヌクレオチドの不思議

次の 1-5 項で述べることになるが，DNA が複製されるために，最初に使われるのは**リボヌクレオチド** ribonucleotide（4 種類のうち任意のリボヌクレオシド三リン酸 ribonucleoside triphosphate を **NTP** と記す）である．NTP が 10 塩基ほど連結され，それをもとにして**デオキシリボヌクレオチド**（4 種類のうち任意のデオキシリボヌクレオシド三リン酸 deoxyribonucleoside triphosphate を **dNTP** と記す）が連結されていき，DNA 鎖ができる（図 1.4.3）．

NTP が連結したものは RNA である．DNA 鎖をつくる際に，RNA が混在してしまうのは不都合なのではないか．なぜ，最初から dNTP を用いて DNA 鎖を作らないのか？ 残念ながら，その答えは，まだ得られていない．なぜかわからないが，生物が鋳型の DNA 鎖に対して相補的なヌクレオチド鎖をつくり始める反応の第一歩は，必ず NTP を使うことになっているようである．

RNA には触媒作用（1-12，1-14 参照）もあり，生命が誕生する以前には RNA ワールド（1-19 を参照）が存在したともいわれる．DNA 複製に先立って RNA が関わるという現象，それは進化のなごりなのかもしれない．

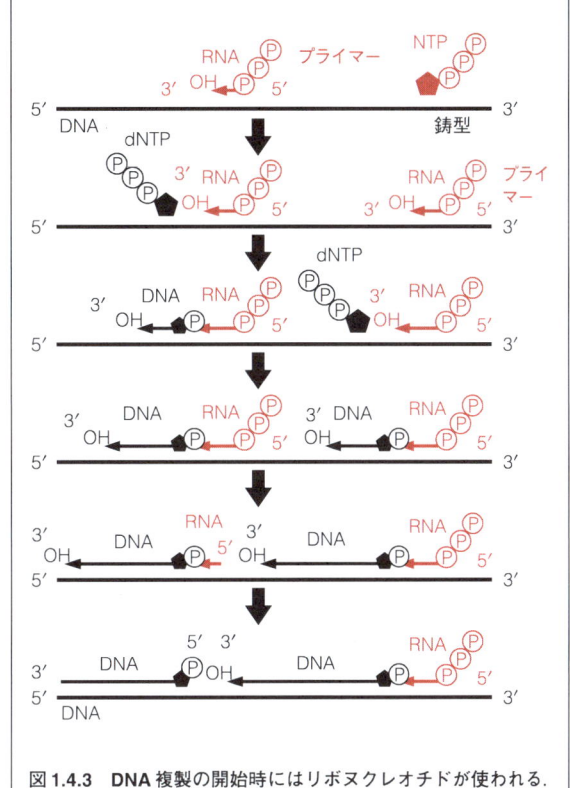

図 1.4.3 DNA 複製の開始時にはリボヌクレオチドが使われる．

1-4-4 DNA 複製には方向性がある

DNA 鎖の伸長は 5′→3′ 方向にしか進まない．これには物質の物理化学的性質（＝物性）が深く関わっている．

DNA 鎖の 3′ 末端に位置する OH 基の酸素原子には非共有電子対が存在し，それが dNTP の 5′ 位の炭素に結合している三リン酸のうち最も求電子的なリン原子に結合し電子を共有しようとする．その結果，求電子的に働いていた残りの 2 つのリン原子へ電子が移り，P—O 結合が開裂してホスホジエステル結合ができる（図 1.4.4）．これは OH 基のリン原子への求核置換反応であり，この反応を触媒する酵素が **DNA ポリメラーゼ** DNA polymerase である．

このようにして，DNA 鎖の 3′ 末端側にヌクレオチドが 1 つずつ付加されていき，結果として DNA 鎖は 5′→3′ 方向へと伸長することになる．

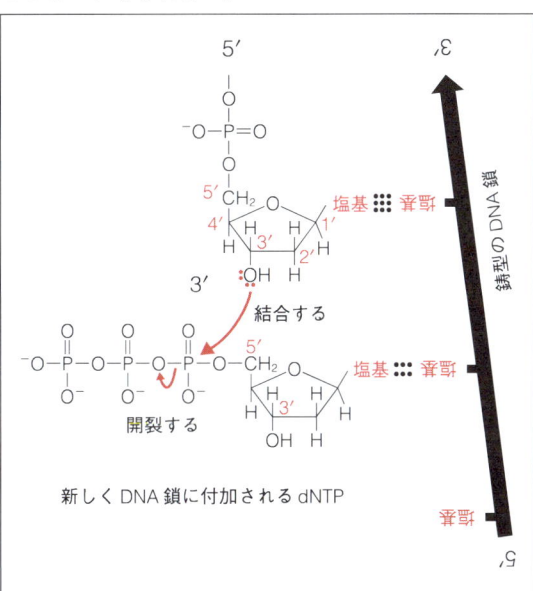

図 1.4.4 DNA 鎖の伸長反応．赤色の : および ‥ は，OH 基に存在する非共有電子対を表す．

1-5 DNA 複製

1-5-1 レプリコン

　細胞内で自律的に複製を行う DNA の単位を**レプリコン** replicon とよぶ．**大腸菌** *Escherichia coli* などの原核細胞の染色体やプラスミド，ファージなどは単一のレプリコンであり，1個の **DNA 複製開始点** replication origin (複製起点ともいう)と終結点 terminus を有している．一方，真核細胞の染色体には DNA 1分子当たり多数のレプリコン(マルチレプリコン)が存在しており，S 期の決まった時期に活性化される．

1-5-2 複製開始点

　DNA 複製 DNA replication は一方向 unidirectional (例：Col E 1，pBR 322，R 1 などのプラスミド DNA)に起こるものと，両方向 bidirectional (例：大腸菌染色体，λ ファージなどの DNA)に起こるものがある．一方向か両方向かは，複製開始点で**複製フォーク** replication fork が1個だけ生じるか2個生じるかの違いである(図 1.5.1)．大腸菌の複製開始点は *oriC* (<u>ori</u>gin of <u>c</u>hromosomal replication) とよばれ，*oriC* をもつ人工のプラスミドは大腸菌の細胞内で自律的に複製できる．この複製開始の機能は *oriC* の約 245 bp の領域内に存在することがわかっている．大腸菌やサルモネラ菌など6種類の腸内細菌の複製開始点には，A と T に富む 13 bp の繰り返し配列や，DNA 複製の開始に必要な DnaA タンパク質の結合部位である 9 bp の繰り返し配列 (DnaA ボックスともよぶ)，Dam メチル化部位などの特徴的な共通配列が存在している(図 1.5.2)．

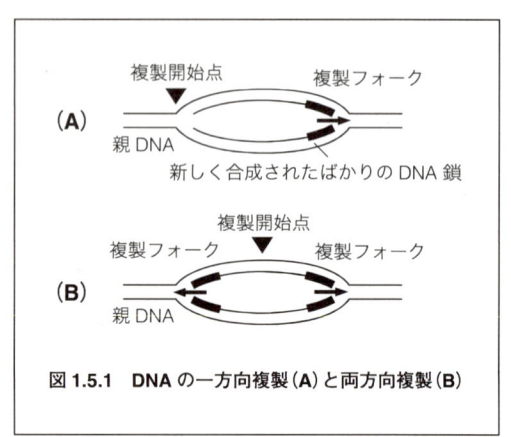

図 1.5.1　DNA の一方向複製(A)と両方向複製(B)

1-5-3 DNA 複製の開始反応

　DNA の複製は，**開始** initiation，**伸長** elongation，**終結** termination の大きく3段階からなり，開始と伸長反応については多くの知見が得られている．バクテリオファージ φX 174 の DNA あるいは大腸菌の *oriC* を含むプラスミド DNA と，大腸菌の無細胞抽出液などからなる *in vitro* DNA 複製系を用いた分子遺伝学的および生化学的研究によって，大腸菌の DNA 複製には 20 種類以上のタンパク質が関与していることがわかってきた．

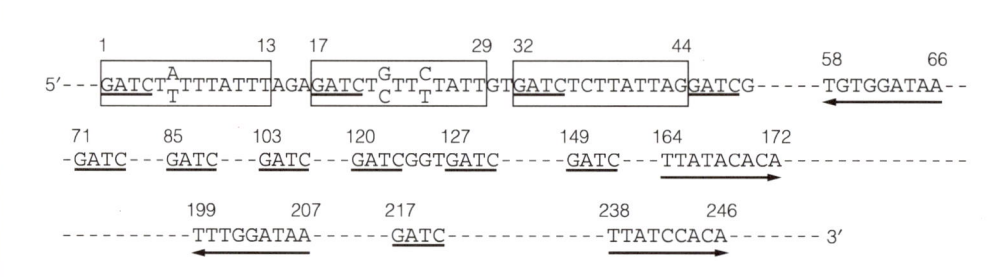

図 1.5.2　細菌染色体の複製開始点における共通配列．☐：13 bp の繰り返し配列，GATC：Dam メチル化部位，⟵：9 bp の繰り返し配列で DnaA タンパク質の結合部位．塩基配列の上部に付した番号は，複製開始点の最小単位における最初の塩基を1としてその相対位置を示している．

DNA複製の開始反応は，まず oriC 領域の9 bpの繰り返し配列に dnaA 遺伝子の産物である DnaA タンパク質の単量体(52 kDa)が結合することから始まる．そして，20～40個の単量体が大きな集合体を形成し，13 bpの繰り返し配列に作用してその部位でDNAの2本鎖が少しほどける．次いで，DnaB/Cタンパク質やHUとよばれるDNA結合性のヒストン様タンパク質がこの集合体に結合し，**プレプライミング複合体** prepriming complex(直径12 nm程度の大きな球状)が2個形成される．DnaBタンパク質は**ヘリカーゼ** helicase活性をもっており，DNA鎖を巻き戻し始めることにより両方向性の複製フォークが形成される．この段階を**プレプライミング** prepriming とよぶ．

複製開始点からDnaBタンパク質が両方向に移動することによって，DNA鎖がさらに巻き戻される(図1.5.3)．生じた1本鎖部分には**1本鎖DNA結合タンパク質** single-strand DNA-binding protein (**SSB**)が結合して1本鎖状態の維持やDNA分解酵素からの保護を行い，**プライマー** primer 合成のための**テンプレート** template(鋳型という意味)として機能できる構造となる．DNAを巻き戻すにつれて生じる立体構造上のストレスは，一過的にDNA鎖を切断して再結合する活性をもつ**DNAジャイレース** DNA gyraseによって解消される．

次いで，**プライマーゼ** primase(dnaG遺伝子産物)とDnaB/Cタンパク質，DnaTタンパク質，PriAタンパク質，PriBタンパク質，PriCタンパク質からなる複合体の**プライモソーム** primosome が，1本鎖DNAのテンプレート上にプライマーとなるRNA(8～14塩基程度)を合成する(図1.5.3，図1.4.3参照)．この段階を**プライミング** primingとよぶ．

1-5-4 DNA複製機構

DNAを合成する酵素**DNAポリメラーゼ** DNA polymeraseは，その反応を開始させるためにプライマーを必要とする．前述の複製開始反応で合成されたプライマーRNAをもとにして，DNAポリメラーゼIIIホロ酵素が5′から3′方向へDNA鎖を伸長していく(図1.5.3，図1.4.4参照)．複製フォークの進行方向と同方向に伸長していく**リーディング鎖** leading strandは連続的に合成されるが，逆方向に伸長していく**ラギング鎖** lagging strandは不連続的に合成されねばならない．すなわち，DNAポリメラーゼIIIホロ酵素は，ラギング鎖を1,000ヌクレオチド程度合成すると鋳型から解離し，その結果，短鎖のDNAが多数できる．このDNA断片を**岡崎フラグメント** Okazaki fragmentとよぶ．断片間のギャップはDNAポリメラーゼIによって埋められていき，前に合成されたプライマーは本酵素の5′→3′ **エキソヌクレアーゼ** exonuclease活性によって取り除かれると同時に，5′→3′ ポリメラーゼ活性によってDNAに置き換わる(図1.5.3，図1.4.4参照)．最後に，隙間が**DNAリガーゼ** DNA ligaseによって閉じられ，断片が連結されていく．

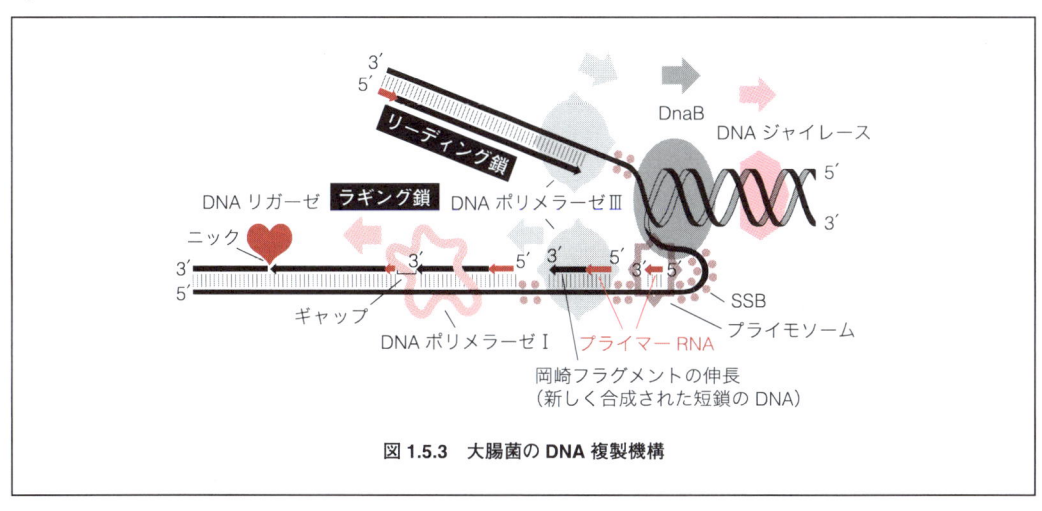

図 1.5.3 大腸菌のDNA複製機構

1-6 ファージの複製

1-6-1 ファージのゲノム

バクテリオファージ bacteriophage（単に**ファージ** phage ともよぶ）は細菌に感染する**ウイルス** virus であり，DNA あるいは RNA をタンパク質の殻の中にゲノムとしてもっている．ファージの DNA には，**1 本鎖** single-strand のものや **2 本鎖** double-strand のものがあり，また，**環状** circular のものと**直鎖状（線状）** linear のものがある．

1-6-2 溶菌と溶原性

ファージの仲間には，**宿主菌** host cell に感染すると，宿主の DNA 複製機能を利用して多くの子ファージ粒子をつくったのち，菌を溶かしてしまう**溶菌感染** lytic infection をするもの（T 4，T 7，φX 174 など）（図 1.6.1）と，溶菌だけではなく，宿主菌のゲノムに組み込まれ，細菌の遺伝子と区別なく複製される状態（この細菌を**溶原菌** lysogenic bacteria とよぶ）をとれるもの（λ，φ80，P 22 など）（図 1.6.2）とがある．溶原菌は通常の細胞複製によって増殖するが，紫外線照射などによって溶原性の維持ができなくなると溶菌過程へと至る．前者を**ビルレントファージ** virulent phage，後者を**テンペレートファージ** temperate phage とよび，細菌のゲノムに組み込まれたファージゲノムのことを**プロファージ** prophage とよぶ．

1-6-3 ファージは宿主に依存して複製する

宿主菌の細胞表層に吸着したファージは，ゲノムを宿主の細胞中に注入する．宿主はファージゲノムを自分のゲノムとして認識し，ファージ DNA の**複製** replication，**転写** transcription および**翻訳** translation を行う．宿主細胞内でファージゲノムと外殻タンパク質の**会合** assembly や**パッケージング** packaging が起こり，ファージの成熟粒子がたくさんつくられる．そして，宿主菌から子ファージ粒子が**溶菌** lysis によって（T 4，φX 174 など）（図 1.6.1），あるいは細菌を溶かさずに（M 13 など）細胞外に出てくる．

ファージのゲノムは小さく，自分自身の複製に必要な遺伝子を全てもてるわけではないので，宿主の複製機能に依存しなければならない．そこで，ファージは宿主機能を最大限に活用し，自分の複製を有利に行うための巧妙なしかけ（例えば，強力なプロモーター，ファージ専用のプロモーターなど）をもっている（表 1.6.1）．

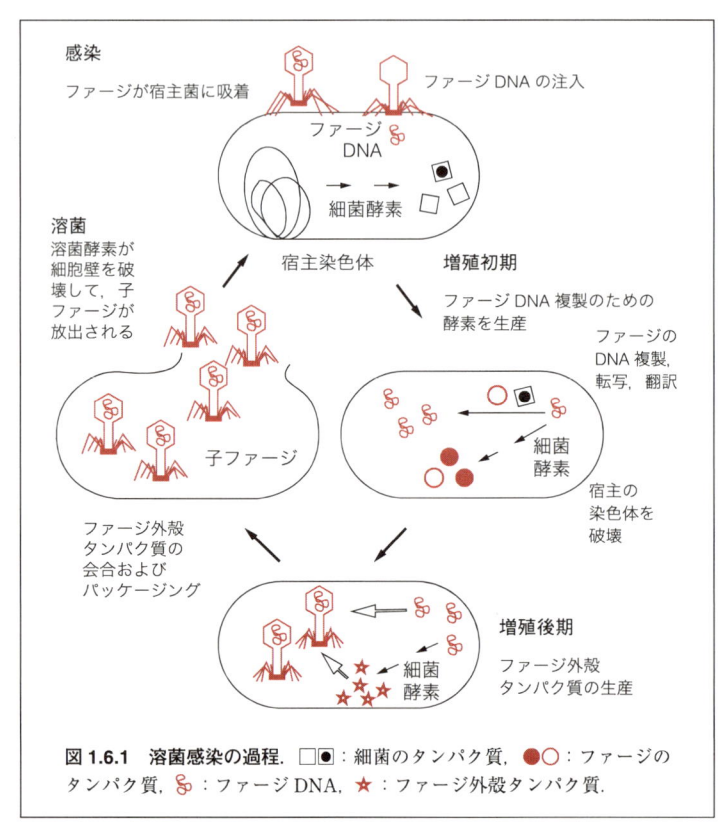

図 1.6.1 溶菌感染の過程．□■：細菌のタンパク質，●○：ファージのタンパク質，&：ファージ DNA，★：ファージ外殻タンパク質．

1-6-4 ファージ複製のための巧妙な戦略

ファージT7を例にとって説明してみよう．T7は39,936塩基対からなる2本鎖線状のDNAをもち，遺伝子が機能発現の順に並んでいる．ゲノムは3つの遺伝子群からなり，宿主に感染すると，まず，左端側に存在するクラスⅠ遺伝子（初期遺伝子）が宿主のRNAポリメラーゼによって転写される．その翻訳産物には，T7ファージ専用のRNAポリメラーゼや，宿主のRNAポリメラーゼを失活させる機能をもつ**タンパク質リン酸化酵素** protein kinase（**プロテインキナーゼ**ともいう）などがあり，宿主の代謝系や生合成系をファージ用に転向させるために機能している（表1.6.1）．

次に発現するクラスⅡ遺伝子（中期遺伝子）は，主としてファー

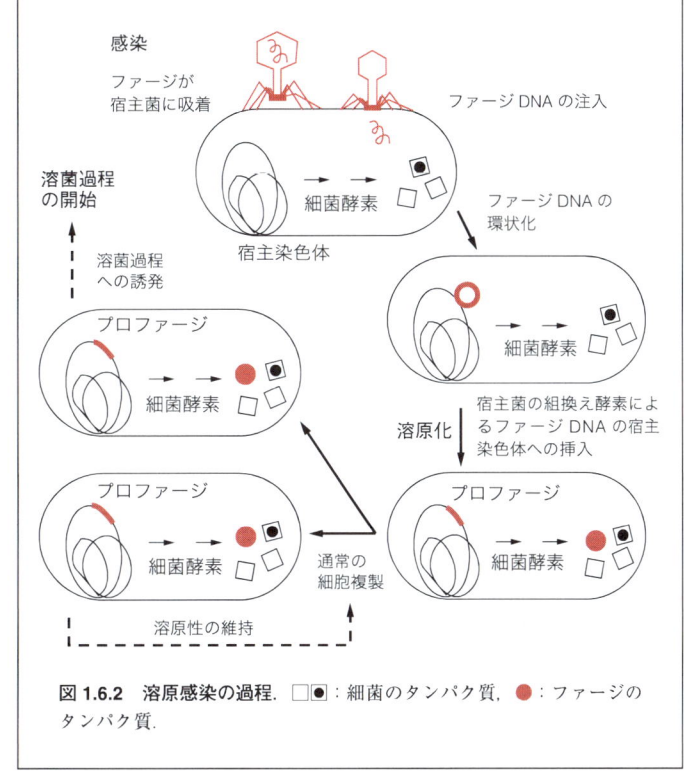

図 1.6.2 溶原感染の過程．□●：細菌のタンパク質，●：ファージのタンパク質．

ジのDNA複製に関与し，そして，クラスⅢ遺伝子（後期遺伝子）はファージの形態形成に関与するタンパク質や外殻タンパク質をコードしている．なお，これらの遺伝子のプロモーターは，クラスⅠ遺伝子のものとは異なり，T7ファージのRNAポリメラーゼにしか認識されない．すなわち，ファージ専用のプロモーターとRNAポリメラーゼを用いることによって，自分の複製を有利に行っている．

表 1.6.1 ファージの複製を優先的に行わせるための方法とその遺伝子

方　法	タンパク質	遺伝子	ファージ
1) 宿主のRNAポリメラーゼを修飾して転写反応を改変	タンパク質リン酸化酵素 RNAポリメラーゼ結合タンパク質 ファージのσ因子	0.7 2 55	T7 T7 T4
2) ファージのつくるRNAポリメラーゼで転写反応を改変	RNAポリメラーゼ	1	T7
3) 宿主菌のDNAを分解	エキソヌクレアーゼ エンドヌクレアーゼ エンドヌクレアーゼⅡ エンドヌクレアーゼⅣ	3 6 *den A* *den B*	T7 T7 T4 T4
4) 改変したヌクレオチドの合成と利用	dCMP ヒドロキシメチラーゼ ヒドロキシメチル dCMP キナーゼ	42 1	T4 T4
5) 宿主菌のデオキシヌクレオチドを分解	dCTP/dCDP アーゼ 5′ デオキシヌクレオチダーゼ	56	T4 T5
6) 宿主菌のDNA複製を阻害	遺伝子A*タンパク質（1-13参照）	A*	φX174

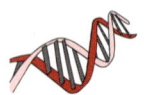

1-7 突然変異

1-7-1 突然変異の種類

突然変異(単に**変異**ともいう)mutation とは，遺伝子の配列に起こった変化であり，次の世代へと遺伝する．変異は DNA 複製や修復時の誤読などによって自然に起こる場合(**自然突然変異** spontaneous mutation)と，X 線や紫外線，あるいは化学物質などの外界からの**変異誘発因子** mutagen(変異原ともいう)によって引き起こされる場合(**誘発変異** induced mutation)とがある．自然突然変異は極めてまれにしか起こらず，その頻度は $10^9 \sim 10^{10}$ ヌクレオチド当たり 1 個といわれているが，変異誘発因子を作用させるとその頻度は著しく高まる．

また，ある長さをもったポリヌクレオチド鎖が遺伝子上の 1 つの部位から別の部位に移動することがあり，このような DNA を**トランスポゾン** transposon，あるいは**転移因子** transposable element とよぶ．トランスポゾンが挿入されたり，それに付随して隣接した領域が欠失することによって変異が生じる場合もある(1-24 参照)．

1-7-2 変異の起こり方

(1) 塩基配列に影響を及ぼす変化 DNA の化学的な傷害や複製時の誤読などによって，ヌクレオチド 1 個が変化する場合を**点変異** point mutation とよび，これには 1 塩基の**置換** substitution，もしくは**挿入** insertion，あるいは**欠失** deletion がある(図 1.7.1)．

例えば，アデニン(A)やシトシン(C)のアミノ基は，可逆的な互変異性シフトによってイミノ基に変化することがあり，この状態で複製が起こると，A の互変異型はチミン(T)ではなく C と塩基対を形成し，その結果，A：T の塩基対は G：C の塩基対へと変わってしまう(図 1.7.2)．このように，プリン(Pu)が別のプリンに，あるいはピリミジン(Py)が別のピリミジンに置換されるような変異を**トラン**

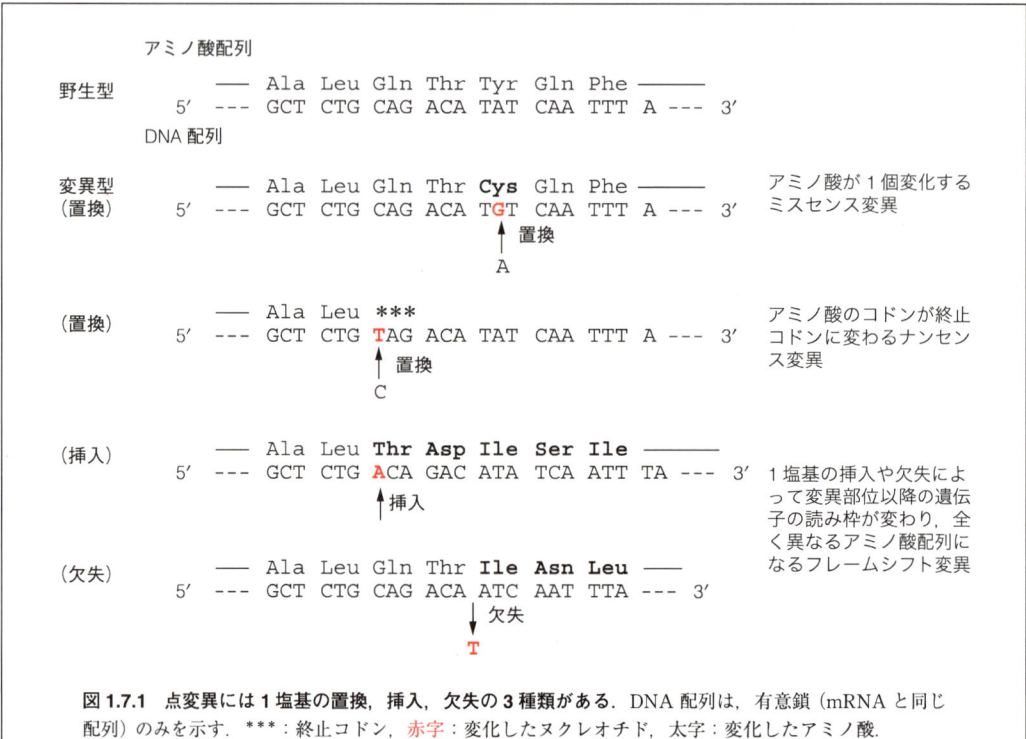

図 1.7.1 点変異には 1 塩基の置換，挿入，欠失の 3 種類がある．DNA 配列は，有意鎖(mRNA と同じ配列)のみを示す．***：終止コドン，赤字：変化したヌクレオチド，太字：変化したアミノ酸．

ジション transition とよぶ．また，Pu が Py に，Py が Pu に置換されるような**トランスバージョン** transversion とよばれる変異もあり，A：T の塩基対は T：A もしくは C：G の塩基対に変化する．

いくつかの塩基は自然に，あるいは変異原物質の亜硝酸ナトリウム（NaNO₂）等によって酸化的に**脱アミノ化** deamination され，例えば C の場合はウラシル（U），A はヒポキサンチン，G はキサンチンへと変化する（図 1.7.3）．その結果，それぞれ C：G から T：A，A：T から G：C，G：C から A：T のトランジション変異が起こる．

塩基の類似化合物であるブロモデオキシウリジン（BrdU）は，DNA 中に T の代わりに取り込まれることがある．BrdU のエノール型は G と塩基対を形成し，その結果，T：A から C：G のトランジション変異が起こる．

（2）DNA 構造の変化 DNA 構造にゆがみを生じさせる変化は，複製や転写の妨げになると考えられている．例えば，DNA 鎖の 2 つの隣接したピリミジン塩基（特に，チミン塩基）に，**紫外線** UV light が照射されると，それらの塩基が共有結合して同一鎖内に**ピリミジンダイマー** pyrimidine dimer が形成される．あるいは，アクリジン系の色素は，2 本鎖 DNA の塩基対の間に挿入される（これを**インターカレーション** intercalation という）性質がある．このような変化は二重らせん構造をゆがめ，複製の際に 1 塩基の挿入や欠失を引き起こすことがある．

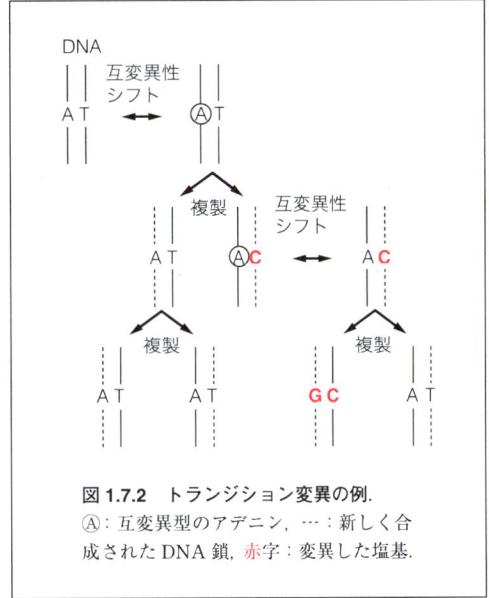

図 1.7.2 トランジション変異の例．
Ⓐ：互変異型のアデニン，⋯：新しく合成された DNA 鎖，赤字：変異した塩基．

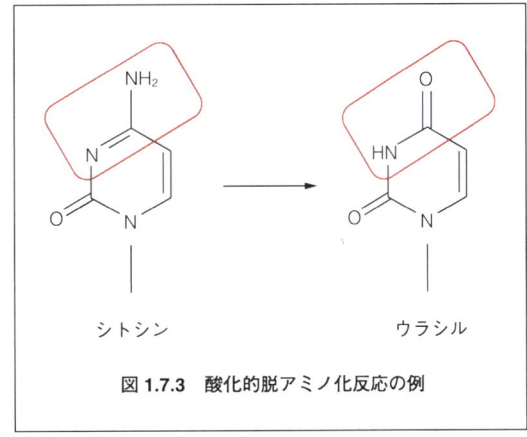

図 1.7.3 酸化的脱アミノ化反応の例

1-7-3 突然変異による遺伝子発現の変化

遺伝子は生物情報を担う機能的単位であり，1 つの世代から次の世代へと受け継がれていく．遺伝子が発現することによって，生物の形や性質が表現される．表現された形質を**表現型** phenotype といい，それを生み出している遺伝子の存在状態を**遺伝子型** genotype という．

正常な遺伝子をもつ生物を**野生株** wild type（野生型ともいう），変化した遺伝子をもつ生物を**変異株** mutant（変異体ともいう）とよぶ．遺伝子に変異が生じても表現型は正常，すなわち，みかけは野生株と同じ場合もあるが，しばしば，変異は生存に必要なタンパク質の機能を欠損させることになり，野生株とは異なる表現型を示す．タンパク質のアミノ酸が 1 個変化した場合を**ミスセンス変異** missense mutation，アミノ酸のコドンが終止コドンに変化した場合を**ナンセンス変異** nonsense mutation，遺伝子の**読み枠** reading frame が変化した場合を**フレームシフト変異** frameshift mutation とよぶ（図 1.7.1）．

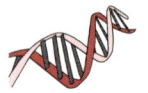

1-8 修復機構

1-8-1 DNAに生じた損傷と修復機構

外的要因や複製の誤りによって生じたDNA上の損傷は，そのままでは変異として固定されてしまう（1-7参照）．したがって，生物は自分の遺伝子を守るために，損傷を直ちに**修復** repair する機構を備えている．詳しく研究されている大腸菌の修復機構を表1.8.1にまとめた．大腸菌では大きく5つの修復機構が知られており，それぞれ多くの酵素が関与し，その遺伝子もわかっている．

表1.8.1 大腸菌の修復機構

修復機構	修復可能なDNA損傷の種類	修復に関与する酵素とその遺伝子
除去修復 　塩基除去修復	脱アミノ化された塩基（ウラシル，ヒポキサンチン，キサンチン），アルキル化された塩基	DNA glycosylase (*ung*, *nth*)*，AP endonuclease (*xthA*)，DNA polymeraseⅠ(*polA*)，DNA ligase (*lig*)
ヌクレオチド除去修復	ピリミジンダイマー，制がん剤等によるクロスリンク（化学的架橋形成）	ABC excinuclease (*uvrA*, *uvrB*, *uvrC*)，DNA helicaseⅡ(*uvrD*)，DNA polymeraseⅠ(*polA*)，DNA ligase (*lig*)
直接修復 　光回復	ピリミジンダイマー	DNA photolyase (*phr*)
メチル基転移	O^6-メチルグアニン等のアルキル化された塩基	O^6-methylguanine-DNA methyltrasferase (*ada*)，Methyladenine glycosylase (*alkA*)
組換え修復（複製後修復）	ピリミジンダイマー，制がん剤等によるクロスリンク（化学的架橋形成）	ABC excinuclease (*uvrA*, *uvrB*, *uvrC*)，RecA protein (*recA*)，ExonucleaseⅤ(*recB*, *recC*, *recD*)，*recF*，DNA複製に関与する酵素群[1-5参照]
SOS修復	ピリミジンダイマー，制がん剤等によるクロスリンク（化学的架橋形成），アルキル化された塩基	LexA repressor (*lexA*)，ABC excinuclease (*uvrA*, *uvrB*, *uvrC*)，DNA helicase (*uvrD*)，UmuC protein (*umuC*)，UmuD protein (*umuD*)，*sfiA*, *sfiB*, *recN*, *recQ*, *himA*, *din*遺伝子産物
ミスマッチ修復	DNA複製の際に生じた誤った塩基対合	DAM methylase (*dam*)，MutH, MutL, MutS, Mut proteins (*mutH*, *mutL*, *mutS*, *mutY*)，DNA helicaseⅡ(*uvrD*)，ExonucleaseⅠ(*sbcB*)，DNA polymeraseⅢ(*dnaE*, *mutD*, *dnaN*, *dnaX*, *dnaZ*)，SSB (*ssb*)，DNA ligase (*lig*)

*遺伝子を（ ）内に示した．

1-8-2 除去修復

除去修復 excision repair には，**塩基除去修復** base-excision repair と**ヌクレオチド除去修復** nucleotide-excision repair がある．前者では塩基が損傷を受けると，それを特異的に認識する酵素DNAグリコシラーゼが作用して，変化した塩基を除去することから修復反応が始まる．後者では，損傷や修復を受けた塩基によってDNAの高次構造が変化し，その構造上の変化を認識する特異的なヌクレアーゼが作用して，その周辺領域を除去することから修復反応が始まる（図1.8.1）．

1-8-3 直接修復

直接修復 direct repair のうち**光回復** photoreactivation とよばれるシステムは，自然界に広く存在しており，300〜500 nmの可視光を必要とする反応である．その反応に関与する光回復酵素**DNAホトリアーゼ** DNA photolyase は，紫外線照射によって生じたピリミジンダイマーを認識して結合し，シクロブタン環を正常なピリミジンモノマーに変換して修復する．

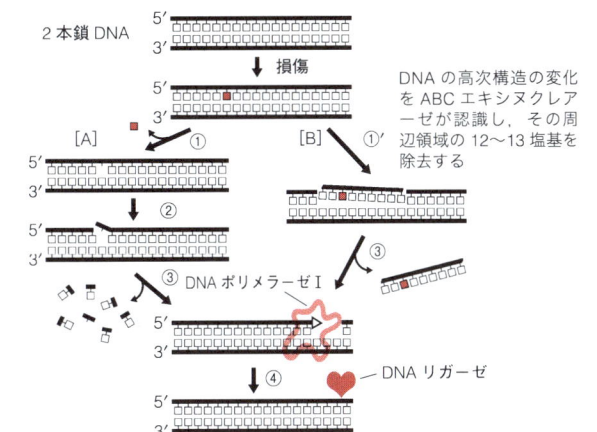

① 損傷を受けた塩基を DNA グリコシラーゼが認識し，N-グリコシド結合を切断する

② 生じた脱プリンあるいは脱ピリミジン部位（AP 部位）を AP エンドヌクレアーゼが認識し，ホスホジエステル結合を切断する

③ DNA ポリメラーゼ I による除去と修復反応

DNA ポリメラーゼ I が有する 3 つの活性のうち 5′→3′ エキソヌクレアーゼ活性で損傷部位を除去し，5′→3′ ポリメラーゼ活性で DNA 合成する

④ 新しく合成された鎖と，もとの鎖を DNA リガーゼが連結して，修復が完成する

図 1.8.1　除去修復には，塩基除去修復［A］とヌクレオチド除去修復［B］がある．□：正常な塩基，■：損傷を受けた塩基．

1-8-4　ミスマッチ修復

ミスマッチ修復（誤対合修復ともいう）mismatch repair は，複製時に生じた誤対合を，新生 DNA 鎖と古い DNA 鎖を見分けるシステムによって修復する反応である．新生 DNA 鎖上の誤対合塩基を認識し，それを含む領域を切断するのは，*mut* 遺伝子群にコードされるタンパク質である．切断の後，DNA ヘリカーゼ II やエキソヌクレアーゼ I 等によってその領域が除去され，DNA ポリメラーゼ III と DNA リガーゼによって修復合成される．その他，**組換え修復** recombinational repair や **SOS 修復** SOS repair などがある．

1-8-5　大腸菌の DNA ポリメラーゼは DNA 合成機能と修復機能を併せもっている

大腸菌は 3 種類の DNA ポリメラーゼをもっており（表 1.8.2），機能がよくわかっているのは DNA ポリメラーゼ I と III である．DNA ポリメラーゼ I は 1 本のポリペプチド鎖からなるにも関わらず，3 カ所に異なった活性部位をもっている（図 1.8.2）．一方，DNA ポリメラーゼ III は 10 個の**サブユニット** subunit が会合した大きな分子であるが，5′→3′ エキソヌクレアーゼ活性がない．しかし，DNA ポリメラーゼ I に比べて 100 倍も速く DNA 合成できるという特徴がある．

表 1.8.2　大腸菌の DNA ポリメラーゼ

	DNA ポリメラーゼ		
	I	II	III
遺伝子	*polA*	*polB* など	*polC*(*dnaE*) など
サブユニット数	1	4	10
分子量	103,000	88,000	約 900,000
酵素活性			
5′→3′ ポリメラーゼ	＋	＋	＋
合成速度（ヌクレオチド/秒）	10	7	1,000
5′→3′ エキソヌクレアーゼ	＋	－	－
3′→5′ エキソヌクレアーゼ*	＋	＋	＋

*：校正機能．＋：活性あり，－：活性なし．

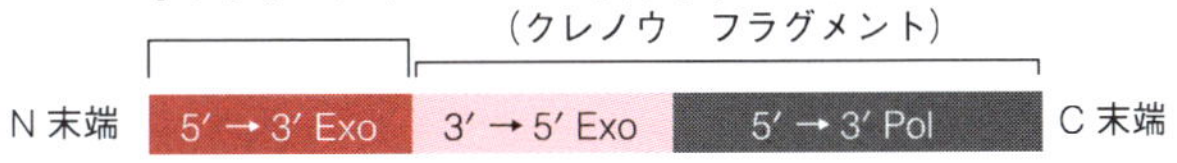

図 1.8.2　大腸菌の DNA ポリメラーゼ I は，1 本のポリペプチド鎖に 3 種類の酵素活性をもっている．Exo：エキソヌクレアーゼ，Pol：ポリメラーゼ．

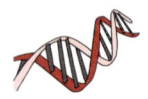

1-9 原核細胞の転写

1-9-1 遺伝情報の発現様式

遺伝子 DNA が有する暗号化された遺伝情報が発現するためには，まず，その塩基配列が RNA という別のタイプの核酸にコピーされなければならない．次いで，RNA の塩基配列がアミノ酸配列に変換されて，タンパク質がつくられる．これらの過程のうち，前者を**転写** transcription，後者を**翻訳** translation とよび，DNA 複製から転写および翻訳へと至る遺伝情報の伝達様式を**セントラルドグマ** central dogma とよぶ．その後，**レトロウイルス** retrovirus において，RNA から DNA への遺伝情報の伝達様式が発見され，この過程を**逆転写** reverse transcription という（図 1.9.1）．

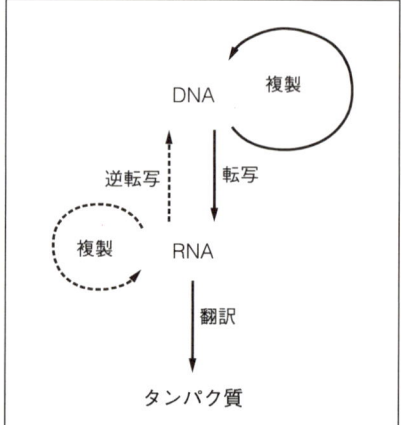

図 1.9.1　セントラルドグマ．全ての細胞に存在する遺伝情報の伝達過程（実線）と RNA ウイルスなどにある例外的な遺伝情報伝達過程（点線）．

1-9-2 センス鎖とアンチセンス鎖

2 本鎖の DNA のうち，転写によってつくられた**メッセンジャー RNA** messenger RNA（**mRNA**）と同じ塩基配列（ただし，DNA のチミンは，RNA ではウラシルに置き換わっている）をもつ側の DNA 鎖を，**センス鎖** sense strand，あるいは**コーディング鎖** coding strand とよぶ．一方，mRNA を合成するときの鋳型となった側の DNA

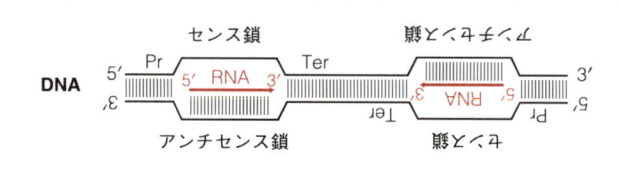

図 1.9.2　センス鎖とアンチセンス鎖．Pr：プロモーター．Ter：ターミネーター．

鎖を，**アンチセンス鎖** antisense strand，あるいは**鋳型鎖** template strand とよぶ．なお，2 本鎖 DNA のうち，常に一方のみがセンス鎖として機能しているのではなく，どちらの鎖にも mRNA として転写される領域が存在している（図 1.9.2）．

1-9-3 プロモーター部位から転写が開始される

DNA の塩基配列には，転写される領域を指定するための信号が存在している．転写を開始させる信号を**プロモーター** promoter，転写終結信号を**ターミネーター** terminator とよび，それらにはさまれた領域が 1 つの**転写単位** transcription unit となる．DNA 配列上の**転写開始点** startpoint のヌクレオチドは +1 と表記され，3′ 側へ（**下流** downstream という）順番に +2, +3… と表記される．一方，転写開始点の直前のヌクレオチドは −1 と表記され，5′ 側へ（**上流** upstream という）順番に −2, −3… と表記される（図 1.9.3）．

原核細胞のプロモーターには，多くの場合，特徴的な 2 種類の共通配列（これを**コンセンサス配列** consensus sequence とよぶ）が存在し，それぞれ転写開始点の 10 **塩基対** base pair（bp）上流付近を中心とした配列を **−10 領域** −10 region（**プリブナウボックス** Pribnow box ともいう），開始点の上流 35 bp 付近を中心とした配列を **−35 領域** −35 region とよぶ．転写開始点は 90% 以上がプリン塩基である．

一方，原核細胞のターミネーターには特徴的な共通配列が知られておらず，転写の終結には RNA 転写産物の 3′ 末端の二次構造や ρ（ロー rho）因子等が関与すると考えられている．

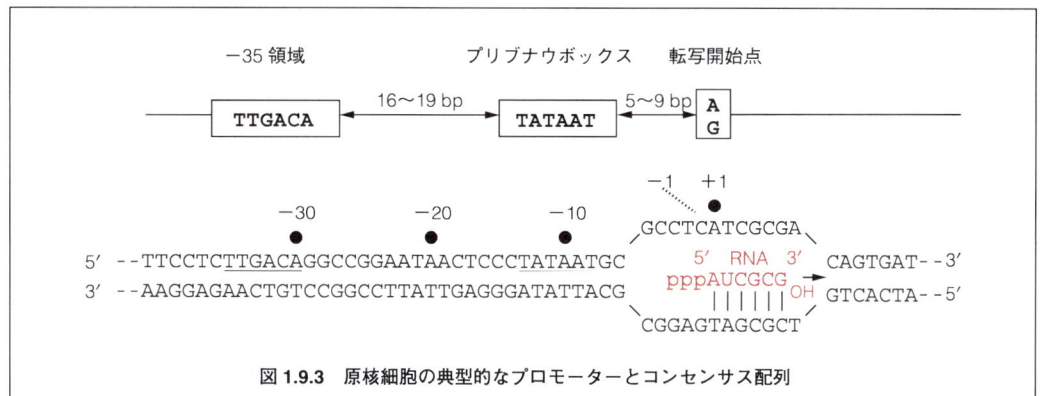

図1.9.3 原核細胞の典型的なプロモーターとコンセンサス配列

1-9-4 転写はRNAポリメラーゼによって行われる

原核細胞では，1種類の**RNAポリメラーゼ** RNA polymeraseが細胞内の全てのRNA（すなわち，mRNA, rRNA, tRNA）を合成している．RNAポリメラーゼの**ホロ酵素** holoenzymeがプロモーターを識別して2本鎖DNAに結合し，DNA鎖を少し巻き戻すことによって転写が開始される．2〜9塩基のRNAが合成された時点で**シグマ因子**σ(sigma) factorが解離し，RNAポリメラーゼの**コア酵素** core enzymeがDNA鎖を鋳型として5′から3′側へRNA鎖を伸長させていく．転写単位の終わりまで転写が続いたあと，ターミネーターによってコア酵素とRNA鎖がDNA鎖から解離し，転写は終結する（表1.9.1, 図1.9.4）．

表1.9.1 大腸菌のRNAポリメラーゼのサブユニット

サブユニット	遺伝子名	分子量	数	機能
α	rpoA	36,500	2	酵素の複合体形成？
β	rpoB	151,000	1	ヌクレオチドの結合，触媒部位
β′	rpoC	155,000	1	DNAへの結合
σ70	rpoD	70,000	1	プロモーターの識別，結合
ω	rpoZ	11,000	1	活性型コア酵素の構造形成

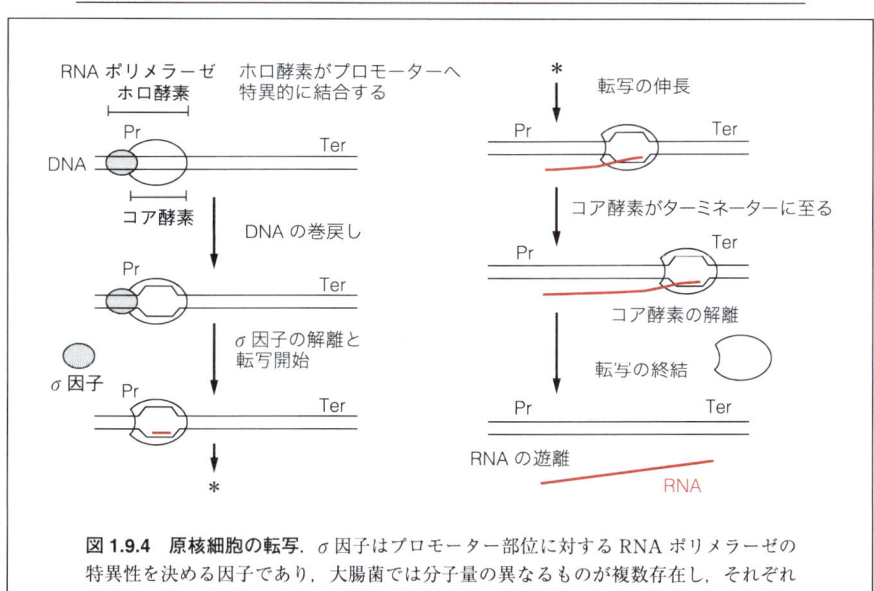

図1.9.4 原核細胞の転写． σ因子はプロモーター部位に対するRNAポリメラーゼの特異性を決める因子であり，大腸菌では分子量の異なるものが複数存在し，それぞれ異なったコンセンサス配列を認識する．

1-10 真核細胞の転写に関与する因子

1-10-1 真核細胞のRNAは3種類のRNAポリメラーゼによって合成される

真核細胞の転写は，機能の異なる3種類のRNAポリメラーゼ（Ⅰ，ⅡおよびⅢ）によって行われる（表1.10.1）．3種類の酵素の中で，活性の大部分を占めるRNAポリメラーゼⅠはrRNAの転写のみに関与し，1種類のプロモーターから，ひと続きの一次転写産物45S rRNA（18S rRNA，5.8S rRNAおよび28S rRNAがスペーサーを介してこの順番で結合している）を合成する．その後，この一次転写産物はプロセシングを受け，3種類のrRNAができる．これらは細胞内で合成されるRNAの大部分に相当する．

表1.10.1 真核細胞のRNAポリメラーゼ

RNAポリメラーゼ	存在部位	転写産物の成熟型分子	活性（相対比）	α-アマニチンに対する感受性
Ⅰ	核小体	18S, 5.8S, 28S rRNA	約70%	非感受性
Ⅱ	核質	mRNA, miRNA, siRNA, snoRNA, 多くのsnRNA	約20%	感受性
Ⅲ	核質	tRNA, 5S rRNA, U6 snRNA, scRNA	約10%	やや感受性

次いで高い活性を示す酵素RNAポリメラーゼⅡは，mRNAの前駆体となる**ヘテロ核RNA** heterogeneous nuclear RNA（**hnRNA**）の合成，**核内低分子RNA** small nuclear RNA（**snRNA**）やmiRNA，siRNA，snoRNAの前駆体の合成を行っている．一方，RNAポリメラーゼⅢの活性は低く，細胞内に占める割合は約10%である．この酵素は5S rRNAやtRNA，その他の低分子RNA（U6 snRNA，scRNAなど）を転写する．なお，5S rRNAやtRNA遺伝子のプロモーターは，通常とは異なっており，遺伝子の内部，すなわち転写開始点の下流に位置している．

1-10-2 真核細胞のプロモーターとエンハンサー

タンパク質をコードする遺伝子は，RNAポリメラーゼⅡによって転写される．転写開始点はAで，その両隣はピリミジン塩基であることが多い．その領域は**イニシエーター** initiatorとよばれ，ここではyyCAyyyyyと記した（図1.10.1）．ただし，イニシエーター領域をYYCARR（YはCまたはT，RはAまたはG）とする場合もある．

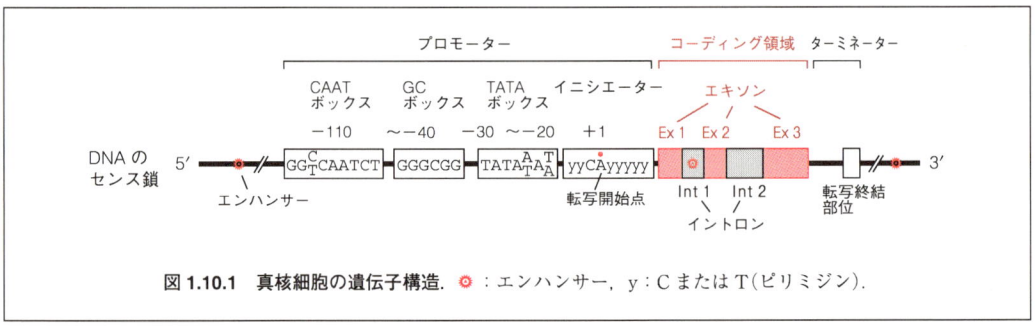

図1.10.1 真核細胞の遺伝子構造． ◉：エンハンサー，y：CまたはT（ピリミジン）．

原核細胞の遺伝子と同様に，転写開始点の5'上流側にプロモーターが存在し，開始点上流の約25 bpを中心とした配列を**TATAボックス** TATA box（別名Hogness box）とよぶ．これはRNAポリメラーゼⅡによって転写されるほとんど全ての遺伝子において認められる配列であり，原核細胞の−10領域によく似ている（図1.9.3，図1.10.1）．−40から−110の領域に，多くのプロモーターは**CAATボックス** CAAT boxや**GCボックス** GC boxとよばれる配列をもっている．それらの位置はプロモーターごとに異なり，また，どちら向きでも機能できるという特徴を有する．

プロモーター活性は，多くの場合，**エンハンサー** enhancerとよばれる配列が共存すると著しく増大

する．エンハンサーは遺伝子の数千塩基上流，あるいは下流，時には**イントロン** intron の中に存在することもあり，また，どちら向きにでも機能するが，それ自身はプロモーター活性をもたない．

1-10-3　プロモーターを認識する転写因子

真核細胞の RNA ポリメラーゼはいずれも原核細胞の酵素とは異なり，プロモーターを直接認識できず，それだけでは転写を開始できない．したがって，まず，**転写因子** transcription factor が特定のプロモーターのそれぞれ特徴的な配列を認識し，次いで，そこに RNA ポリメラーゼが結合して転写開始点からの RNA 合成が行われる．

例えば，RNA ポリメラーゼⅡは単独では DNA に結合できないので，いくつかの**基本転写因子** basal transcription factor（TFⅡA, B, D, E, F など）を必要とする（図1.10.2）．転写の第一歩は，TATA ボックスを認識して **TFⅡD** が結合するところから始まる．TFⅡD は，それ自身が複数のタンパク質からなる複合体であり，転写開始反応において重要な役割を果たしている．TFⅡD の構成要素は大きく 2 つの成分に分けられる．1 つは TATA 結合タンパク質（TBP：TATA-binding protein）であり，他の

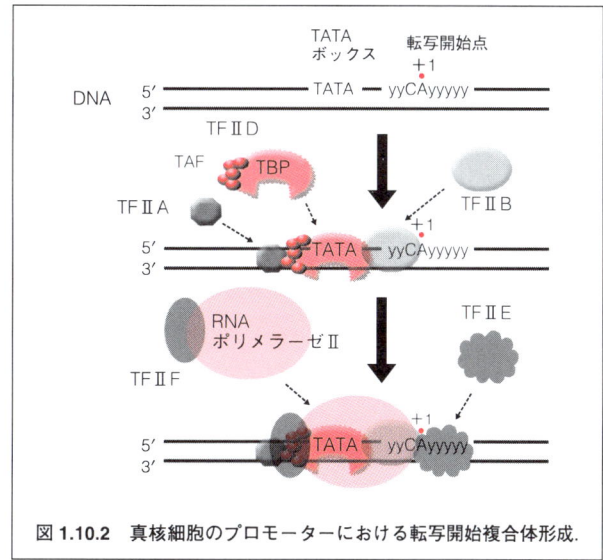

図1.10.2　真核細胞のプロモーターにおける転写開始複合体形成．

いくつかのサブユニットはまとめて **TAF**（TBP 会合因子：TBP-associated factor）とよばれる．

次いで，TFⅡA や TFⅡB が結合して転写開始複合体が形成される．その後，転写開始点付近で RNA ポリメラーゼⅡと複合体を形成し，転写開始点からの RNA 合成が行われる．

その他，CAAT ボックスに結合する CTF/NF 1，GC ボックスに結合する Sp 1，共通認識配列 TGANTCA を持つエンハンサーに結合する AP-1 のほか，TGACGTCA という配列に結合する**サイクリック AMP 応答エレメント結合タンパク質** cyclic AMP（cAMP）response element binding protein（**CREB**）など，多くの転写因子が存在する．

1-10-4　転写因子の構造

転写因子には共通に見出される 3 つの特徴的な**機能ドメイン** functional domain が存在し，それらは **DNA 結合ドメイン** DNA-binding domain，転写活性化ドメイン，転写制御ドメインとよばれる．DNA 結合ドメインの役割は，標的塩基配列を識別して転写特異性を決定し，転写活性化ドメインを転写開始複合体の近傍に引き寄せることであると考えられている．

DNA 結合ドメインには，DNA に結合するために必要な共通の**モチーフ** motif がある．代表的なモチーフとして，**ヘリックス・ループ・ヘリックス** helix-loop-helix（図1.10.3），**ジンクフィンガー** zinc finger，**ヘリックス・ターン・ヘリックス** helix-turn-helix，**ロイシンジッパー** leucine zipper 等が知られている．

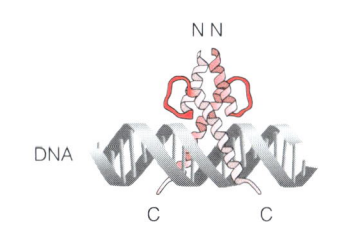

図1.10.3　DNA に結合したヘリックス・ループ・ヘリックスの二量体．N：N 末端，C：C 末端．Alberts B. et al.："Molecular Biology of the Cell 4th edition"，Garland Science, p.390（2002）から引用．

1-11 真核細胞の遺伝情報発現

1-11-1 真核細胞の遺伝子構造

タンパク質をコードする真核細胞遺伝子の代表的な構造を図1.11.1に示した．通常，真核細胞では，1つの**転写単位** transcription unit（RNAに転写されるプロモーターからターミネーターに至るDNA配列のこと）からは，1つのタンパク質のみがつくられる．転写開始点の5′上流側にはいくつかの転写制御領域が存在し，特に，開始点付近とその上流において転写開始制御に関わる領域をプロモーターとよぶ（図1.10.1参照）．

真核細胞のコーディング領域は，**イントロン** intronとよばれる介在配列によって分断されており，これは原核細胞遺伝子と大きく異なる点である．成熟型mRNAに存在し，タンパク質への翻訳に関わる領域を**エキソン** exonとよび，エキソンとイントロンは交互に並んでいる．遺伝子の3′下流側には，ポリA付加シグナル，ポリA付加部位，転写終結部位などからなるターミネーターが存在する．

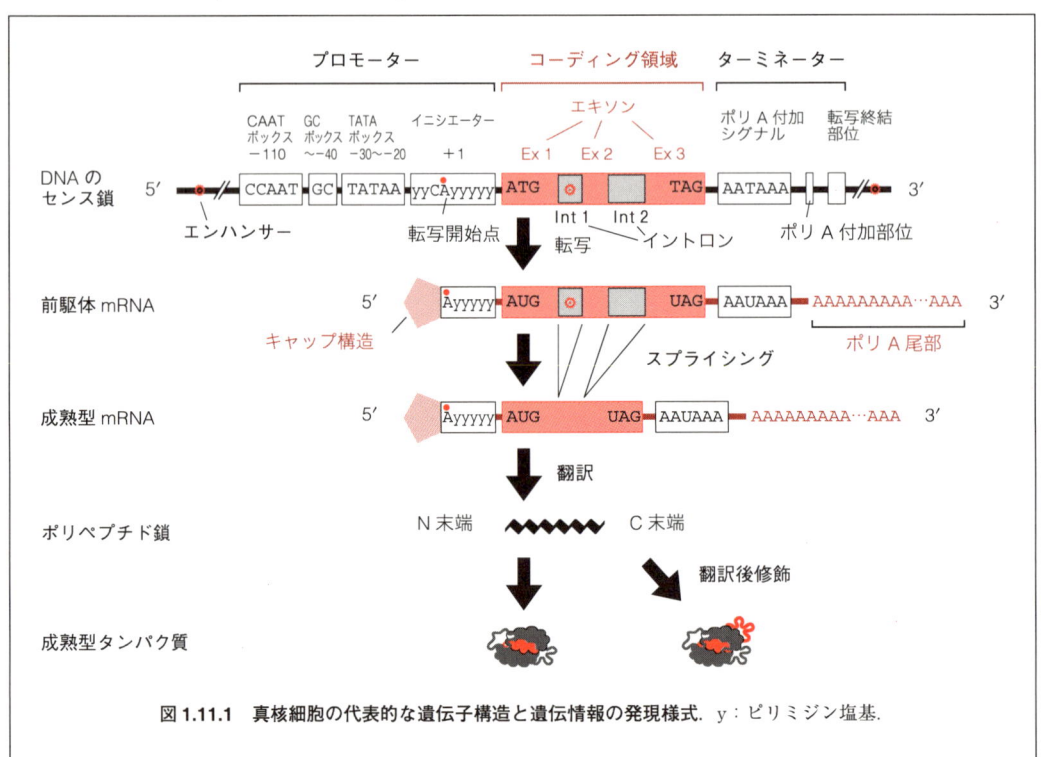

図1.11.1 真核細胞の代表的な遺伝子構造と遺伝情報の発現様式．y：ピリミジン塩基．

1-11-2 真核細胞遺伝子の情報発現

RNAポリメラーゼIIによる転写は，イニシエーター領域の転写開始点A（アデニン残基）から始まる．転写されている間に，RNA鎖の5′末端はグアニル酸トランスフェラーゼによって新たにGが付加され，次いでそのGがメチル化されて7-メチルグアノシンとなる．これは**キャップ** cap構造とよばれ，真核細胞の前駆体mRNAの全てにおいてみられる特徴的な構造である（図1.11.2）．さらに，転写開始点やその3′側の塩基，およびそれらのリボースがメチル化される場合もある．このようなキャップ構造は，ホスファターゼや核酸分解酵素から5′末端を保護する役目を果たし，mRNAの安定化に寄与している．なお，tRNAやrRNA分子はキャップ構造をもたない．

一次転写産物 primary transcriptは，初期の実験で，核内に存在する様々なサイズの不安定なRNA分子として見出されたことからヘテロ核RNAともよばれる．一次転写産物は，**ポリA** poly(A)（**ポリアデニル酸** polyadenylate）が付加される部位よりもさらに下流まで転写されているが，ポリA付加シ

グナルである AAUAAA 配列を認識する特異的なエンドヌクレアーゼによって，その配列の約 11〜30 bp 下流で切断され，次いで，**ポリ A ポリメラーゼ** poly(A)polymerase によって約 250 個の A 残基が付加される．これを**ポリ A 尾部** poly(A)tail という．

こうしてできた**前駆体 mRNA** pre-mRNA はエキソンとイントロンを含んでいるが，**スプライシング** splicing（1-12 参照）とよばれる過程を経てイントロンが除去され，エキソンのみが連結した**成熟型 mRNA** mature mRNA となる（図 1.11.1）．

ここまでの反応は核内で起こるが，その後，成熟型 mRNA は核膜孔を通り抜けて細胞質に輸送され，そこで翻訳される．生成したポリペプチド鎖は自然に折りたたまれて高次構造を形成し，活性のあるタンパク質になる場合もあれば，**翻訳後修飾** post-translational modification とよばれる**プロセシング** processing 反応を経て，活性のある成熟型タンパク質ができる場合もある．

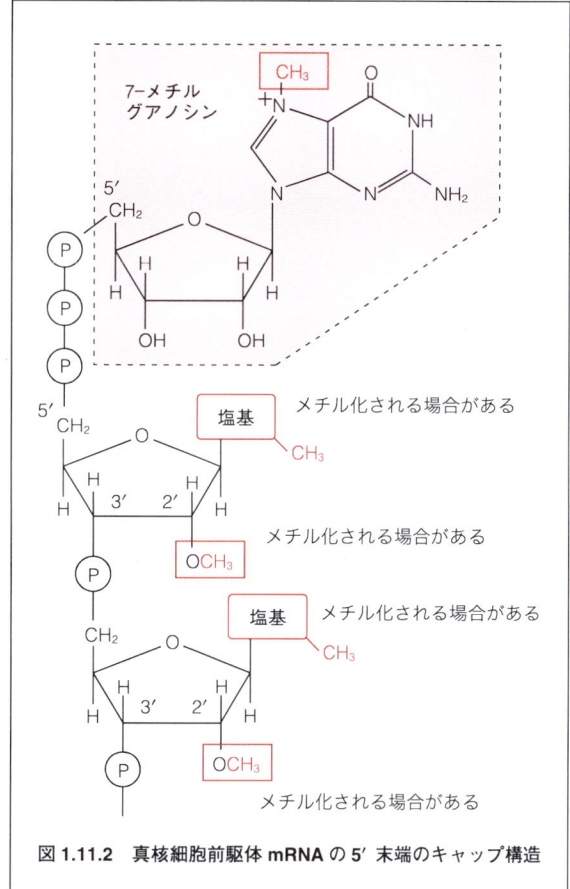

図 1.11.2　真核細胞前駆体 mRNA の 5′ 末端のキャップ構造

1-11-3　スプライシングによるイントロンの除去

イントロンはスプライシングによって，1 塩基のずれもなく正確に一次転写産物から除去され，エキソンが DNA 上に並んでいた順番に連結されて成熟型の RNA となる．イントロンは，表 1.11.1 に示すように大きく 4 つのグループに分けられる．

イントロンはタンパク質をコードする遺伝子のみならず，rRNA や tRNA をコードする遺伝子を含むほとんど全ての真核細胞遺伝子に存在している．ただし，極めてまれな例として，現在までにインターフェロン遺伝子，β-アドレナリン受容体遺伝子，ヒストン遺伝子にイントロンのないものがみつかっている．一方，原核細胞遺伝子には一般的にイントロンは存在しない．ただし，植物に感染する土壌細菌 *Agrobacterium rhizogenes*（3-12 参照）が有する巨大な Ri プラスミド上の一部の遺伝子ではイントロンがみつかっている．また，大腸菌に感染するファージ T4 のチミジル酸合成酵素遺伝子やリボヌクレオチドレダクターゼサブユニット B 遺伝子，枯草菌に感染するファージ SPO1 の RNA ポリメラーゼ I 遺伝子などでもイントロンがみつかっている．

表 1.11.1　イントロンの種類とスプライシング反応の特徴

イントロンの種類	それを含む遺伝子の代表例	スプライシング反応の特徴
グループ I	rRNA（核，ミトコンドリア，葉緑体）	グアノシン類（GTP，GDP，GMP，グアノシン）を補因子として必要とする自己スプライシング，リボザイム機能．
グループ II	mRNA（ミトコンドリア，葉緑体）	イントロン内のアデノシンが関与する自己スプライシングにより，投げ縄構造を生じる．リボザイム機能．
前駆体 mRNA	多くの mRNA（核）	スプライソソームによるスプライシングで投げ縄構造を生じる．
前駆体 tRNA	ある種の tRNA	エンドヌクレアーゼとリガーゼが関与する．

1-12 スプライシングの機構

1-12-1 グループⅠおよびⅡイントロンのスプライシング機構

グループⅠとⅡのイントロンをもつ一次転写産物における**スプライシング** splicing 機構を図1.12.1に示した．これらは，RNAそれ自身の自律的な触媒作用（**自己スプライシング** self-splicing）によってイントロンの除去を行う．このようなRNAを**リボザイム** ribozyme とよぶ（図1.12.4）．

グループⅠのイントロンは特徴的な高次構造を形成する能力があり，その結果，触媒作用を発揮するためのグアノシン結合部位と基質結合部位ができると考えられる．遊離のグアノシン（G）がグアノシン結合部位に結合し，そのGの3′ OH基が，イントロンの5′末端のホスホジエ

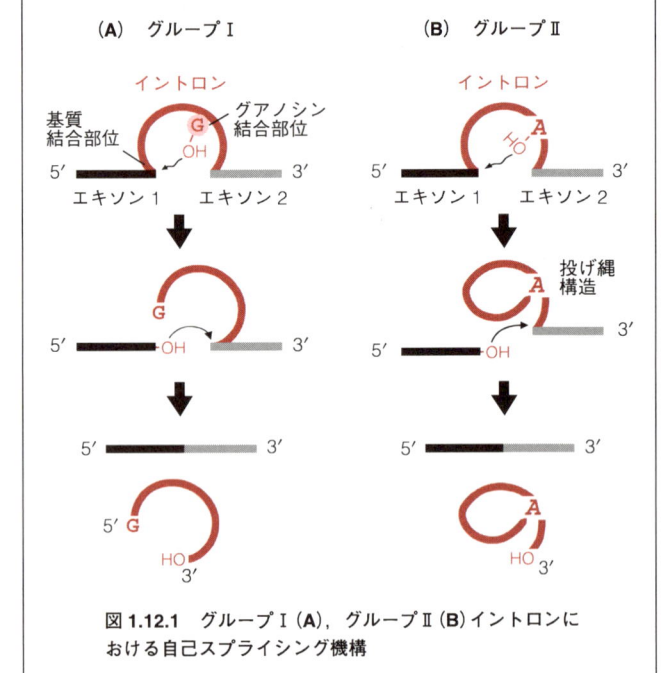

図1.12.1 グループⅠ（A），グループⅡ（B）イントロンにおける自己スプライシング機構

ステル結合を攻撃して切断し，イントロンに結合する．続いて，エキソン1の3′ OH基がイントロンとエキソン2の接合部に作用し，エキソン1と2が連結する（図1.12.1A，図1.12.4）．

グループⅡのイントロンの内部にはアデニン（A）を含む特殊な塩基配列が存在し，そのAの2′ OH基がイントロンの5′末端のホスホジエステル結合を攻撃して切断する．次いで，イントロンの5′末端部は，このアデニンと結合し，**投げ縄構造** lariat structure ができる．続いて，エキソン1の3′ OH基がイントロンとエキソン2の接合部に作用し，エキソン1と2が連結する（図1.12.1B）．

1-12-2 核の前駆体 mRNA のスプライシング部位

核内の染色体からつくられる前駆体mRNAでは，エキソンとイントロンの境（**スプライシング部位** splicing site とよぶ）およびイントロン内にスプライシングのためのコンセンサス配列が存在する（図1.12.2）．コンセンサス配列の中で，スプライシング部位は短いがよく保

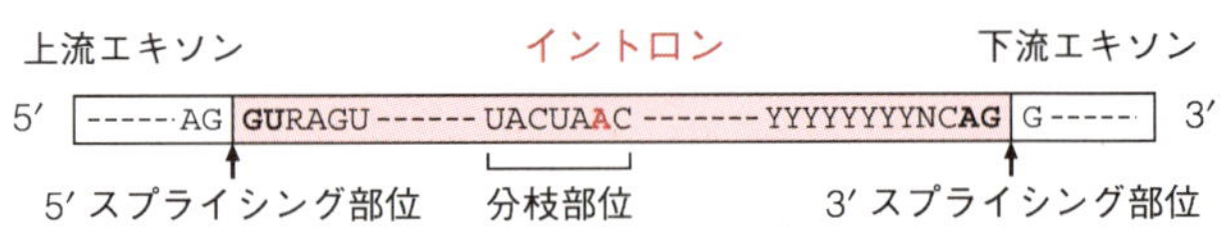

図1.12.2 核内前駆体 mRNA のスプライシング部位にみられる共通配列．イントロンはGUで始まりAGで終わる．分枝部位は酵母における共通配列を記した．R：AまたはG．Y：CまたはU．N：任意のヌクレオチド．

存されており，多くの（おそらく真核細胞の核の遺伝子全ての）イントロンはGUで始まりAGで終わる．また，上流側エキソンの3′末端はAGであることが多い．イントロンの長さは50から10,000 ヌクレオチドに及ぶが，3′スプライシング部位の上流20から50塩基の間に**分枝部位** branch site とよばれる重要な配列があり，その中のアデニンが投げ縄構造の形成に関与している．酵母の分枝部位はよく保存されており，UACUAACというコンセンサス配列をもっている．一方，高等真核生物の分枝部位は，それほど保存されていないが，CURAYYと記されることもある．

1-12-3 スプライソソームによる前駆体 mRNA のスプライシング

核内には 300 ヌクレオチド以下の**核内低分子 RNA** small nuclear RNA（**snRNA**）がいくつか存在し，それらはタンパク質と結合して，**核内低分子リボ核タンパク質粒子** small nuclear ribonucleoprotein particle（**snRNP**）を形成している．それらが他の因子と会合して**スプライソソーム** spliceosome とよばれる大きな複合体となり，これが前駆体 mRNA のスプライシングに関与している．

核の前駆体 mRNA のスプライシング機構を図 1.12.3 に示した．まず，U1 snRNP が前駆体 mRNA の 5′ スプライシング部位を認識し結合することから反応が始まる．U1 snRNP 内の U1 snRNA は，5′ スプライシング部位と相補的な塩基配列を含んでおり，塩基対形成によって"認識"と"結合"が行

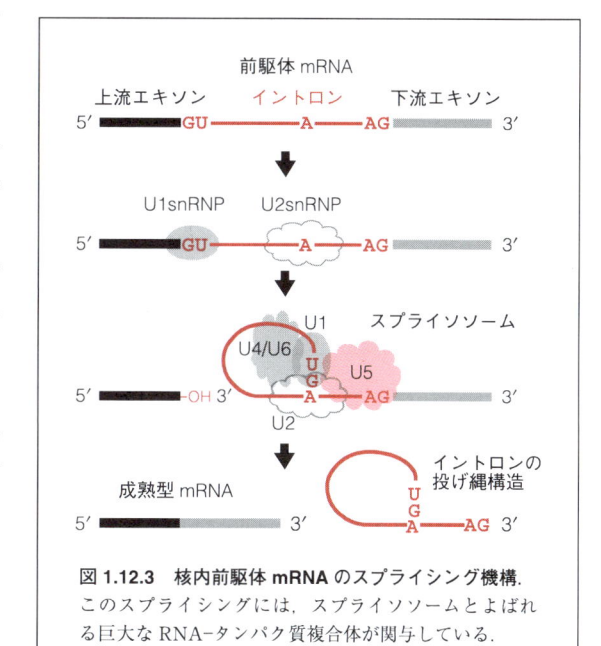

図 1.12.3 核内前駆体 mRNA のスプライシング機構．このスプライシングには，スプライソソームとよばれる巨大な RNA-タンパク質複合体が関与している．

われる．次いで，U2 snRNP が塩基対形成による相互作用で分枝部位（図 1.12.2）を認識して結合し，U1 snRNP と U2 snRNP の相互作用により，スプライシング部位が互いに接近する．3′ スプライシング部位は U5 snRNP によって認識される．U4 snRNP や U6 snRNP などの結合によってスプライソソームが形成され，グループ II イントロンの活性中心に似た構造が生み出され，投げ縄構造を形成するスプライシング機構によってイントロンが除去される．

1-12-4 リボザイム

繊毛虫類の**テトラヒメナ** *Tetrahymena thermophila* の前駆体 rRNA のスプライシング反応において，触媒活性をもつ RNA 分子が発見された．タンパク質だけが酵素活性をもつと長い間考えられてきたが，RNA 分子も広義の酵素活性をもつことがわかり，**リボザイム** ribozyme と名づけられた．テトラヒメナの前駆体 rRNA はグループ I イントロンを含んでおり，図 1.12.4 に示すようにイントロン自身がリボザイムとして機能し，ヌクレアーゼやリガーゼなどの触媒活性を発揮する．

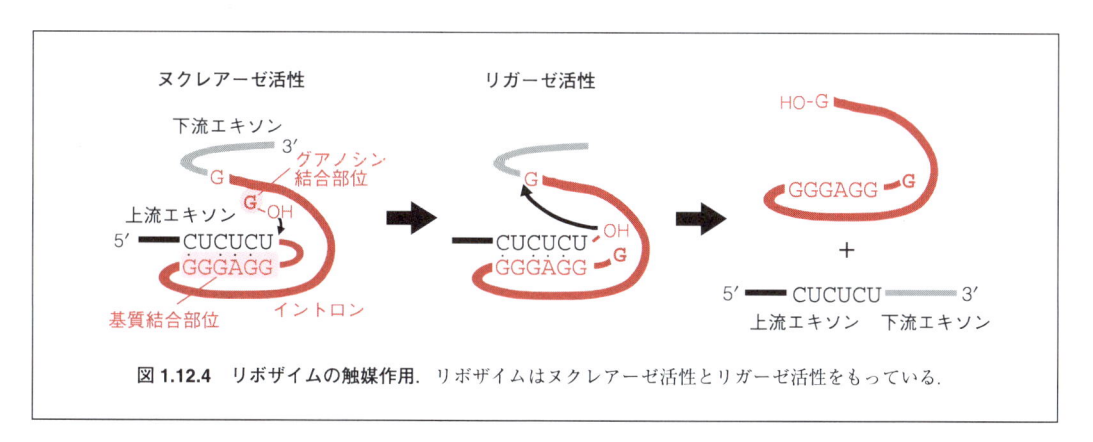

図 1.12.4 リボザイムの触媒作用．リボザイムはヌクレアーゼ活性とリガーゼ活性をもっている．

1-13 遺伝暗号

1-13-1 トリプレットコドン

DNA は RNA に転写されたのち，タンパク質へと翻訳される（図1.9.1参照）．すなわち，mRNAのヌクレオチドの配列がアミノ酸の配列へと変換されるわけであるが，通常，タンパク質は 20 種類のアミノ酸から構成されている．もし，4 種類のヌクレオチドが 2 個の並び方でアミノ酸に対応するとなると，$16(=4^2)$ 通りしか表現できないが，3 個ならば $64(=4^3)$ 通りの組合せが可能となる．**遺伝暗号** genetic code は 3 個の塩基で 1 個のアミノ酸に対応している（表1.13.1）．3 塩基の連結した（**トリプレット** triplet）ヌクレオチド配列を**コドン** codon もしくは**トリプレットコドン** triplet codon とよぶ．

表 1.13.1 遺伝暗号表

1番目の塩基	2番目の塩基								3番目の塩基
	U		C		A		G		
U	UUU	Phe	UCU	Ser	UAU	Tyr	UGU	Cys	U
	UUC	Phe	UCC	Ser	UAC	Tyr	UGC	Cys	C
	UUA	Leu	UCA	Ser	UAA	終止	UGA	終止	A
	UUG	Leu	UCG	Ser	UAG	終止	UGG	Trp	G
C	CUU	Leu	CCU	Pro	CAU	His	CGU	Arg	U
	CUC	Leu	CCC	Pro	CAC	His	CGC	Arg	C
	CUA	Leu	CCA	Pro	CAA	Gln	CGA	Arg	A
	CUG	Leu	CCG	Pro	CAG	Gln	CGG	Arg	G
A	AUU	Ile	ACU	Thr	AAU	Asn	AGU	Ser	U
	AUC	Ile	ACC	Thr	AAC	Asn	AGC	Ser	C
	AUA	Ile	ACA	Thr	AAA	Lys	AGA	Arg	A
	AUG	Met	ACG	Thr	AAG	Lys	AGG	Arg	G
G	GUU	Val	GCU	Ala	GAU	Asp	GGU	Gly	U
	GUC	Val	GCC	Ala	GAC	Asp	GGC	Gly	C
	GUA	Val	GCA	Ala	GAA	Glu	GGA	Gly	A
	GUG	Val	GCG	Ala	GAG	Glu	GGG	Gly	G

1-13-2 遺伝暗号の特徴

64 種類のコドンのうち，61 種類のコドンが 20 種類のアミノ酸に対応しているため，多くの場合，1 つのアミノ酸に対して複数のコドンが重複して使われている（表1.13.1）．例えば，フェニルアラニン（Phe）には UUU と UUC の 2 個が対応し，ロイシン（Leu）では UUA，UUG，CUU，CUC，CUA，CUG の 6 個が対応している．これを遺伝暗号の**縮重** degeneracy という．一方，なかには，メチオニン（Met）やトリプトファン（Trp）のように 1 個のコドンにしか対応しないものもある．

Met のコドンである AUG は，タンパク質合成の開始点を指定する暗号（**開始コドン** initiation codon）にもなっている．3 つのコドン UAA，UAG，UGA はアミノ酸を**コード** code せず，タンパク質合成を終止させる暗号になっており，**終止コドン** termination codon，**終結コドン** stop codon，

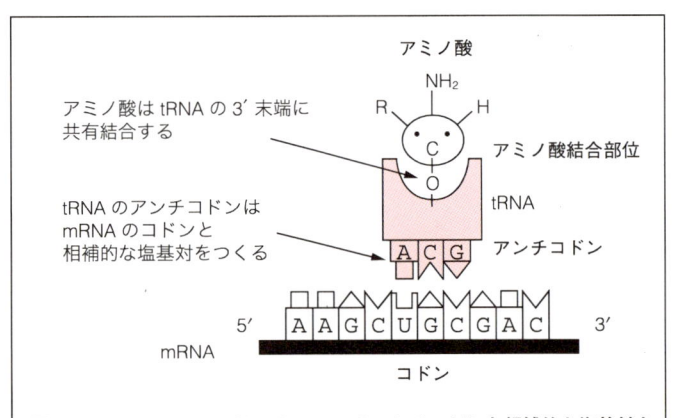

図 1.13.1 mRNA のコドンは tRNA のアンチコドンと相補的な塩基対を形成することによって，遺伝暗号が特異的なアミノ酸へと情報変換される．

あるいは，**ナンセンスコドン** nonsense codon とよばれる．

コドンとアミノ酸の対応関係は，原核から真核までのあらゆる生物やウイルスにおいて普遍的であることから，この対応関係は，進化の極めて初期に確立されたものと考えられている．ただし，ミトコンドリア，マイコプラズマ，テトラヒメナ，ゾウリムシなどでは一部異なっている．例えば，動物細胞のミトコンドリアでは，終止コドンのUGAはTrpをコードし，アルギニン(Arg)のAGAは終止コドンとして読まれる．また，マイコプラズマではUGAがTrpをコードし，テトラヒメナではUAAがグルタミン(Gln)を，ゾウリムシではUAGがグルタミン酸(Glu)をコードしている．

1-13-3 コドンとアンチコドン

mRNAのコドンがアミノ酸へと変換される際に，アダプターとして機能するのが**転移RNA** transfer RNA(**tRNA**)である(図1.13.1)．tRNAは，次のような特徴を有している．(1) 各々のtRNAは特異的なアミノアシル-tRNAシンテターゼを認識し，特定のアミノ酸と3′末端で共有結合する．(2) tRNAには，**アンチコドン** anticodon とよばれる部位があり，mRNA上の特定のアミノ酸に対応するコドンを認識する．

図 **1.13.2** バクテリオファージ **φX174** の遺伝子は重複している．mRNAのプロモーター部位(矢じり)と転写の方向(矢印)を示す．IR：遺伝情報を含まない領域，A, A*……K：遺伝子の名前．

1-13-4 遺伝子の重複

DNA上の遺伝子は，一般的に，直列に並んで存在している．すなわち，ひと続きのDNA配列はタンパク質を1種類のみコードするようにできている場合が多い．ところが，DNAを有する小型のファージなどでは異なる遺伝子が重なり合っており，限られた長さのDNAが少しでも多くの遺伝情報を担えるようになっている(図1.13.2)．例えば，大腸菌に感染するファージの中で，最も小型のφX174では，5,386塩基しかもたないにもかかわらず，11個もの遺伝子をもっている．これは，1つの遺伝子の中に別の遺伝子が含まれていたり，同じ塩基配列が異なった**読み枠** reading frame で翻訳されるためである(図1.13.3)．

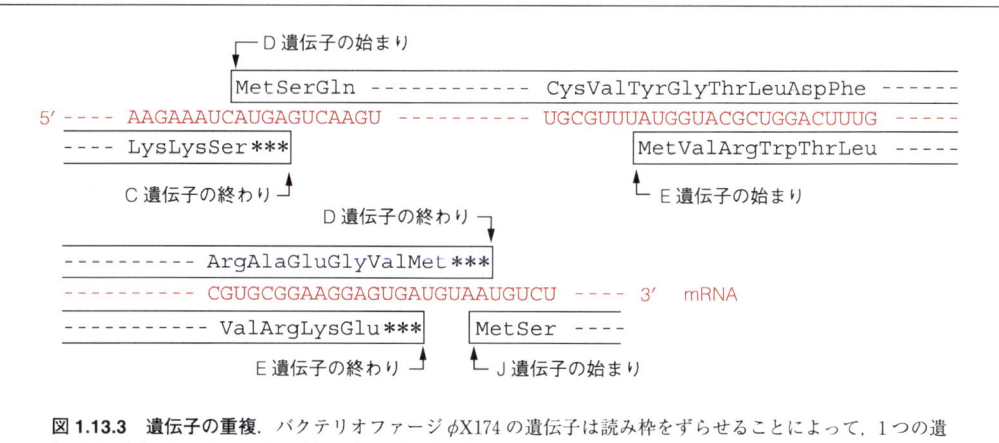

図 **1.13.3 遺伝子の重複**．バクテリオファージφX174の遺伝子は読み枠をずらせることによって，1つの遺伝子(D遺伝子)の中に，別の遺伝子(E遺伝子)を含むことを可能にしている．また，2つの遺伝子の翻訳部位の間には，翻訳されない部位は存在せず，ある遺伝子(C遺伝子，D遺伝子)の終止コドンが，次の遺伝子(D遺伝子，J遺伝子)の開始コドンと部分的に重なりあっている場合がある．mRNAの配列を赤で示す．

1-14 翻　　　訳

1-14-1 遺伝情報をアミノ酸配列に変換する

A，U，G，Cという4種類の塩基からなるmRNAの配列から遺伝情報を読み取って，アミノ酸の配列に変換する過程を**翻訳** translationとよび，これによってタンパク質が合成される．この反応には，**リボソーム** ribosome，tRNA，mRNAのほか，**開始因子** initiation factor（IF），**伸長因子** elongation factor（EF），**終結因子**（解離因子 releasing factor（RF）ともいう）など多数のタンパク質が関与している．

1-14-2 リボソーム

リボソームは，タンパク質よりもRNAを多く含む**リボ核タンパク質粒子** ribonucleoprotein particleであり，翻訳過程の主役となる構造体である．真核細胞のリボソームは原核細胞のものよりやや大きく，いずれも大サブユニットと小サブユニットからなる．各々の**サブユニット** subunitはrRNAとタンパク質から構成されている（図1.14.1）．それらの構成成分を分離し，試験管の中で混合すると，自己集合によって再構成できることから，この構造体をつくり上げるのに必要な情報は，成分の構造そのものに含まれていることがわかる．

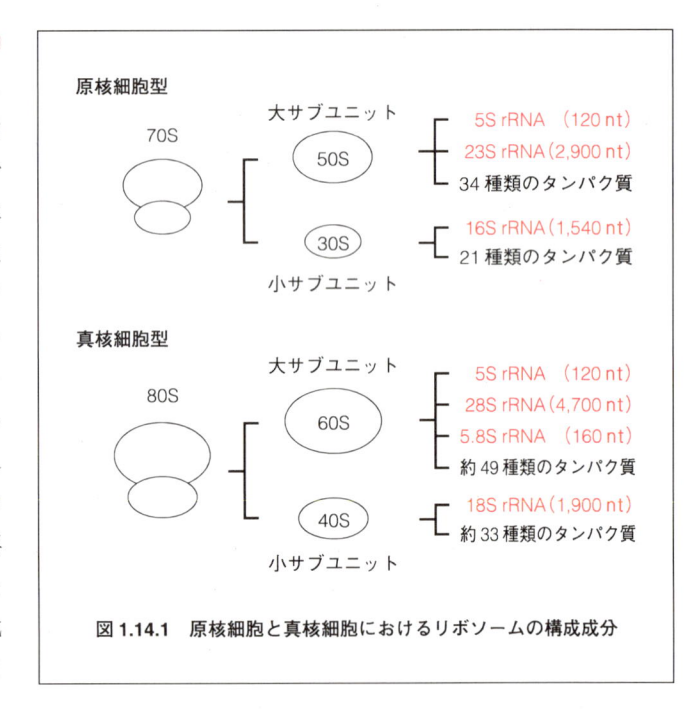

図1.14.1　原核細胞と真核細胞におけるリボソームの構成成分

原核細胞型　70S
- 大サブユニット 50S — 5S rRNA（120 nt），23S rRNA（2,900 nt），34種類のタンパク質
- 小サブユニット 30S — 16S rRNA（1,540 nt），21種類のタンパク質

真核細胞型　80S
- 大サブユニット 60S — 5S rRNA（120 nt），28S rRNA（4,700 nt），5.8S rRNA（160 nt），約49種類のタンパク質
- 小サブユニット 40S — 18S rRNA（1,900 nt），約33種類のタンパク質

1-14-3 タンパク質の生合成

タンパク質の生合成反応は，**開始** initiation，**伸長** elongation，**終結** terminationの大きく3段階に分けられ，原核および真核細胞における反応機構は本質的に同じである．ここでは主として原核細胞について述べることにする．

（1）**開始反応**　原核細胞では，解離したリボソームの30Sサブユニットが，開始因子のIF-1およびIF-3の関与によってmRNA上の特異的な配列を認識し結合するところから翻訳が始まる（図1.14.2）．この特異的な配列を**シャイン・ダルガーノ配列** Shine-Dalgarno（**SD**）sequenceとよび，大腸菌でのコンセンサス配列は 5′-AGGAGGU-3′ である．

次いで，イニシエーター（翻訳開始複合体の一部となれる唯一のアミノアシルtRNA）として機能する**ホルミルメチオニルtRNA**（fMet-tRNA）が，開始因子IF-2の働きによって30SサブユニットのP部位（**ペプチジル部位** peptidyl site）に入り，SD配列の下流約5〜10ヌクレオチド付近に存在する翻訳開始部位AUG（またはGUG）とアンチコドンによって特異的に対合し，30S-mRNA複合体ができる．

これに50Sサブユニットが結合し，開始因子が解離して70S-mRNA開始複合体が形成される．これらの過程は比較的ゆっくりと進み，mRNAが翻訳される速度は，通常，ここで決まる．なお，開始因子は開始複合体の形成だけに関わり，それ以降の反応には全く関与しない．

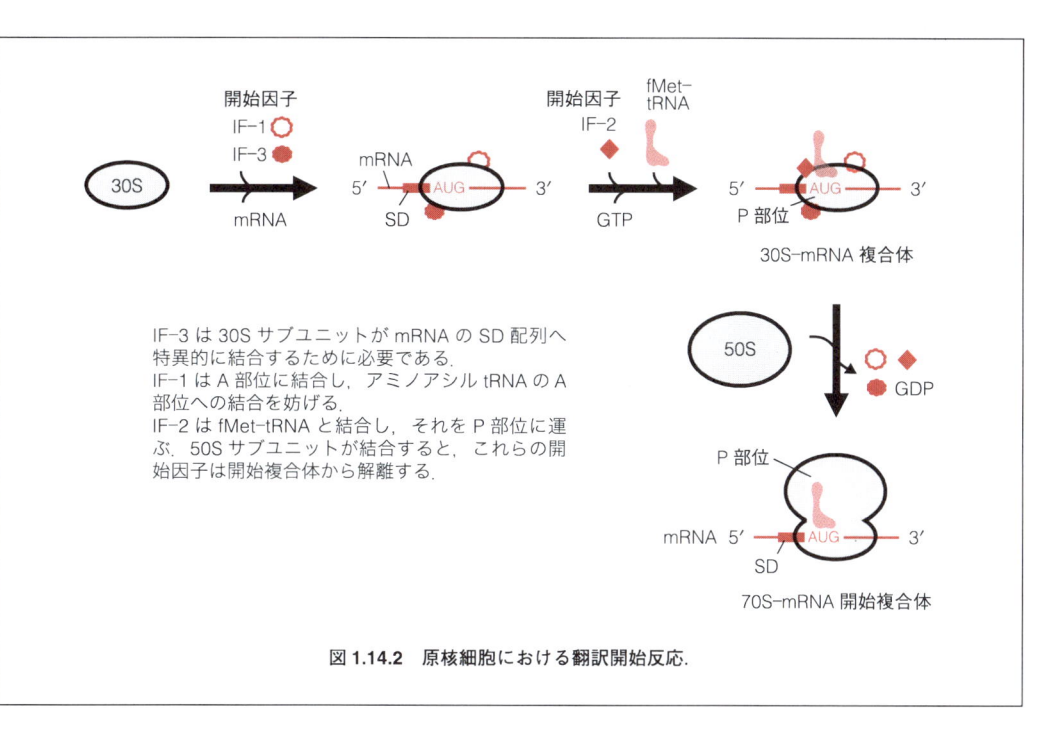

図1.14.2　原核細胞における翻訳開始反応.

(2)　**伸長反応**　伸長反応は最初の**ペプチド結合** peptide bond の形成から，最後のアミノ酸をポリペプチド鎖に結合させるまでの反応である（図1.14.3）．リボソームには tRNA が結合できる部位が3つあり，P部位には**ペプチジル tRNA** peptidyl tRNA が入り，A部位（**アミノアシル部位** aminoacyl site）にはホルミルメチオニル tRNA 以外の全てのアミノアシル tRNA が入る．このアミノアシル tRNA が A部位に入る反応を，GTP が結合した伸長因子 Tu (EF-Tu) が助けている．P部位のペプチジル tRNA のポリペプチド鎖の C末端と，A部位のアミノアシル tRNA のアミノ酸の N末端との間でペプチド結合が形成される．

この反応は，50S サブユニット中の複数のタンパク質と 23S rRNA によって構成される**ペプチジルトランスフェラーゼ** peptidyl transferase 活性によって触媒される．ペプチド結合が形成され，新しいペプチジル tRNA が A部位から P部位へ移ると，アミノ酸を失った tRNA は P部位から追い出され，E部位 exit site を経由してリボソームから出て行く．そして，リボソームは1コドン（すなわち，3塩基）分だけ mRNA に沿って転位（**トランスロケーション** translocation）する．このアミノ酸を連結していく反応は，翻訳の中で最も速く進む過程であり，大腸菌では37℃において1秒間に約18個のアミノ酸が連結される．

(3)　**終結反応**　リボソームの A部位が mRNA の終止コドンに至ると，翻訳を終結させるための解離因子が終止コドンを認識して A部位に入る．大腸菌では，解離因子の RF-1 が UAA と UAG を，RF-2 が UAA と UGA を認識するが，その際，ポリペプチド鎖を結合した tRNA が P部位に存在していることが必要である．

解離因子と終止コドンが結合すると伸長反応が止まり，次いで，解離因子 RF-3 の作用によってペプチジルトランスフェラーゼの活性が変化し，ポリペプチド鎖と tRNA の間の結合が加水分解される．このようにして，完成したポリペプチド鎖はリボソームを離れ，次に，tRNA や mRNA もリボソームを離れる．最後に，リボソームは 30S と 50S のサブユニットに解離し，新たな翻訳反応の準備を行う．

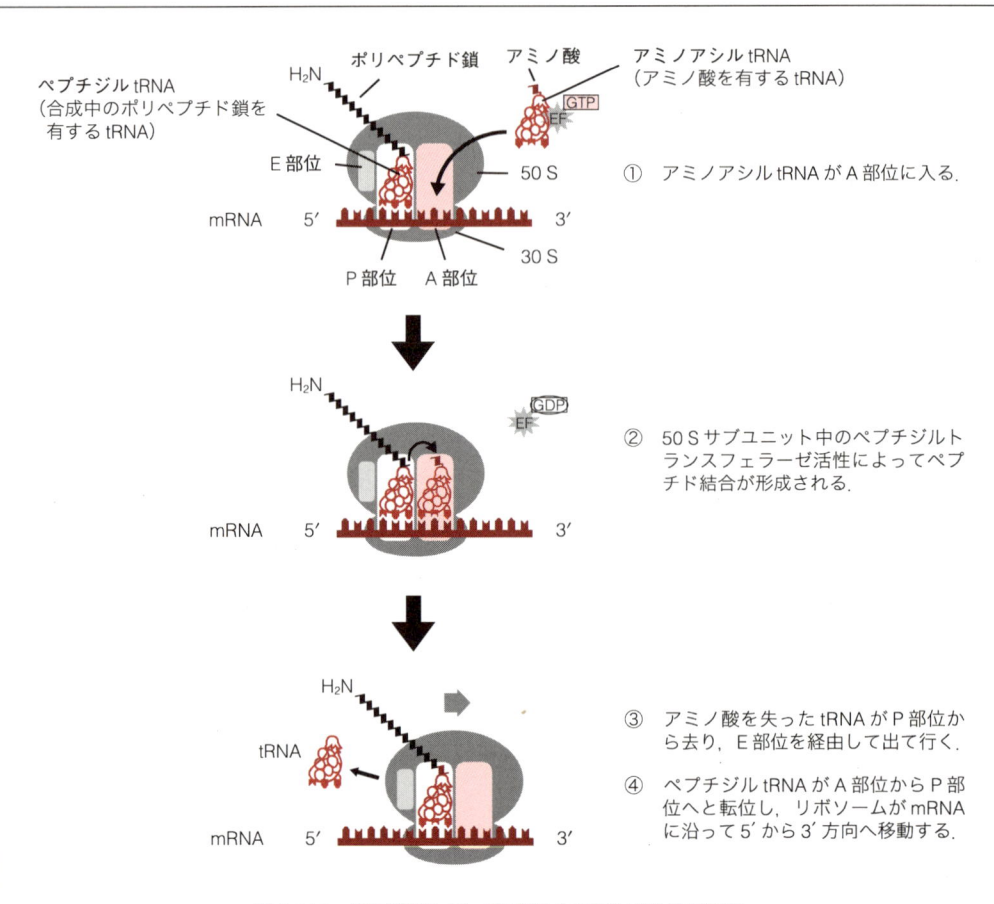

図 1.14.3　原核細胞のタンパク質生合成における伸長反応.

① アミノアシル tRNA が A 部位に入る.
② 50 S サブユニット中のペプチジルトランスフェラーゼ活性によってペプチド結合が形成される.
③ アミノ酸を失った tRNA が P 部位から去り，E 部位を経由して出て行く.
④ ペプチジル tRNA が A 部位から P 部位へと転位し，リボソームが mRNA に沿って 5′ から 3′ 方向へ移動する.

遺伝子，アリル，タンパク質の表記

　遺伝子，アリル（対立遺伝子），タンパク質の表記は生物種ごとに異なっているが，ある一定のルールに従って表記することがそれぞれの生物種で推奨されている．実際には必ずしもそれらのルールに従っているわけではないことが混乱のもとではあるが，標準的な記載の仕方を下図にまとめる．遺伝子の表記は 3 文字でイタリック体がスタンダードであるが，ショウジョウバエなどでは，3 文字に限定されない．変異アリルの表記は遺伝子に何らかの符号を付け加えた形が多い．ここでは劣性変異のアリルを例として挙げているが，優性変異のアリルの表記方法は別である．タンパク質はローマン体で表す．これらの表記は大文字か小文字か，イタリック体かローマン体か，数字なのかアルファベットなのか，それぞれの生物種で異なっているため，その生物種の表記に精通しておく必要がある．

生物種	遺伝子	劣性変異アリル	タンパク質	生物種	遺伝子	劣性変異アリル	タンパク質
大腸菌	*abcA*	*abcA1*	AbcA	線虫	*abc-1*	*abc-1(a1)*	ABC-1
出芽酵母	*ABC1*	*abc1-1*	Abc1p	ショウジョウバエ	*Abcde*	*Abcde[1a]*	ABCDE
分裂酵母	*abc1*	*abc1-1*	Abc1	マウス	*Abc1*	*abc1[a]*	ABC1
シロイヌナズナ	*ABC1*	*abc1-1*	ABC1	ヒト	*ABC1*	*ABC1*1*	ABC1

1–15 遺伝子発現の制御

1-15-1 遺伝子の発現が制御される段階

細胞が自己複製や分化，発生，代謝などの秩序立った生命活動を行なうために，遺伝子は時間的・空間的に正しく発現されなければならない．遺伝子は自分自身が有する遺伝的プログラム，すなわち，「いつ，どこで，何が，どうする」という命令に従って，DNA の暗号から機能のある RNA やタンパク質へと情報変換される．これが**遺伝子発現** gene expression である．

遺伝子が正しく発現されるために，大きく5つの段階で制御が行なわれる（図 1.15.1）．まず，**転写制御** transcriptional regulation，次いで，**転写後修飾** post-transcriptional modification，RNA の輸送，**翻訳制御** translational regulation，**翻訳後修飾** post-translational modification である．

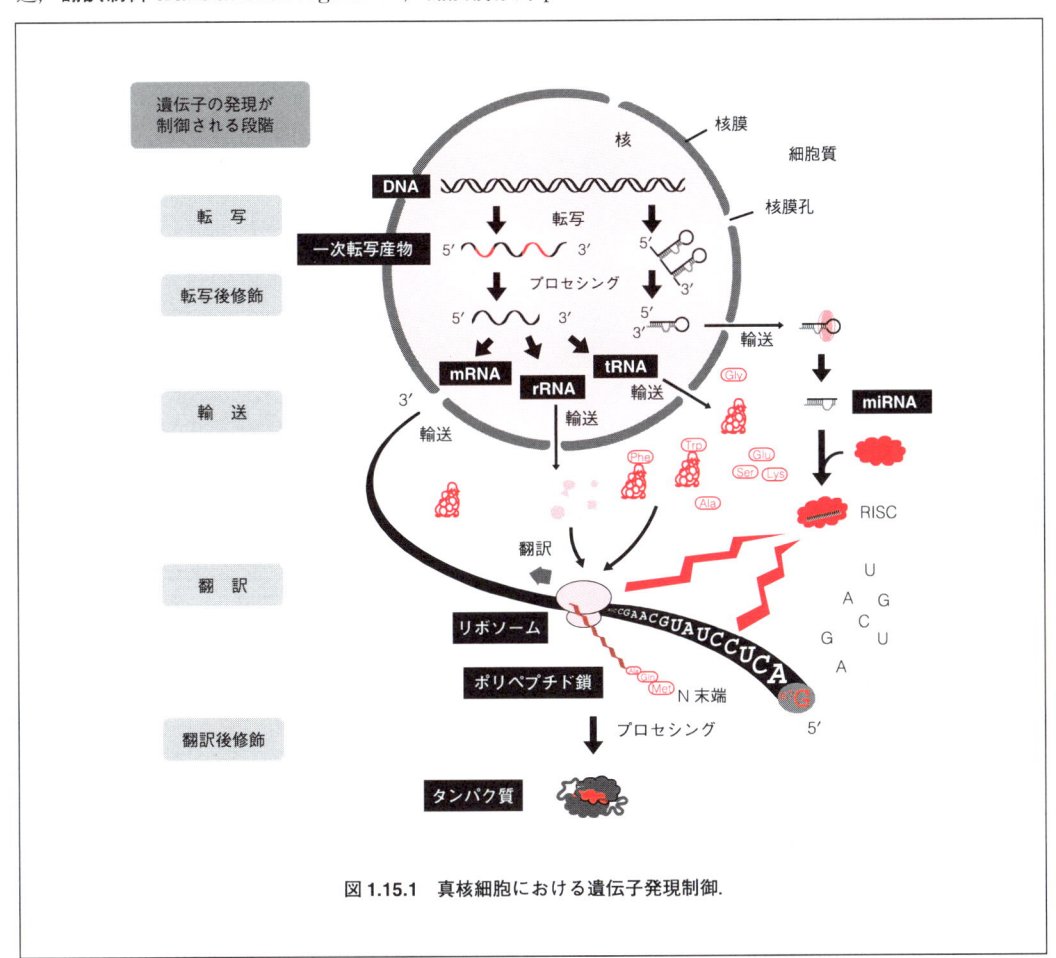

図 1.15.1　真核細胞における遺伝子発現制御．

1-15-2 転写制御

遺伝子発現の制御は，主として転写の段階で行われる．細胞質の RNA レベルを決定するという点で転写の調節は極めて重要であり，多くの制御機構が存在する．転写の調節は，プロモーターや**オペレーター** operator，エンハンサー（真核細胞のみ）などの**シス因子** cis factor の構造と，原核細胞では，これらのシス因子に結合する RNA ポリメラーゼ（特に，シグマ因子）や**リプレッサー** repressor，あるいは**活性化タンパク質** activator protein（例：大腸菌の cAMP 受容タンパク質）などの**トランス因子** trans factor によって行われる（図 1.15.2）．真核細胞では，シス因子に結合する転写因子の種類やその活性の強弱によって，転写の調節がなされる．

1-15-3 転写後修飾

転写された RNA は，その後，切断やメチル化など様々な修飾を受け，成熟型の mRNA，tRNA，rRNA になる．特に，真核細胞では，一次転写産物はキャップ構造の付加，ポリ A 尾部の付加，スプライシングによるイントロンの除去などのプロセシングを受ける．このスプライシングの段階で，細胞の種類や発生段階の違いによって，同一の一次転写産物から異なった成熟型 mRNA が生じることもあり，これを**選択的スプライシング** alternative splicing という(図 1.15.3)．また，**RNA 編集** RNA editing (1-17 参照) によって，DNA にコードされている情報が mRNA レベルで変化することもある．

このように，転写後の修飾によって，RNA の安定性や翻訳効率が大きく影響を受けたり，翻訳産物の選択や改変がなされる．また，転写後修飾は真核細胞の場合，RNA の核から細胞質への輸送にも重要な役割を果たしている．

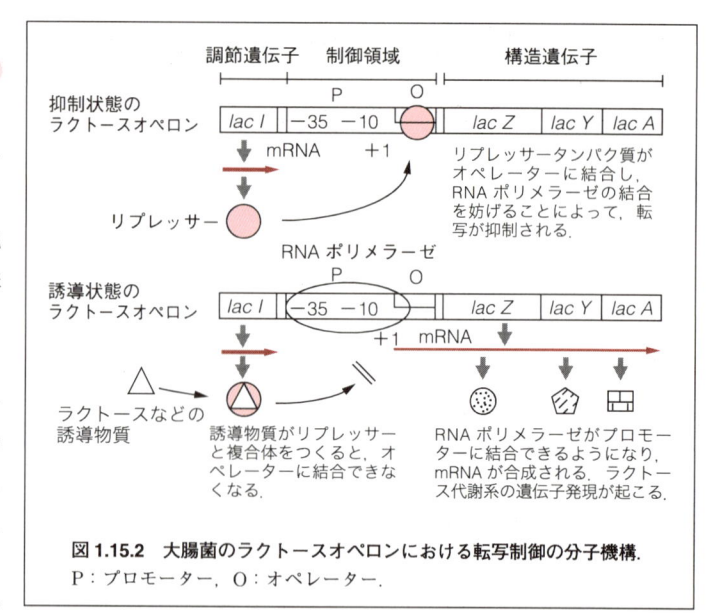

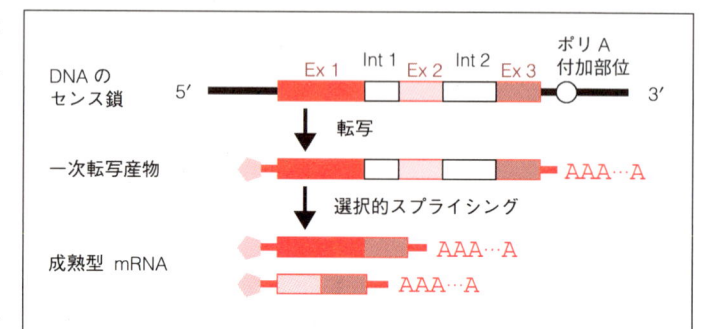

図 1.15.2 大腸菌のラクトースオペロンにおける転写制御の分子機構．P：プロモーター，O：オペレーター．

図 1.15.3 選択的スプライシング．スプライシングの位置を選ぶことによって，1つの遺伝子から様々な成熟型 mRNA がつくられる．これにより，異なる組織の細胞で働く機能の異なるタンパク質，あるいは，同じ活性をもつが異なる発生段階で働くために別のアミノ酸配列をもったタンパク質などをつくることができる．Ex：エキソン，Int：イントロン．

1-15-4 翻訳制御

遺伝子の発現は翻訳段階でも制御されている．原核細胞では，開始コドン AUG の上流 5〜10 ヌクレオチド付近に SD 配列が存在する．SD 配列はリボソームが結合する部位であり，小サブユニットの構成成分である 16S rRNA 分子の 3′ 末端の塩基配列と高い相補性がある(図 1.15.4)．したがって，これらの配列間における塩基対形成の程度が翻訳の効率を決めることもある．

タンパク質の生成量が増すと，それ自身によって自らの合成を阻止する翻訳調節機構もある．例えば，大腸菌のリボソームタンパク質の一種である S4 タンパク質は，その生成速度が rRNA の合成速度を上回る

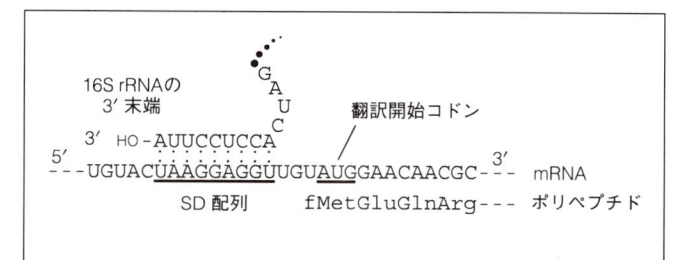

図 1.15.4 翻訳開始領域の塩基配列と 16S rRNA の 3′ 末端との相補性．mRNA はλファージの *cro* リプレッサータンパク質の遺伝子．

と，遊離のS4タンパク質が，それ自身や他の小および大サブユニットの構成タンパク質，RNAポリメラーゼのαサブユニットをコードするmRNAのSD配列に結合し，その翻訳を抑制する(図1.15.5)．

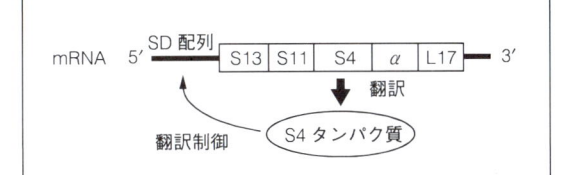

図1.15.5 翻訳生成物が翻訳レベルのリプレッサーとして機能する．S13，S11，S4：小サブユニットタンパク質遺伝子，α：RNAポリメラーゼのサブユニットタンパク質遺伝子，L17：大サブユニットタンパク質遺伝子．

1-15-5 翻訳後修飾

mRNAからの翻訳によって生じたポリペプチド鎖は，多くの場合，機能を有する最終産物ではなく，生化学的な修飾(切断，S-S結合の架橋，糖鎖の付与，リン酸化，プレニル化，メチル化，アセチル化，シグナルペプチドの切断，ユビキチン化，ADPリボシル化など)を受ける(2-6，2-7，2-8参照)．このような翻訳後修飾は，タンパク質の活性化や局在化，あるいはタンパク質の分解などを制御しており，タンパク質の機能調節に重要な役割をはたしている．

1-15-6 マイクロRNAによる遺伝子発現制御

マイクロRNA micro RNA (**miRNA**)は，タンパク質をコードしない約22塩基の短い1本鎖RNA分子である．真核細胞中には，このような分子が数百種類以上(ヒトでは800種類以上)存在し，遺伝子発現を制御している(図1.15.6)．

このような分子は，まず核内でRNAポリメラーゼIIによってprimary micro RNA(**Pri-miRNA**)とよばれるループ構造をもつRNAとして転写され，次に，**Drosha**という酵素によってプロセシングを受けてヘアピン型の前駆体miRNA (precursor micro RNA；**Pre-miRNA**)となる．そして，**エクスポーチン5** Exportin 5によって細胞質へと輸送され，**ダイサー** Dicerと呼ばれるヌクレアーゼによって**成熟型miRNA**分子へとプロセシングされる．

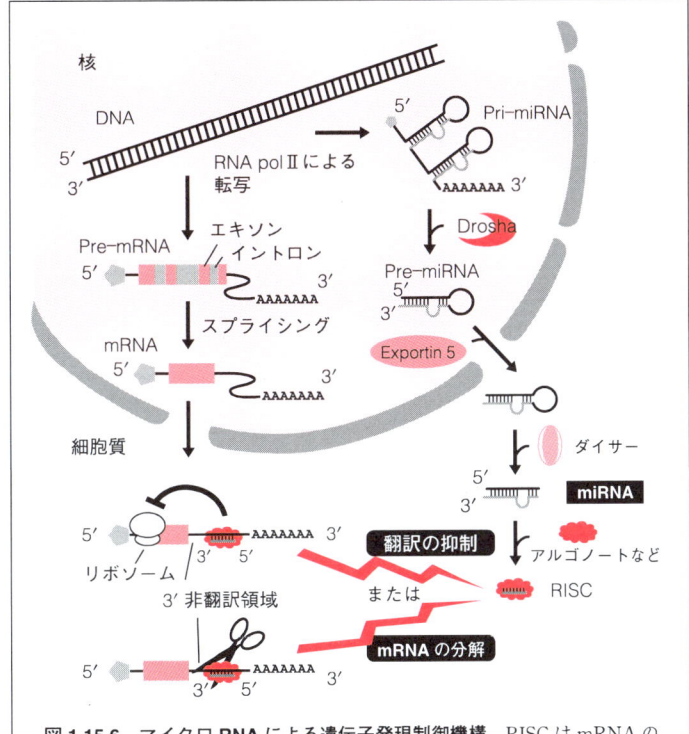

図1.15.6 マイクロRNAによる遺伝子発現制御機構．RISCはmRNAの3′非翻訳領域に結合して，翻訳の抑制やmRNAの分解を行う．

成熟型miRNA分子は，**アルゴノート** Argonauteなど複数のタンパク質と複合体を形成する．このような複合体はRNA induced silencing complex(**RISC**)とよばれ，mRNAの**3′非翻訳領域** 3′-untranslated region(**3′-UTR**)に存在する相補的(完全一致ではない)な配列を認識して結合し，mRNAの翻訳開始段階を阻害して翻訳を抑制すると考えられている．また，RISCによってmRNAの切断や分解が起こる場合もある．

1-16 クロマチンダイナミックス

1-16-1 クロマチン

クロマチン chromatin は真核生物の核内において塩基性色素で濃く染色される物質として発見された．クロマチンは DNA と**ヒストン** histone を主成分とし，他のタンパク質や RNA を含んだ複合体である．細胞周期の中で間期にある細胞でも高度に凝集しているクロマチン領域を**ヘテロクロマチン** heterochromatin とよび，通常の**真正クロマチン** euchromatin と区別される．ヘテロクロマチンでは遺伝子の発現が不活化されている．クロマチンの基本的な構造単位は**ヌクレオソーム** nucleosome で，165 bp の DNA にヒストン 8 量体が巻きついた形である（図 1.16.1）．

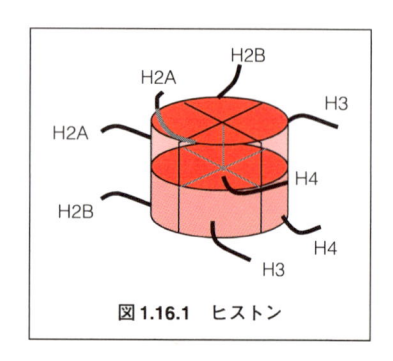

図 1.16.1 ヒストン

クロマチンは高次構造をとり，タンパク質により覆い隠された状態にあるため，転写調節因子や DNA 結合タンパク質は標的 DNA にアクセスするためにはクロマチンの構造を変化させる必要がある．このような過程を**クロマチンリモデリング** chromatin remodeling とよび，構造変換を起こす本体を**クロマチンリモデリング複合体**とよぶ．クロマチンリモデリング複合体はヌクレオソームを DNA に沿ってスライドさせたり，ヌクレオソームを除去したりして，ヌクレオソーム間の間隙を調整している．このようなクロマチンの動的な変化を総称してクロマチンダイナミックスとよんでいる．

1-16-2 ヒストン

ヒストンは真核細胞の核内で，DNA とイオン結合している塩基性のタンパク質で，ヌクレオソームコアを形成するコアヒストンとリンカー部分に結合するリンカーヒストンがある．ヒストンは球状の C 末端と直鎖状のヒストンテールとよばれる N 末端領域から構成されている（図 1.16.1）．ヒストンは通常 5 種類の成分，H1（分子量 22,000），H2A（分子量 13,700），H2B（分子量 13,700），H3（分子量 15,700），H4（分子量 11,200）からなる．ヌクレオソーム形成を介助する働きを有するものに**ヒストンシャペロン** histone chaperone があり，DNA へのヒストンの付加や除去に補助的な役割を果たす．

1-16-3 ヒストンコード

ヒストンは特異的なアミノ酸残基にアセチル化，メチル化，リン酸化，ユビキチン化などの修飾を受ける．特にヒストンのテールが，色々な翻訳後修飾を受けている（図 1.16.2）．ヒストンのアセチル化はヒストンアセチルトランスフェラーゼによって起こり，それはヒストンデアセチラーゼにより脱アセチル化される．同様に，ヒストンのメチル化はヒストンメチルトランスフェラーゼによって起こり，それはヒストンデメチラーゼにより脱メチル化される．一般的にアセチル化は活性なクロマチン構造の形成を促進し，メチル化は不活性なヘテロクロマチン構造の形成を促進する（図 1.16.3）．活性なクロマチン構造の形成にリン酸化も関わる．これらヒストンのアセチル化，メチル化，リン酸化の修飾がクロマチン構造の形成に関わ

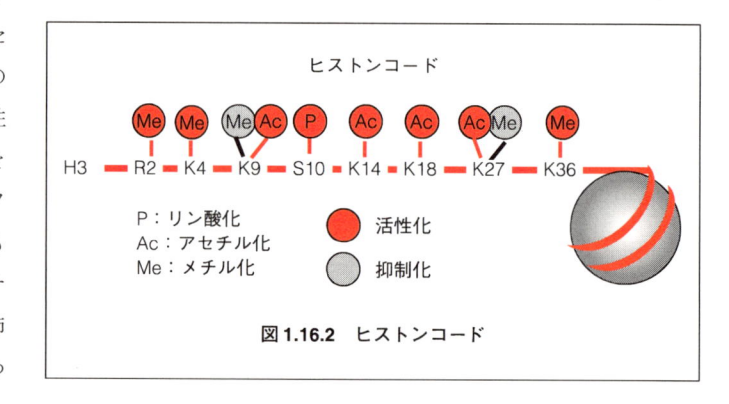

図 1.16.2 ヒストンコード

り，染色体の活性化，転写誘導に大きく影響する．ヒストンの修飾はエピジェネティックな情報として，遺伝暗号に対してヒストンコード histone code とよばれる．

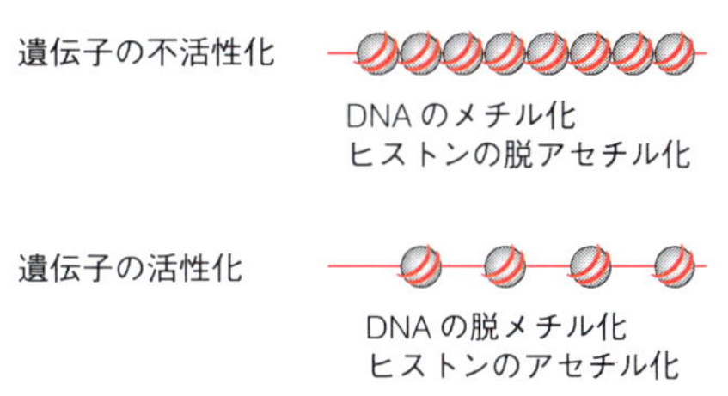

1-16-4 エピジェネティックス

　エピジェネティックス epigenetics（後成的修飾）とは，ゲノム DNA 上の塩基配列以外の情報として，従来の遺伝学 genetics では説明できない範疇の現象をさす．エピジェネティックな遺伝情報とは，ヒストンの修飾（図 1.16.2）と DNA のメチル化が中心的な情報源である．

図 1.16.3 クロマチンダイナミックス

　エピジェネティックな現象として代表的な事例を以下に挙げる．**遺伝的刷り込み** genome imprinting は，ある種の遺伝子が，両親のうち片親由来のものであるという情報が記憶され，遺伝子の発現に影響を及ぼす現象である．ある特定の染色体の DNA 領域がメチル化を受けた状態で受け継がれ，対立遺伝子間で DNA のメチル化の状態が異なって維持される．哺乳類ではゲノム中のシトシンの 3〜8% がメチル化修飾を受けている．DNA がメチル化を受けている時には遺伝子の発現が抑制されることにより，遺伝子の発現量に差ができる．遺伝的刷り込みは，哺乳類に特徴的な現象である．**共抑制** co-suppression は，ある遺伝子を導入して強力に発現させると，逆にその遺伝子の発現が抑制される現象として知られていた．現在では，2 本鎖 RNA が介在する RNA 干渉（1-18 参照）により，遺伝子の転写後抑制がかかったために起こっている現象だと捉えられている．共抑制は植物でよく観察される現象である．**位置効果** position effect は，染色体上の位置によって，同じ遺伝子でありながら発現量に変化がある現象である．遺伝子がヘテロクロマチン化している領域では発現量が著しく低下しているのに対し，活性クロマチン領域では発現量が高くなることから，導入した遺伝子の位置によって発現量に変化が表れる．ヒストンの修飾状態の違いが位置効果を引き起こす原因だと捉えられている．位置効果は真核生物全般に観察される現象である．

下村脩（ノーベル化学賞受賞者）

　下村先生は Martin Chalfie と Roger Tsien とともに 2008 年ノーベル化学賞を受賞された．受賞題目は「緑色蛍光タンパク質（GFP）の発見とその応用」である．GFP はどんな生物中でも紫外線を当てると緑色に光る性質を持つため，分子生物学に欠かせない実験材料になっている（3-11 参照）．GFP はレポータータンパク質として，調べたい他のタンパク質と融合させ，融合タンパク質の挙動を発光させた状態で追跡することに使われる．GFP を遺伝子組換え技術で導入することにより，光る大腸菌や光る植物そして光るマウスに至るまで，あらゆる生物種で GFP を発光させた生物が作成されている．下村先生はオワンクラゲ *Aequorea victoria* から，発光タンパク質を精製し，イクオリンと GFP を発見された．イクオリンはカルシウムの濃度を感知して発光するタンパク質で，GFP はイクオリンと複合体をなしている．オワンクラゲではイクオリンの青色の蛍光波長が GFP に吸収され緑色を発する．下村先生は海ホタルのルシフェリンを長年研究された中で，プリンストン大学にて，偶然オワンクラゲはルシフェリンではなく，イクオリンによって発光することを突止め，同時に GFP を発見された．偉大な発見は地道な努力と偶然によってもたらされる代表的な事例である．

1-17 RNA 編集

1-17-1 RNA 編集とは

RNA 編集 RNA editing とは，ゲノムに記録されている遺伝情報を，転写された mRNA 上で，特定の塩基の置換，挿入，あるいは欠失により書き換える生物現象である．1986 年に，原生動物であるトリパノソーマのキネトプラスト kinetoplast (非常に発達したミトコンドリア核様体) で最初に発見された．その後，多くの真核生物で RNA 編集が起こることがわかってきた．RNA 編集の生物学的意義については，(1) タンパク質の機能に必要なアミノ酸配列の回復，(2) RNA 編集をランダムに起こすことによる進化速度の向上，(3) 単一遺伝子から複数のタンパク質を合成するための機構，などが提唱されている．

1-17-2 哺乳動物における RNA 編集

哺乳動物で最も広範囲でみられる RNA 編集は，アデノシン (A) からイノシン (I) への編集 (A-to-I RNA 編集) である．A-to-I RNA 編集は，RNA が部分的に 2 本鎖構造を形成する領域でアデノシンが脱アミノ化を受け，イノシンへと編集される機構である．この機構は，2 本鎖特異的**アデノシンデアミナーゼ** adenosine deaminase acting on RNA (ADAR) によって触媒される．

イノシンは物性としてグアノシン (G) と類似の性質を示す．したがって，このような RNA 上に生じた塩基置換は，ゲノムのコード鎖で A が G に置換されたのと同じことになる．これによってコーディング領域の非同義置換 non-synonymous codon change が起これば，アミノ酸配列の変化が生じる．そうでない場合，mRNA の安定性，**スプライシング** splicing パターンの変化，miRNA (1-15, 1-18 参照) のターゲットの変化などが生じる可能性がある．

A-to-I RNA 編集は主に，コーディング領域，**イントロン** intron 中の繰返し配列，miRNA 前駆体が受けやすい．いずれの場合も RNA 編集を受ける配列とその周囲が 2 本鎖を形成し ADAR のターゲットになる (図 1.17.1)．

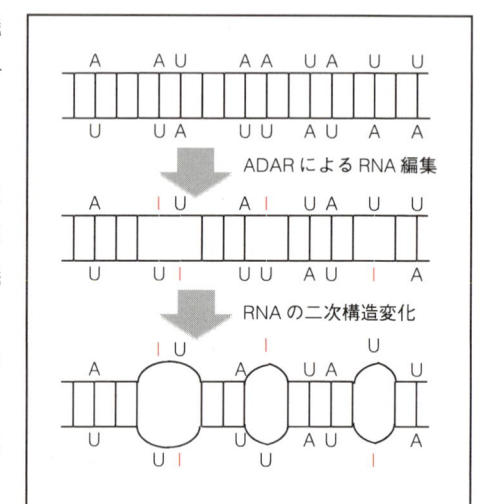

図 1.17.1 2 本鎖特異的アデノシンデアミナーゼ (**ADAR**) による **RNA 編集**．ADAR は 2 本鎖の RNA を標的として，アデノシン (A) をイノシン (I) へと置換する．完全な 2 本鎖 RNA の場合，約半数の A-to-I RNA 編集が生じ，二次構造に変化が生じる．

哺乳動物では，ADAR には，ADAR 1~3 の 3 種類のファミリーが存在する．哺乳動物の RNA 編集異常は，疾患研究とのつながりから注目されており，その分子機構の解明が進んでいる．グルタミン酸受容体のサブユニットである GluR-B の mRNA は，ADAR 2 の基質となり，エキソン 11 番目の A がほぼ完全に I へと編集され，アミノ酸がグルタミンからアルギニンへと変化する (Q/R サイト)．ADAR 2 の**ノックアウトマウス** knockout mouse ではこの RNA 編集が起こらず，グルタミン酸受容体のカルシウム透過性が制御不能となり，てんかん症状を起こし早期に致死となる．悪性グリオーマや筋萎縮性側索硬化症 amyotrophic lateral sclerosis (ALS) では，Q/R サイトにおいて，A-to-I RNA 編集が顕著に低下することが知られている．一方，ADAR 1 は，哺乳動物では必須遺伝子であり，ADAR 1 のノックアウトマウスは胚発生の過程で致死となる．

1-17-3 高等植物における RNA 編集

高等植物のオルガネラでは RNA 編集が大規模に行われている．**プラスチド** plastid (色素体ともい

う．植物細胞の細胞質に存在する細胞小器官の総称である．）では約30カ所，ミトコンドリアでは400カ所以上知られており，そのほとんどが，C-to-U RNA編集で，まれに，逆（U-to-C RNA編集）が起こる．

ミトコンドリアゲノムにコードされている *atp9*（ATP合成酵素のサブユニット）は，RNA編集を受ける．ミトコンドリア移行シグナル配列を付加したRNA編集前の *atp9* 遺伝子を細胞質で発現させたトランスジェニック植物は雄性不稔となる．また，ミトコンドリアに局在するPPRタンパク質 pentatricopeptide repeat protein（35個のアミノ酸の繰返しという特徴的な構造をもつタンパク質ファミリー）の1つ *LOI1* 遺伝子が欠失すると，呼吸鎖複合体に関わる複数の因子のRNA編集が起こらなくなる（表1.17.1）．

表1.17.1 ミトコンドリアに局在するLOI1タンパク質によるRNA編集

遺伝子名	構造/機能	野生型	*loi1*変異体
nad4	複合体Iのコンポーネント	TTG Leu	CTG Leu
ccb203	シトクロム *c* の成熟因子	C(T/C)A Leu/Pro	CCA Pro
cox3	複合体IVのコンポーネント	CTT Leu	CCT Pro

*植物ミトコンドリアでは，C-to-U RNA編集が起こるが，*loi1*変異体では，*nad4*，*ccb203*，*cox3*（いずれも呼吸鎖複合体の因子）のRNA編集が起こらなくなる．

一方，プラスチドRNA編集に関しては，プラスチド形質転換系と葉緑体抽出液を用いた *in vitro* RNA編集系を用いることにより，RNA編集サイトの認識に必要なシス配列が示されている．さらにPPRタンパク質の1つCRR4が，RNA編集のターゲットとなる *ndhD-1*（NADHデヒドロゲナーゼ）サイトの周辺配列に特異的に結合する**トランス因子** trans factorであることが明らかとなっている．プラスチドRNA編集は，編集サイトを認識するPPRタンパク質と，それとは異なる編集反応を触媒する酵素の少なくとも二成分から構成されることが提唱されている．

田中耕一（ノーベル化学賞受賞者）

田中耕一氏は2002年にJohn B. Fenn, Kurt Wüthrichとともに「生体高分子の同定および構造解析のための手法の開発」の題目でノーベル化学賞を受賞された．1985年，田中氏はタンパク質をイオン化する方法を試行錯誤して検討していたところ，レーザーを吸収しやすい金属微粉末を混ぜればタンパク質の破壊がくい止められるのではないかと考えた．実験中に，別の実験で使うつもりだったグリセロールとコバルトの微粉末を混ぜてしまい，普通なら捨ててしまうその試料を，分析に使用することにした．その時偶然にも，溶液中の高分子タンパク質がそのままイオン化するという結果を得た．この偶然の成果が，タンパク質をイオン化することを初めて可能にさせた．田中氏はさらなる解析と検討を重ね，「ソフトレーザー脱離法」としてタンパク質をイオン化させる方法を完成させた．「MALDI-TOF-MS」は，タンパク質の研究に不可欠な，現在広く使用されている質量分析機器で，田中氏の研究の貢献のおかげでできあがった機器である．島津製作所の一研究員であった田中氏はノーベル賞受賞により，一躍時の人になった．2002年当時，博士でない一研究員にノーベル賞が授与されたことには驚きをもって大々的に報道された．現在は島津製作所のフェローという立場で，複数の大学の客員教授を兼務しながら，さらに発展的な質量分析機器の開発に取り組んでいる．優れた発明を成し遂げた人物をノーベル賞選考委員会は見逃さないという好事例である．

1-18 RNAi とジーンサイレンシング

1-18-1 RNAi とは

　ジーンサイレンシング gene silencing とは遺伝子の発現が抑制される現象であり，これには転写段階でのジーンサイレンシング transcriptional gene silencing と，転写後のジーンサイレンシング post-transcriptional gene silencing が知られている．ここでは転写後に遺伝子発現が抑制される現象のうち，低分子の RNA が関わる **RNA 干渉** RNA interference(**RNAi**)について述べる．

　RNAi は，**2 本鎖 RNA** double-strand RNA(**dsRNA**)が相補的な標的 mRNA の特異的分解を促進することによって，標的タンパク質の生成を抑制する現象である．その発見のきっかけとなったのは，1990 年に報告された植物における**共抑制** co-suppression(コサプレッションともいう)という現象である．これは，過剰発現を目的として導入した外来遺伝子が，期待どおりに発現しない現象として発見された．1998 年，線虫において，ある遺伝子のセンス RNA とアンチセンス RNA を同時に導入すると，その遺伝子の発現が抑制されることがわかり，RNAi と命名された．現在，RNAi は真核生物に共通して存在する遺伝子発現抑制機構であることがわかっている．

1-18-2 RNAi の分子機構

　RNAi は dsRNA の導入によって真核生物遺伝子の配列特異的な発現抑制が引き起こされる現象であり，その分子機構を下記にまとめた．

　(1) dsRNA が Dicer によって認識され，siRNA へと分解される　細胞へ直接導入した合成の dsRNA，あるいは細胞内で転写によって生じたヘアピン構造を持つ RNA(後述)は，**RNA 分解酵素** ribonuclease(**RNase**)の一種で RNase III ファミリーに属する**ダイサー** Dicer によって認識される．ダイサーによって**プロセシング** processing を受け，21～23 塩基の 2 本鎖 RNA ができる．これを short interfering RNA(**siRNA**)とよぶ(図 1.18.1 および図 1.18.2)．

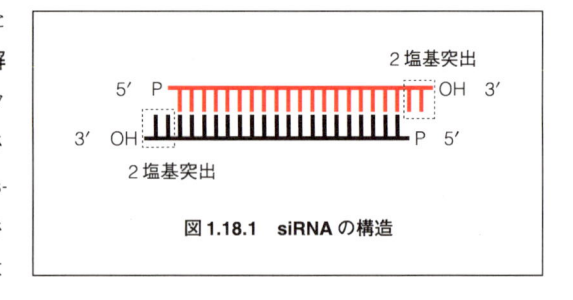

図 1.18.1　siRNA の構造

　(2) 1 本鎖 siRNA が RISC に組み込まれ，成熟型 RISC となる　siRNA は，エンドヌクレアーゼ活性をもつ**アルゴノート** Argonaute など複数のタンパク質と複合体を形成する(図 1.18.2)．このような複合体は RNA induced silencing complex(**RISC**)とよばれる(1-15 参照)．

　RISC に取り込まれた 2 本鎖の siRNA は，ヘリカーゼによって巻き戻され，片方の RNA 鎖が RISC に結合した成熟型 RISC となる．もう一方の RNA 鎖は分解される．RISC に結合した RNA 鎖をガイド鎖，分解された RNA 鎖をパッセンジャー鎖とよぶ．

　(3) RISC はガイド鎖と相補的な配列をもつ mRNA を切断する　1 本鎖の siRNA を有する成熟型 RISC は，ガイド鎖と相補的な配列をもつ標的 mRNA に結合する(図 1.18.2)．アルゴノートが有するエンドヌクレアーゼ活性によって，ガイド鎖のほぼ真ん中で mRNA が切断される．成熟型 RISC の配列特異性は極めて高いので，ガイド鎖と標的 mRNA との間に数塩基の違いがあればほとんど機能しない．

1-18-3 RNAi を誘導する小さな RNA 分子

　RNAi を誘導するために 200～1000 塩基対の長い dsRNA を用いると，成熟型 RISC のガイド鎖は様々な配列を有することになる．その結果，ガイド鎖と相補的な配列をもつ mRNA は全て分解され，

図1.18.2　RNAiの分子機構

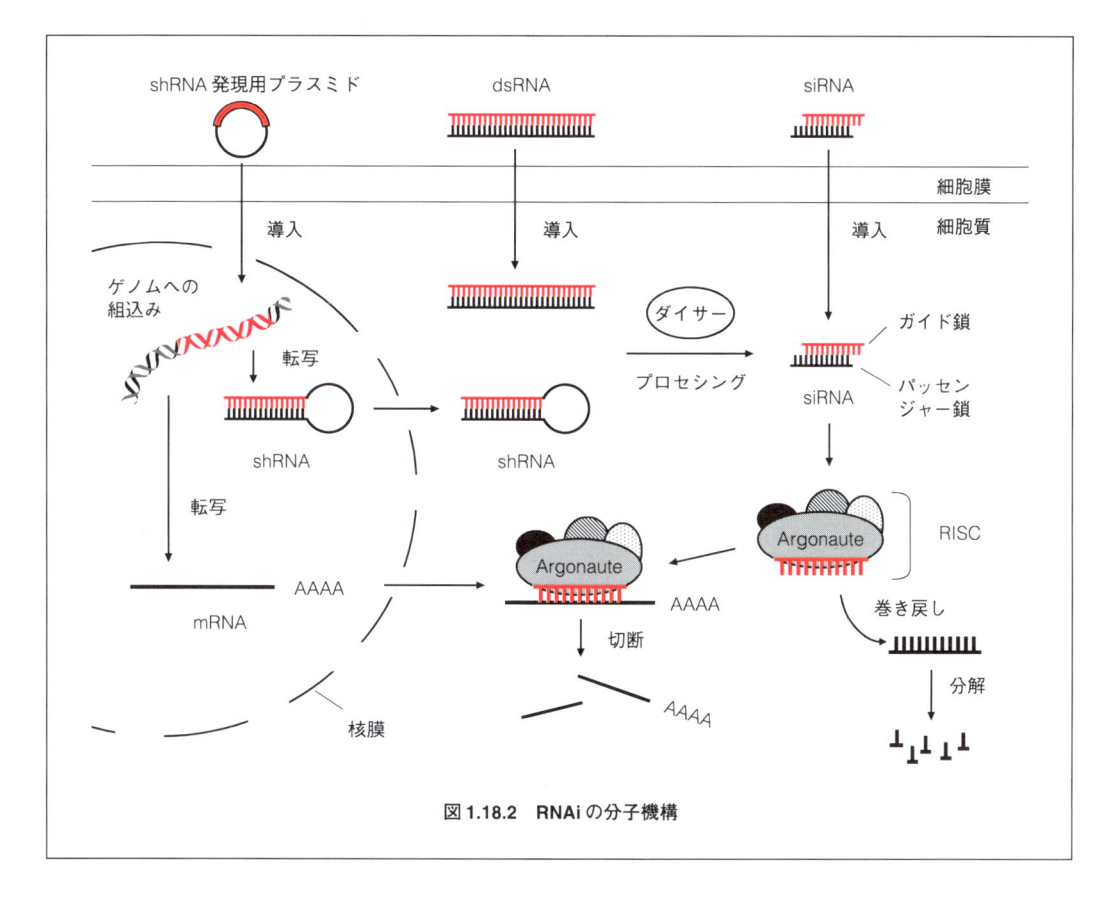

標的以外の遺伝子の発現をも抑制してしまう．したがって，そのような非特異的な発現抑制を避けるため，ゲノムのデータベースなどを利用して，標的遺伝子のみに存在する配列を検索し，それをもとにRNAi誘導用の小さなRNA分子を作成する．長いdsRNAを動物細胞に導入すると，免疫応答を引き起こすことも知られている．したがって，短いdsRNAであるsiRNAを細胞に直接導入し，プロセシングを経由せずに特異性の高いRNAiを誘導する方法が用いられる（図1.18.2）．

また，short hairpin RNA（**shRNA**, small hairpin RNAともいう）発現用プラスミドを用いる方法もある（図1.18.2）．動物細胞に導入する場合は，直接導入法，あるいは，プラスミドを有するウイルスを作成してその感染能を利用する方法が用いられる．植物細胞に導入する場合は，プラスミドを有する *Agrobacterium*（3-13参照）を作製し，その感染能を利用する．いずれの場合も，導入されたDNAはゲノムに組み込まれたのち転写されて，shRNAとよばれるヘアピン構造を有する短いdsRNAができる．

1-18-4　生物におけるRNAiの役割

RNAiは特異的に標的遺伝子の発現を抑制できること，さらに，その操作が簡便なことなどから，遺伝子機能の解析を目的とした学術研究分野や医療分野において広く用いられている．

近年，タンパク質をコードしない内在性のRNAから，**マイクロRNA** micro RNA（**miRNA**）とよばれるsiRNAに類似した2本鎖のRNAが生成することがわかった（1-15参照）．このmiRNAはRNAiと同様の機構で遺伝子の発現を制御していると考えられている．

また，ウイロイドやウイルスなどに感染した宿主が，病原体のRNAからsiRNAを生成することもわかってきた．RNAiは真核生物に共通して存在する遺伝子発現抑制機構であり，その生物学的な意義としては，ウイルスなどの病原体に対する防御機構として進化してきたのではないかと考えられている．

1-19 生命の起源

1-19-1 化学進化と生物進化

地球は46億年前に生まれた．現在最も古い微化石（顕微鏡でしか見ることができない微小な化石）は36億年前の地層から発見されているので，遅くとも地球誕生の10億年後には最も原始的な生命が誕生していたと考えられる．原始地球の化学的な環境の中で最も原始的な生命が誕生するまでのプロセスを化学進化，生命がいったん誕生してからあとの，ある意味では生命がより複雑化していく自動的な進化プロセスを生物進化，というふうに2つのプロセスに分けて考えることが可能である（図1.19.1）．

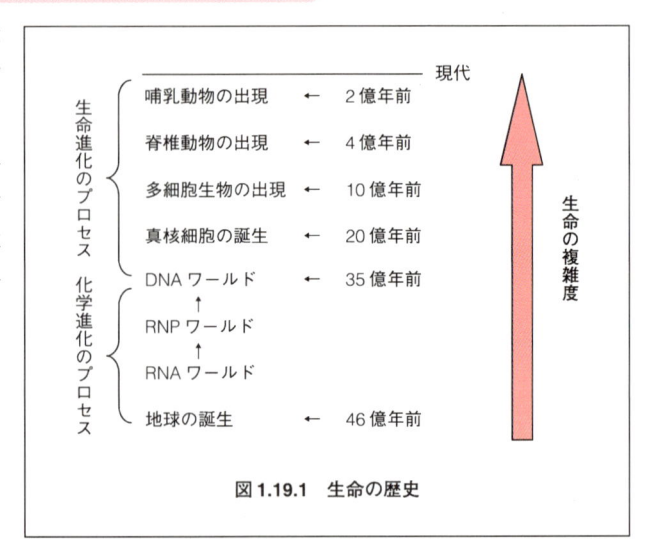

図1.19.1 生命の歴史

化学進化の実際のプロセスがどのようなものであったかは明らかではない．想定される原始地球環境で，アミノ酸，リボースや塩基が合成されることは証明されている．しかし，ヌクレオチドが合成されることは証明されていない．生命が複製するRNAとして発祥したとすれば，化学進化の過程でいかにしてヌクレオチドが生じ，それが重合していったかが大きな謎である．

1-19-2 分子化石

化石で生命の起源をたどるには自ずから限度がある．しかし，現在の生命は歴史的な産物であるので，その維持機構を詳細に検討することにより，生命発祥初期の生命維持機構がいかなるものであったかを推定することが可能である．いい換えれば，生命の維持の分子機構は保守的であるので，その根幹は生命成立初期の機構を残しながら進化してきたに違いないと考えられる．このような考え方により抽出された原始生命の維持の分子機構のエッセンスを，**分子化石** molecular fossil とよぶ．分子化石とは，系統上離れていても生物に共通に保存されている構造や機能のエッセンスのことで，おそらく最初の細胞あるいは細胞が生まれる前から存在していたと想定される．

1-19-3 RNAワールド

1981年にT. Cechが，テトラヒメナのリボソーム遺伝子中のイントロンがタンパク質の関与なしにスプライシングを起こす（**自己スプライシング** self splicing）ことを示した．さらに1983年にはS. Altmanが独立に，tRNAのRNasePによるプロセシングがM1 RNAというRNAだけで起こりうることを証明した．Cechはさらに，イントロン中のコア配列を改変することにより，このRNAがポリCの重合反応を触媒しうることを証明し，セルフスプライシングと基本的に類似の反応がRNAの重合を引き起こすことを示した．イントロンのコア配列のこのような反応を分子化石として捉えると，この実験は原始環境下におけるRNA酵素（**リボザイム** ribozyme）によるRNAの複製の可能性を示し，最も原始的な生命がRNAとして発祥したのではないかという**RNAワールド** RNA world 仮説を生むことになった．現存の全て生きるものはこの時に生じた生命を綿々と受け継いでいるという意味で，40億歳であるということができる．

1-19-4 tRNAの出現とタンパク質合成の起源

RNAワールドで起こった最初の出来事は，RNA酵素（リボザイム）による鋳型RNAの認識とその複製であると想定される．その際の重大な問題は，いかにしてリボザイムが3′末端の複製開始点を認識するかという点である．3′末端が正確に認識されずにRNA鎖の途中から複製が起きれば，複製されたRNAは役立たずになってしまうであろうから，3′末端の複製開始点を示すシグナルが次に進化してきたと想定される．1987年にA. WeinerとN. Maizelsは，この問題を解決するgenomic tagモデルを提出している．彼らのモデルは，tRNA様構造というものは最初に複製開始の標識として鋳型となるRNAの3′末端にtagとして進化したというものである．言い換えると，tRNA様の構造は，RNAワールドにおいて，酵素として働くRNAから鋳型として働くRNAを区別し，鋳型RNAの複製の開始点を特定するために生じたというものである．バクテリオファージや植物ウイルスの3′末端のtRNA様の構造は複製に必須であることが知られており，その分子化石であるということができる．

RNAワールドにおいては，tRNA様構造の3′末端に存在するCCA配列はテロメア様の機能を担っていたと想定される．現在のテロメアが5′-CCA-3′の相補配列であることはこのような想定を裏づけるものである．このような複製の開始点を示すシグナルとして出現したtRNA様構造の3′末端に塩基性アミノ酸が付加することで，RNA間の反応がより加速されるという系が出現した．これが原始的なアミノアシル化されたtRNAであり，タンパク質合成系の起源であると想定されている．

このように，RNAワールドの時代にタンパク質合成系が出現し，次にRNAとタンパク質の複合体から成り立つ世界，RNPワールドが出現する．その後，逆転写酵素が出現し，RNAの情報がDNAの情報に変換されて，現在のDNAワールドが成立したと考えられている．

1-19-5 複製機構の進化

RNAワールドにおいては，RNA依存型RNAポリメラーゼ活性をもつリボザイムが複製を担当したと想定される．タンパク質合成系が作られRNPワールドへの遷移に伴い，このような活性をもつリボザイムはタンパク質に置き換えられ，この酵素から逆転写酵素やDNA依存型DNAポリメラーゼが進化し，DNAワールドが生じた．**テロメラーゼ** telomeraseも**逆転写酵素** reverse transcriptaseを特徴づける7つのドメインをもつので，このグループから進化してきたと想定される．図1.19.2に複製機構の進化プロセスの分子化石でないかと考えられる複製システムを示す．

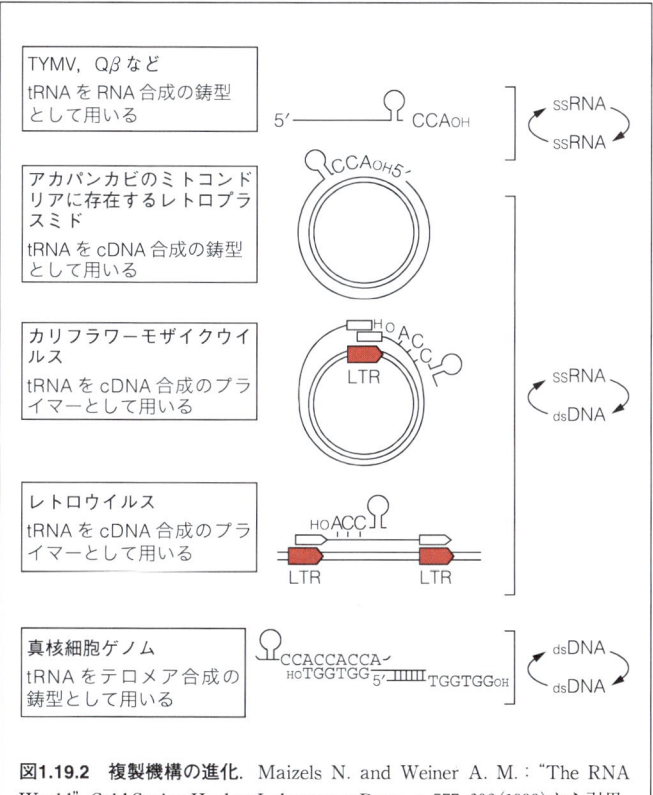

図1.19.2　複製機構の進化．Maizels N. and Weiner A. M.："The RNA World", Cold Spring Harbor Laboratory Press, p. 577–602（1993）から引用．

1-20 ウイロイドとプリオン

1-20-1 ウイロイドとは

ウイロイド viroid は，植物に感染する1本鎖環状の RNA 分子である．その長さは 246〜375 塩基程度であり，現在知られている最も小さな病原体である．通常のウイルスとは異なり，外被タンパク質に包まれていない裸の RNA 自体が感染因子として作用する．ウイロイドには多くの種類があり，感染する植物もさまざまである．

1-20-2 ウイロイドの構造

ウイロイドは分子系統学的に，**アブサンウイロイド科** Avsunviroidae と**ポスピウイロイド科** Pospiviroidae の大きく2群に分けられる（図1.20.1）．ウイロイドのゲノムは高

図 1.20.1 ウイロイドの構造

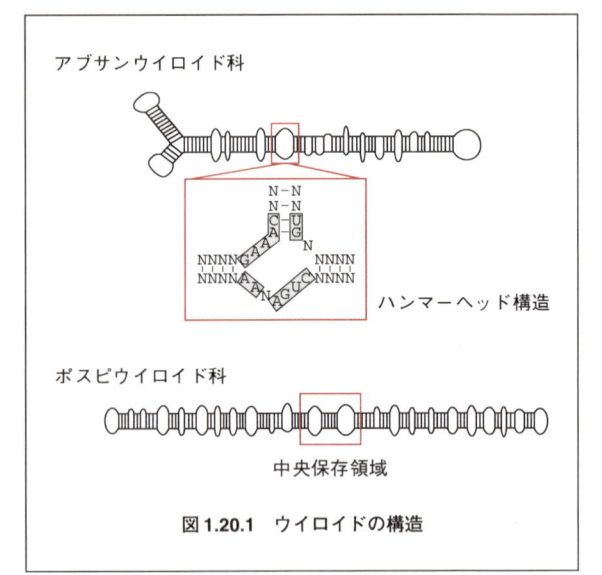

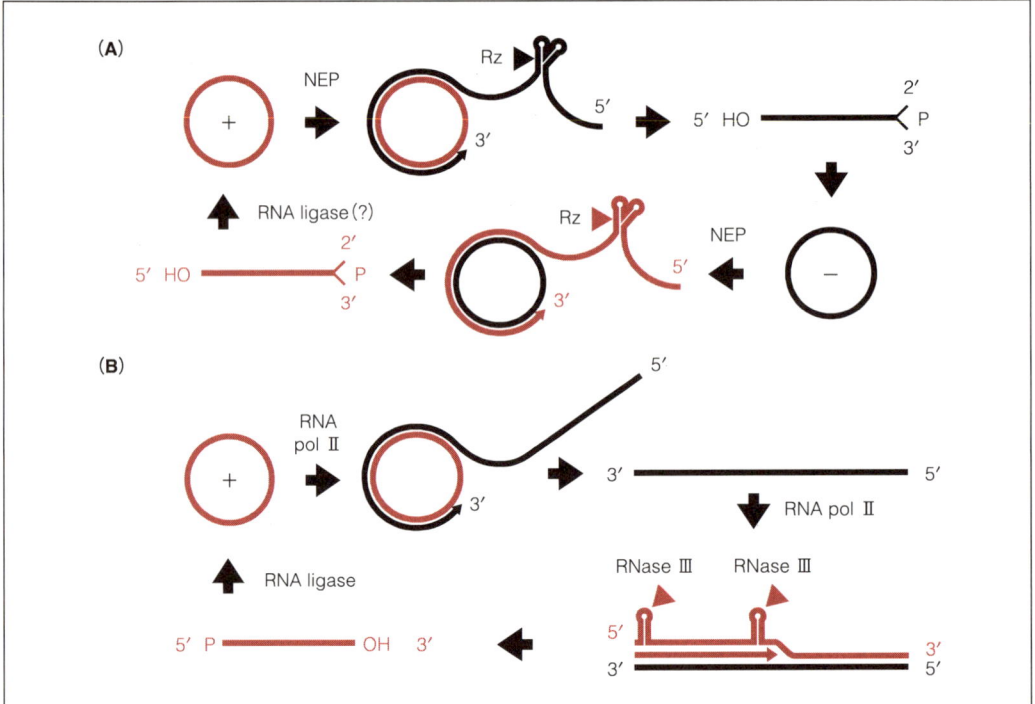

図 1.20.2 ウイロイドの複製様式． ウイロイドの1本鎖環状 RNA（赤色）を鋳型にして，ローリングサークル型の複製機構によってゲノムが複製される．**(A) アブサンウイロイド科の RNA 複製．** ウイロイドゲノムを鋳型にし，葉緑体内で葉緑体の RNA ポリメラーゼ（NEP）によって，相補鎖（黒色）が合成される．その際，ハンマーヘッド型リボザイム（Rz）活性によって自らの RNA を切断し，5′末端に水酸基，2′,3′-環状リン酸をもつ RNA が生じたのち環状化が起こり，相補鎖の1本鎖環状 RNA（黒色）ができる．これを鋳型にして，同様のローリングサークル型の複製機構とリボザイム活性によってウイロイドゲノムができる．**(B) ポスピウイロイド科の RNA 複製．** ウイロイドゲノムを鋳型にし，核内で宿主細胞の RNA ポリメラーゼ II（RNA pol II）によって相補鎖（黒色）が合成される．そして，宿主細胞の RNA 分解酵素（RNase III）によって RNA が切断され，次いで，RNA リガーゼ（RNA ligase）によって連結されてウイロイドゲノムの1本鎖環状 RNA ができる．

い分子内相補性を有している．アブサンウイロイド科には，RNAの自己切断に関わる**ハンマーヘッド型リボザイム** hammerhead ribozyme 様の活性部位が存在する．一方，ポスピウイロイド科に属するウイロイドの塩基配列には，共通性の高い領域が存在し，それは中央保存領域と呼ばれる．

1-20-3 ウイロイドの複製と病原性

ウイロイドのゲノムにはタンパク質がコードされていないので，その複製は完全に植物細胞の機能に依存している．ウイロイドゲノムの複製には，宿主の「DNA依存性RNAポリメラーゼのRNA依存性RNAポリメラーゼ活性」が重要な役割を果たしている．すなわち，植物細胞内の「DNAをもとにしてRNAを合成する酵素」が新奇な活性を発揮し，「RNAをもとにしてRNAを合成する」ことによって，ウイロイドのRNAが複製される．これは**ローリングサークル型** rolling circle type の複製機構で進むと考えられている（図1.20.2）．植物の細胞内で複製されたウイロイドは，植物のタンパク質と複合体を形成し，細胞から細胞へ，そして器官から器官へと伝播される．そして，葉の退緑，黄化，壊疽を伴う葉巻症状，矮化などを引き起こす．

1-20-4 プリオンとは

プリオン prion は，分子量28,000程度の疎水性糖タンパク質のみからなる感染因子である．これはウイルスとは異なり，核酸を全く含まない感染性のタンパク質粒子 proteinaceous infectious particle であり，**スクレイピー病** scrapie と呼ばれる**伝染性海綿状脳症** transmissible spongiform encephalopathy を発症したヒツジとヤギの脳組織から1982年に発見された．

その後の研究から，ヒトの脳機能に影響を与えるクールー病や**クロイツフェルト・ヤコブ病** Creutzfeldt-Jakob disease，**牛海綿状脳症**（いわゆる**狂牛病**）bovine spongiform encephalopathy（**BSE**）など，神経の変性を伴う進行性の病気も，プリオンタンパク質が原因となっておこることがわかってきた．

1-20-5 正常なプリオンは細胞の遺伝子からつくられる

プリオンは細胞の遺伝子にコードされており，正常な脳でも発現していることがわかってきた．この遺伝子 *PrP* からつくられるタンパク質を PrP^c とよび，タンパク質分解酵素で容易に分解される．プリオンの遺伝子は，哺乳動物のほか魚類や酵母にも存在する．

この正常型プリオンタンパク質 PrP^c は，無害のタンパク質であり，主に神経細胞膜上に存在し，銅代謝や酸化ストレスへの耐性，神経細胞間の接着や情報伝達などに関与すると考えられている．

1-20-6 異常なプリオンはどうやって増えるのか

感染症の脳から見つかるタンパク質（PrP^{Sc}）は，タンパク質分解酵素に対して極めて強い抵抗性を示し，この異常型の PrP^{Sc} を正常なマウスに接種すると病気が誘発される．ところが，*PrP* 遺伝子をノックアウト（欠失）したマウスに PrP^{Sc} を接種しても病気は誘発されない．したがって，プリオン病は正常型 PrP^c が異常型 PrP^{Sc} と接触することによって立体構造の一部が変化し，異常型 PrP^{Sc} が増加することによって引き起こされると考えられている（図1.20.3）．また，プリオン病の原因は異常型 PrP^{Sc} が脳内で凝集体（アミロイド）を生成することであり，神経細胞の**アポトーシス** apoptosis（プログラム細胞死）を引き起こすこともわかってきた．

図1.20.3 異常型プリオンタンパク質の増殖モデル

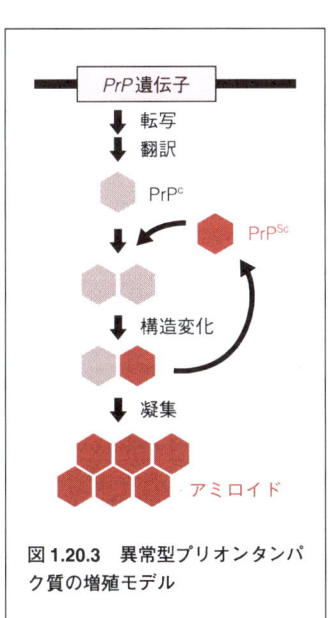

1-21 分子進化

1-21-1 分子時計

　生物の進化の過程で，単位時間当たりに一定の速度で変化するものがあれば，それを時計として利用することによって，異なる生物種の間の関係や生物種が分岐した年代を測定することが可能である．従来の生物種の分類は主に形態をもとになされてきた．しかし，過去1万年足らずの間に400種にも及ぶ様々な形態をもつカワスズメ科の魚類がビクトリア湖に分布している一方で，4億年もの間形態をほとんど変えていないシーラカンスのような魚類も存在しており，形態は時間の尺度に対して必ずしも一定の変化を起こすわけではない．それに対して，DNAとそれをもとに生成されるタンパク質の変化は，単位時間当たり比較的一定に変化することが知られている．**分子時計** molecular clock の一定性は以下に述べるように理論的根拠が与えられているが，しかしながら時にはその一定性が崩れることがあり，絶対的なものではないことを銘記すべきである．

1-21-2 分子進化の中立説

　分子進化の中立説 neutral theory of molecular evolution とは，1968年に木村資生の発表した説で，「遺伝子の本体であるDNA上に起こった変化の多くは，淘汰にとって有利でもなく，不利でもない中立変化であって，1個体中に起きたそのような変化が偶然に集団中に固定することにより進化が起こる」というものである．ダーウィンの**自然淘汰説** natural selection theory は，「生存に少しでも有利で子孫を残せる変異が，選択され集団に広まる」というもので，形態の多くの変化は確かに自然選択により進化してきたと考えられるが，DNA上の変化の多くは中立である，というのが木村の主張である．

　この主張は，分子生物学の発展により基本的には証明されている．進化速度を v，集団の大きさを N，一定の時間内に1つの遺伝子内に m 回だけ中立な変異が起きるとすると，集団全体では，一定時間内に $2Nm$ 回中立な変化が起きることになる．1つの中立な変異は集団に固定する確率が $1/2N$ であるので，集団としては一定時間内に $(2Nm)\times(1/2N)=m$ 回，中立な変異が固定することになる．これはとりもなおさず進化の速度 v である．すなわち，進化速度 v は，中立突然変異率 m に等しい．いい換えると，全突然変異のうち中立な変異の割合を f とすると分子の進化速度は全突然変異率に f を掛けたものに等しい．このことから，進化速度が集団の大きさに依存しないという結論が導かれる．

　ある特定のタンパク質に注目すれば，その遺伝子の進化速度は他のタンパク質の遺伝子の進化速度とは異なり，その遺伝子特有の値をもっている．それは，タンパク質が機能を果たすために重要な部位があり，タンパク質によって中立な変異の割合 f の値が異なるためである．重要な部位のたくさんあるタンパク質の f の値は小さく，進化速度は遅くなり，重要な部位の多くないタンパク質の f の値は大きく，進化速度は早くなる．

　以上のことから，中立説によって分子の進化速度に関する重要な結論が導かれる．第1は上で述べたように，分子の進化速度は突然変異率に比例し，同じ分子で調べれば f の値はほぼ同じとみなせるので，進化速度は一定となる．もう1つは，進化速度には上限があるということである．分子の進化速度は，f の値が1のとき最大となり，それはタンパク質の機能的制約が完全になくなったことに等しい．

1-21-3 遺伝的浮動と多型

　DNA上の変化はある1個体の生殖細胞中でまず生ずる．有性生殖を通じてそのような変化は集団中に広がるが，運よく集団全体に広がったときそれを固定したといい，進化が生じる．DNA上の変異が中立であるときには，その変異は遺伝的浮動によって集団中に広がる．遺伝的浮動とは，子孫が有限であることから生じる遺伝子頻度の偶然的な変動をさす．例えば，人類が絶滅し男女二人しか残らなかっ

たとしよう．その第1世代の一人の血液型がOBで，もう一人がOOであるような状態から出発し，3世代後の男女の血液型がBBとBBになったとする．このようなことが起こったとき，Bは集団中に固定したというが，それはBのほうがOより優れているために選択されて起こったことではなく，遺伝子頻度の偶然的な変動のために起きたことである．この遺伝的浮動という概念は中立説の根幹をなす．DNA上の変異が固定に至っていない中途の状態を多型という．図1.21.1に有限集団中に出現した突然変異体の行動を模式的に示す．自然淘汰に中立な突然変異体の遺伝的浮動による固定の場合は，出現から固定までの平均時間は$4Ne$（Neは集団の有効な大きさ）世代，隣り合う固定までの間隔は$1/v$（vは世代当たりの突然変異率）世代である．

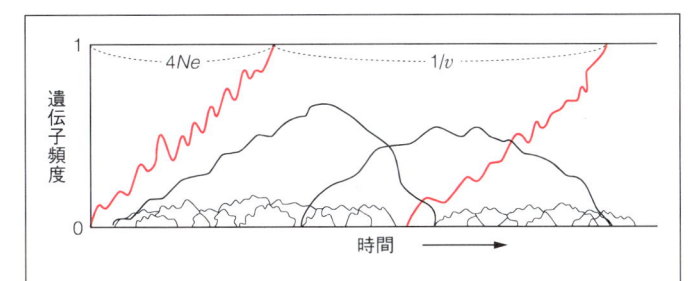

図1.21.1 集団中に生じた突然変異の挙動． 各波線は一個体中に生じた突然変異が，集団中で遺伝子頻度を増しながら固定（赤）あるいは最終的に消失（黒）に向かう様子を示す．

1-21-4 系統樹作成法

現在最もよく使われている系統樹作成法を下に示す．用いるときには，各系統樹の特性をよく理解しておくべきである．

平均距離法（UPGMA法）：進化速度の一定性を仮定して，距離の小さい者どうしをお互いに結び付けていく方法である．距離行列法の一種．この方法では系統樹の根が自動的に決まる．図1.21.2に，平均距離法によって作成した霊長類の系統関係を示す．数字は枝の長さを示す．

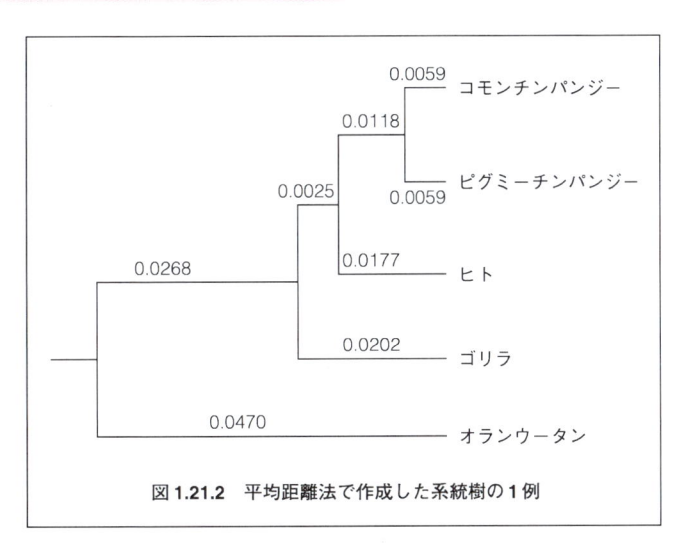

図1.21.2 平均距離法で作成した系統樹の1例

近隣結合法（NJ法）：進化速度の一定性を仮定しないで，系統樹の枝の長さの総数を最小にするように順番に結び付ける方法．距離行列法の一種．

最大節約法（MP法）：系統樹の各分岐点における共通祖先の形質状態を推定して，形質状態の変化の回数が最も小さくなるような系統樹を選択する方法．

最尤法（ML法）：ある進化モデルのもとで，実際に得られたデータが実現する確率（尤度）が最も高くなるような系統樹を最尤系統樹として選ぶ方法．

あとの3つの系統樹作成法では根が自動的には決まらない無根系統樹がつくられる．

1-22 バイオインフォマティクス

1-22-1 バイオインフォマティクスとは

バイオインフォマティクス bioinformatics とは，コンピュータを利用して生物学のデータの解析を行うことであり，生物学とコンピュータ・サイエンスとが融合して誕生した新しい分野である．

生物学の実験手法の飛躍的な発展に伴い，現代では日々膨大なデータが得られるようになり，研究者がデータのすべてに目を通し，結論を導き出すことが困難となってしまった．しかし，コンピュータを用いることでデータ解析にかかる時間を大幅に短縮することが可能となった．

バイオインフォマティクスの例として，1) 未知配列の特定や，配列間の比較，2) **マイクロアレイ** microarray（mRNAの発現量の大規模な解析，3-8 参照），3) **メタボローム** metabolome（生物の代謝産物量の大規模な解析）などが挙げられる．

1-22-2 配列間の比較

ここでは，バイオインフォマティクスの手法としてよく利用される，遺伝子の塩基配列の比較について説明する．

生物には共通の祖先がいて，そこから進化してきたと考えられる．共通の祖先から高等生物へと進化が進むほど，DNA上の配列は変化している．生物は進化に伴って，生存のためにそれほど重要ではない遺伝子をゲノムから消滅させ，あるいは配列を大幅に変化させてきた．逆に必要なものは大きな変化をせず残っている．配列が変化して機能が損なわれてしまうと生存に不利になるからである．したがって，生物間の配列を比較すれば，進化のスピードがわかる．言い換えれば，共通祖先から早い時期（ずっと昔）に分化したのか，もっと後になってから（比較的最近）分化したのかがわかる（進化の道筋を表した「**系統樹** phylogenetic tree」については，図1.21.2参照）．また，生物にとって，特定の遺伝子が生きるために必要かどうかがわかる．

例えば，自分が興味をもった遺伝子の配列が，他の種でも保存されているかどうかを調べる場合，米国の国立生物工学情報センター（**NCBI**）のホームページが有用である（表1.22.1）．ここには様々な種の遺伝子配列が予め登録されており，検索エンジンである **Basic Local Alignment Search Tool (BLAST)** にアクセスして特定の配列を入力すれば，類似した配列をもつものを探し出してくれる．BLASTは2つの配列を比較する際に用い，**Clustal**（後述）は**マルチプルアラインメント** multiple alignment をとる（2つ以上の配列を比較する）際に使用する．

表1.22.1 本文中で取り上げたホームページのアドレス

NCBI	http://www.ncbi.nlm.nih.gov/
Clustal	http://www.ebi.ac.uk/Tools/clustalw2/
Pfam	http://pfam.sanger.ac.uk/
PROSITE	http://www.expasy.org/prosite/
MOTIF	http://motif.genome.ad.jp/

1-22-3 配列の保存性

相互に配列の類似した遺伝子間には，進化の過程で極めてよく保存された特定の配列があり，その配列は遺伝子が機能を果たすために重要であると考えられている．例えば，発生に関わる**ホメオボックス** homeobox とよばれる配列は，生物間で極めてよく保存されている．タンパク質の場合，ホメオボックスが翻訳されたアミノ酸配列のことをホメオドメインとよび，ホメオドメインは特定のDNA配列を認識することで遺伝子の転写を調節している．**ホメオドメイン** homeodomain を有する代表的なタンパク質は **Hox**（ホックス）である．Hox のホメオドメインは同一種内のみだけでなく，種間を越えて高度に保存されている（図1.22.1）．

このようにDNAの塩基配列あるいはタンパク質のアミノ酸配列を相互に比較することにより，遺伝

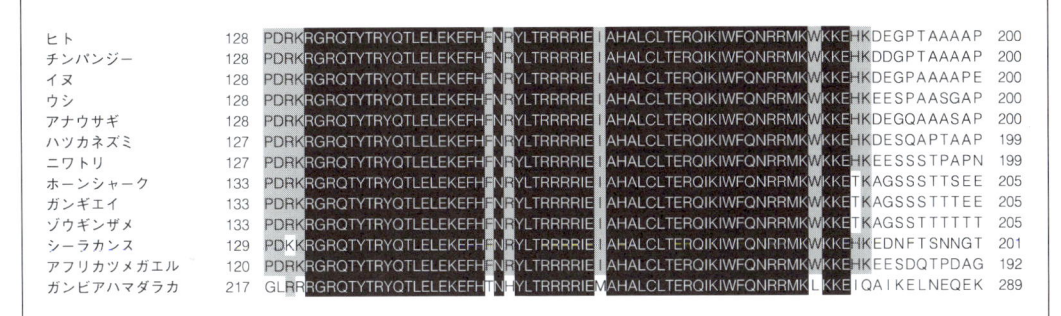

```
ヒト              128  PDRKRGRQTYTRYQTLELEKEFHFNRYLTRRRRIEIAHALCLTERQIKIWFQNRRMKWKKEHKDEGPTAAAAP  200
チンパンジー      128  PDRKRGRQTYTRYQTLELEKEFHFNRYLTRRRRIEIAHALCLTERQIKIWFQNRRMKWKKEHKDDGPTAAAAP  200
イヌ              128  PDRKRGRQTYTRYQTLELEKEFHFNRYLTRRRRIEIAHALCLTERQIKIWFQNRRMKWKKEHKDEGPAAAAPE  200
ウシ              128  PDRKRGRQTYTRYQTLELEKEFHFNRYLTRRRRIEIAHALCLTERQIKIWFQNRRMKWKKEHKEESPAASGAP  200
アナウサギ        128  PDRKRGRQTYTRYQTLELEKEFHFNRYLTRRRRIEIAHALCLTERQIKIWFQNRRMKWKKEHKDEGQAAASAP  200
ハツカネズミ      127  PDRKRGRQTYTRYQTLELEKEFHFNRYLTRRRRIEIAHALCLTERQIKIWFQNRRMKWKKEHKDESQAPTAAP  199
ニワトリ          127  PDRKRGRQTYTRYQTLELEKEFHFNRYLTRRRRIEIAHALCLTERQIKIWFQNRRMKWKKEHKEESSSTPAPN  199
ホーンシャーク    133  PDRKRGRQTYTRYQTLELEKEFHFNRYLTRRRRIEIAHALCLTERQIKIWFQNRRMKWKKETKAGSSSTTSEE  205
ガンギエイ        133  PDRKRGRQTYTRYQTLELEKEFHFNRYLTRRRRIEIAHALCLTERQIKIWFQNRRMKWKKETKAGSSSTTTEE  205
ゾウギンザメ      133  PDRKRGRQTYTRYQTLELEKEFHFNRYLTRRRRIEIAHALCLTERQIKIWFQNRRMKWKKETKAGSSTTTTTT  205
シーラカンス      129  PDKKRGRQTYTRYQTLELEKEFHFNRYLTRRRRIEIAHALCLTERQIKIWFQNRRMKWKKEHKEDNFTSNNGT  201
アフリカツメガエル 120  PDRKRGRQTYTRYQTLELEKEFHFNRYLTRRRRIEIAHALCLTERQIKIWFQNRRMKWKKEHKEESDQTPDAG  192
ガンビアハマダラカ 217  GLRRRGRQTYTRYQTLELEKEFHTNHYLTRRRRIEMAHALCLTERQIKIWFQNRRMKLKKEIQAIKELNEQEK  289
```

図 1.24.1 あるタンパク質のアミノ酸配列情報をもとに，生物種間における相同性を比較する．ヒト HOXA7 のホメオドメイン（131～187 アミノ酸：Pfam 予測）を含む領域のアミノ酸配列を用いてマルチプルアラインメント解析を行った．完全一致する部分を黒背景の白文字，部分的に一致する部分をグレー背景の黒文字で表した．数字はアミノ酸配列の位置を示す．

子（タンパク質）ファミリーにおいて進化の過程で保存された配列を特定できる．複数の配列を並べて，配列間においてどの領域がどれくらい類似しているのかを調べるには Clustal というホームページにアクセスするとよい．ここに複数の配列を登録し，検索を行えば配列が一致した部分を示してくれる．

タンパク質は，細胞内でアミノ酸の配列に基づき，立体的に折りたたまれて機能する．そのようなタンパク質の折りたたみの類似性を調べる上でも，バイオインフォマティクスは有効である．あるタンパク質の配列に特定の機能を持ったドメインが存在するか調べるためには，**Pfam** というデータベースに，その配列を入力することで検索できる．同様に，PROSITE というデータベースの検索機能を用いて，種を越えて保存されている特徴的な配列（モチーフ）があるかを調べることができる．さらに，MOTIF というデータベースに配列を入れて検索すると，複数のデータベースに配列情報を送り，結果を一括して示してくれる．そのため，タンパク質中のモチーフやドメインを一度の検索で調べることができる．

利根川進（ノーベル生理学・医学賞受賞者）

利根川先生は 1987 年に「抗体の多様性に関する遺伝的原理の発見」でノーベル生理学・医学賞を受賞された．日本人では唯一のノーベル生理学・医学賞の受賞者である．体液性免疫において，抗体は白血球の一種である B 細胞によって作られる．1つの B 細胞が産出できる抗体は一種類であり，抗原に応じた B 細胞が活性化されて増殖し，抗体が分泌される（2-20 参照）．免疫グロブリンには可変領域と定常領域がある．抗体は，可変領域のアミノ酸の違いを生み出すことにより，それぞれの抗原を認識するための多様性を作り出す．利根川先生は，免疫グロブリン遺伝子は胎児の細胞では遺伝子の断片に分かれて存在しており，それが胎細胞から B 細胞へと分化する過程でつなぎ合わされることを発見した．抗体の免疫グロブリン遺伝子は，成長するに従ってダイナミックに組み換わり，その組合せの数だけ抗体をつくり出していた．このメカニズムで，1,000 個ほどの遺伝子から 100 億種以上の抗体をつくり出すことが可能になる．人間は，実に 1,000 兆種類以上の抗体をつくり出せることがわかっており，この多様さゆえに無数に存在する抗原に対応できる．

1-23 レトロポゾン

1-23-1 レトロポゾンの定義と分類

　DNAから転写されたRNAの情報が，再び逆転写酵素の作用によって相補的なDNAに移し替えられ，それが再びDNA中に組み込まれたような配列を総称して**レトロポゾン** retroposonとよぶ．レトロポゾンは大別して，逆転写酵素をその配列内にコードしているグループと逆転写酵素をコードしていないグループに分けられる．

　逆転写酵素をその配列内にコードしているグループには，**レトロウイルス** retrovirus（ラウスサルコーマウイルス，マウス白血病ウイルス，エイズウイルス等），**long terminal repeat**（**LTR**）型レトロトランスポゾン（ジプシイ，コピア等），非LTR型レトロトランスポゾン（LINEとも総称される：ヒトL1，I因子，ジョッキイ，R2Bm等）がある．進化的には非LTR型レトロトランスポゾンが最も古く，最も多様性に富んでおり，その中のあるグループがLTRを獲得することにより，より効率のよい逆転写のシステムを発達させ，LTR型レトロトランスポゾンが生成したと考えられる．さらに，LTR型トランスポゾンが，宿主のenv遺伝子を取り込むことにより，感染性を獲得し，レトロウイルスが生成したと想定される．レトロウイルスとLTR型レトロトランスポゾンの構造を図1.23.1に示す．

　逆転写酵素をコードしていないグループには，**short interspersed element**（**SINE**：短い散在性の反復配列）や様々な偽遺伝子が含まれる．SINEは，その起源から，7SL RNAを起源とするヒトの*Alu*ファミリーや齧歯類のB1ファミリーのグループと，それ以外のtRNAを起源とするグループに二分することができる．

1-23-2 レトロポゾンとゲノムの多様化

　進化の過程でゲノムに多様性を与える要因には，突然変異，組換え，トランスポゾンの挿入，重複などいろいろなものがあるが，これらはいずれもDNAに起きたDNA上の変化であって，一度に非常に大きな変化をゲノムに与えるということはない．ところが，レトロポゾンの増幅は，多くのコピーが一度に生成し，ゲノム中に挿入されるので，はるかに大きな変化をゲノムに与える．実際，ヒトのゲノムの場合，*Alu*ファミリーとよばれているSINEの一種がハプロイド当たり約100万コピー存在し，これはゲノムの約10%を占める．しかも，*Alu*ファミリーは，霊長類にしか存在しないので，*Alu*ファミリーが最初に生成した約6,000万年前から増幅を開始して，ゲノムの10%をも占めるに至ったと想定される．ヒトのゲノム中には，この*Alu*ファミリー以外に，非LTR型レトロトランスポゾンに属するL1ファミリーが14%存在し，さらにそのほかの内在性のレトロウイルスなどを加えると，ヒトのゲノム中でレトロポゾンの占める割合は40%以上にのぼると考えられる．進化の

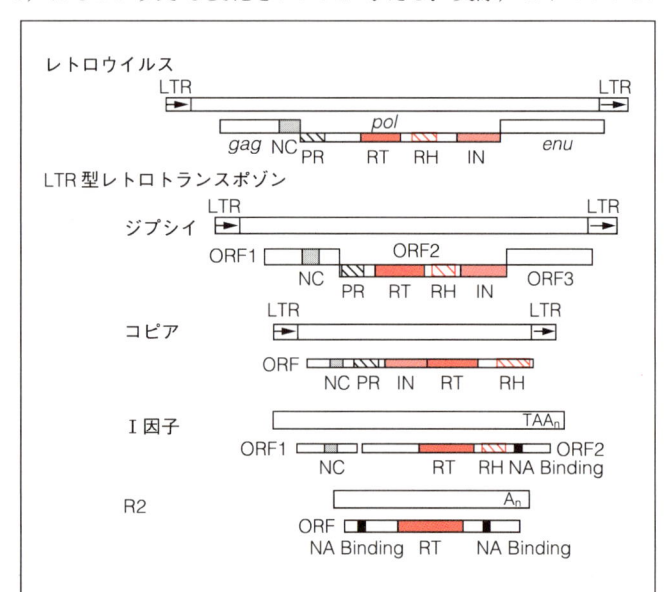

図1.23.1　様々なレトロポゾンの構造．NC：ヌクレオキャプシドタンパク質，PR：アスパラギン酸プロテアーゼ，RT：逆転写酵素，RH：RNaseH，IN：インテグラーゼ，NA binding：核酸結合領域．

過程でいかにレトロポゾンがゲノムの多様化に寄与してきたかが想定されよう．

1-23-3 レトロポゾンの進化

ここでレトロポゾンとして定義したものに加えて，テロメラーゼ，multi-copy single-stranded DNA (msDNA：多コピー低分子核酸)，グループIIイントロンなどの因子群も逆転写酵素をコードしていることが知られている．これらは比較的古い因子で，生命の起源まで遡ることができると考えられている．LTR型レトロトランスポゾンは比較的新しいもので，レトロウイルスは最も進化した形であると考えられる．これら逆転写酵素をコードしている因子群は，RNAワールド(1-19参照)からDNAワールドに変換が起きたとき以来の複製システムの分子化石であると考えることができる．

1-23-4 SINEとLINEの増幅機構

LINEはtarget-primed reverse transcription(TRRT)とよばれる機構で増幅する．すなわち，LINEにコードされている逆転写酵素が転写されたRNAの3′末端を認識し，複合体を形成したのち，標的のDNAにニックを入れ，その場所から逆転写が行われるというものである．tRNAを起源とするSINEの3′末端にはLINEの3′末端と同じ配列があり，同じゲノム内に存在するLINEにコードされている逆転写酵素がSINEのレトロポジションに関与していると考えられている．図1.23.2に増幅機構のモデルを図示する．

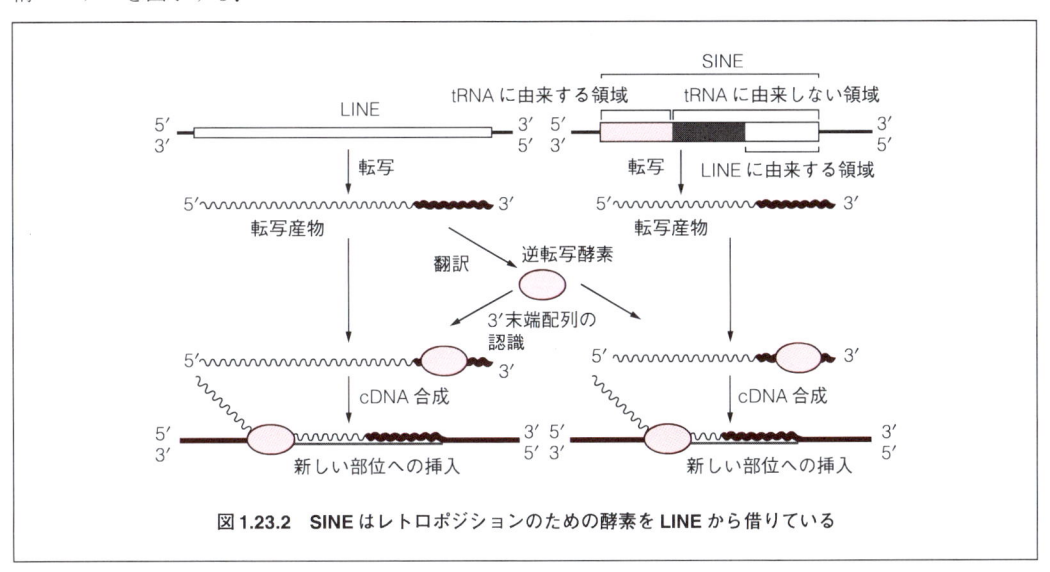

図1.23.2 SINEはレトロポジションのための酵素をLINEから借りている

1-23-5 CNEの発見

近年多くの脊椎動物のゲノムのDNA配列が決定され，それがアラインメント(相同部分を並べること)されている．その結果，アミノ酸をコードする領域(約2%)よりもはるかに多くの(3～5%)保存された領域が存在することが明らかになった．この機能をもつと想定され，保存されているがアミノ酸をコードしていないゲノム領域のことをCNE(conserved non-coding element)とよんでいる．脊椎動物では魚でも哺乳類でも遺伝子そのものの数は2～3万でほぼ同じであるので，魚から哺乳類のような高等動物が進化した原因は，このCNEが遺伝子の新たな発現の組合せを提供したためと考えられている．最近，このCNEの多くは，レトロポゾン由来であることが示され，レトロポゾンが大進化に関わった例として注目されている．AS021と名付けられたSINE由来の座位がCNEとして保存されている例が最近見出されたが，このAS021座位は近傍のSatb2遺伝子のエンハンサーとして機能することが証明されている．このことから，レトロポゾンが哺乳類に特異的な脳の形成に関わった例としてAS021が注目されている．

1-24 トランスポゾン

1-24-1 トランスポゾンとは？

トランスポゾン transposon (Tn)とは、ゲノム上のある部位から別の部位へ転移することのできる DNA 因子のことである。大腸菌のような原核生物からトウモロコシ、キンギョソウ、ショウジョウバエなどの高等動植物に至るまで全生物のゲノム上に普遍的に存在する（表 1.24.1）。トランスポゾンはそれぞれ固有の塩基配列と長さをもち、両端には**逆向き反復配列** inverted repeat (IR)、内容には転移に必要な酵素、**トランスポゼース** transposase とその発現を制御するリプレッサーをコードする（図 1.24.1A）。トランスポゾンが転移するとその挿入部位の配列が重複する（図 1.24.1B）。これを**標的配列の重複** target site duplication (TSD)という。重複する塩基対の数は各々のトランスポゾンに固有である（表 1.24.1）。通常重複する標的配列に配列特異性はないが、なかには線虫のトランスポゾン Tc1 のように必ず TA を重複するものもある。トランスポゾンは**挿入** insertion のほかにも、**欠失** deletion、**逆位** inversion、**増幅** amplification 等、塩基配列の相同性を必要としない

表 1.24.1 代表的なトランスポゾン

A. 原核生物のトランスポゾン

	長さ	IR	TSD	薬剤耐性/資化性
1. IS と複合トランスポゾン				
IS（挿入因子；薬剤耐性をもたない短い因子）				
IS 1	768 bp	35 bp	8, 9, 10 bp	
IS 10	1,329 bp	22 bp	9 bp	
IS 50	1,533 bp	19 bp	9 bp	
複合トランスポゾン				
Tn 9	1 kb	IS 1	8, 9, 10 bp	Cm^R
Tn 5	5.8 kb	IS 50	9 bp	Km^R
Tn 10	9.3 kb	IS 10	9 bp	Tc^R
2. Tn 3 ファミリー				
Tn 3	4,957 kb	38 bp	5 bp	Ap^R
Tn 4651	56 kb	38 bp	5 bp	トルエン資化性
Tn 21	20 kb	38 bp	5 bp	Sm^R, Sul^R, Hg^R
3. ファージ				
Mu	38 kb		2 bp	

B. 真核生物のトランスポゾン

	長さ	IR	TSD	
1. ショウジョウバエ				
P	2.9 kb	31 bp	8 bp	自律性因子
Mariner	1,286 kb	28 bp	2 bp(TA)	自律性因子
2. トウモロコシ				
Ac–Ds 系				
Ac	4,563 bp	11 bp	8 bp	自律性因子
Ds 6	2,040 bp	11 bp	8 bp	非自律性因子
En–Spm 系				
Spm(En)	8,287 bp	13 bp	3 bp	自律性因子
dSpm 1–8	2,242 bp	13 bp	3 bp	非自律性因子
Mu				
MuDR	4,942 bp	200 bp	9 bp	
3. キンギョソウ				
Tam 1	15 kb	13 bp		自律性因子
Tam 2	5 kb	14 bp	3 bp	非自律性因子
Tam 3	3.5 kb	12 bp	8 または 5 bp	自律性因子
4. 線虫				
Tc 1	1,610 bp	54 bp	2 bp(TA)	自律性因子
5. メダカ				
Tol 1	1.9 kb		9 bp	自律性因子

組換え反応（**非相同組換え** illegitemate recombination）を引き起こし、**突然変異** mutation の誘発や**ゲノムの再編成** genomic rearrangement の原動力となる。

1-24-2 トランスポゾンの転移様式

トランスポゾンの転移様式には転移に際して自己複製を伴う**複製型転移** replicative transposition と、自己複製を伴わない**非複製型転移** non-replicative transposition とがある。非複製型転移は二本鎖切断によっていったん切り出されたトランスポゾン分子が標的部位に挿入されるもので、**単純挿入** simple insertion ともよばれる。トランスポゾンが別のレプリコン上の標的部位に複製型転移をした場合、2 つのレプリコンが 2 コピーのトランスポゾンを介して融合した**融合体** cointegrate が形成される。

その2コピーのトランスポゾンの間で**相同組換え** homologous recombination が起きた結果，トランスポゾンを1個ずつもった2つのレプリコンが生成され複製型転移が完成する（図1.24.2）．

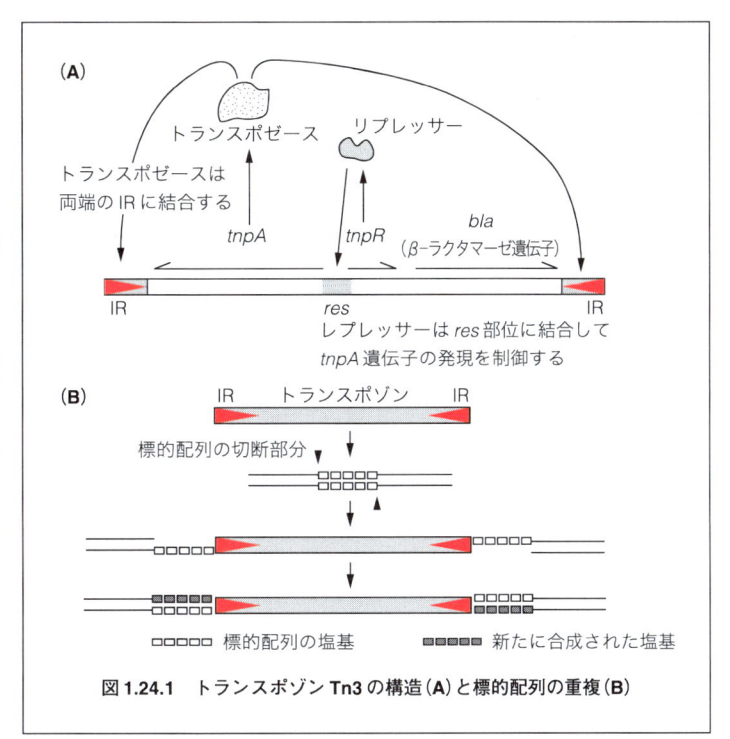

1-24-3 薬剤耐性遺伝子を運ぶトランスポゾン

院内感染 hospital-acquired infection などで話題になる抗生物質に対する**多剤耐性菌** multidrug-resistant bacteria の出現には，トランスポゾンが深く関わっている．多剤耐性菌は細胞内に**薬剤耐性因子** drug resistant factor とよばれる伝達性プラスミドをもち，そのプラスミド上に**薬剤耐性遺伝子** drug resistant gene を運ぶトランスポゾンが乗っている（図1.24.3）．薬剤耐性トランスポゾンの多くが，2コピーの**挿入配列** insertion sequence（IS）が水銀耐性遺伝子やテトラサイクリン耐性遺伝子などの薬剤耐性遺伝子をはさんだ**複合トランスポゾン** composite transposon の構造をしている．薬剤耐性遺伝子はそれぞれのトランスポゾンの両端に存在するISの転移活性によってプラスミド-プラスミド間，プラスミド-宿主ゲノム間を転移し，薬剤耐性遺伝子は伝播される．

図1.24.1 トランスポゾン Tn3 の構造（A）と標的配列の重複（B）

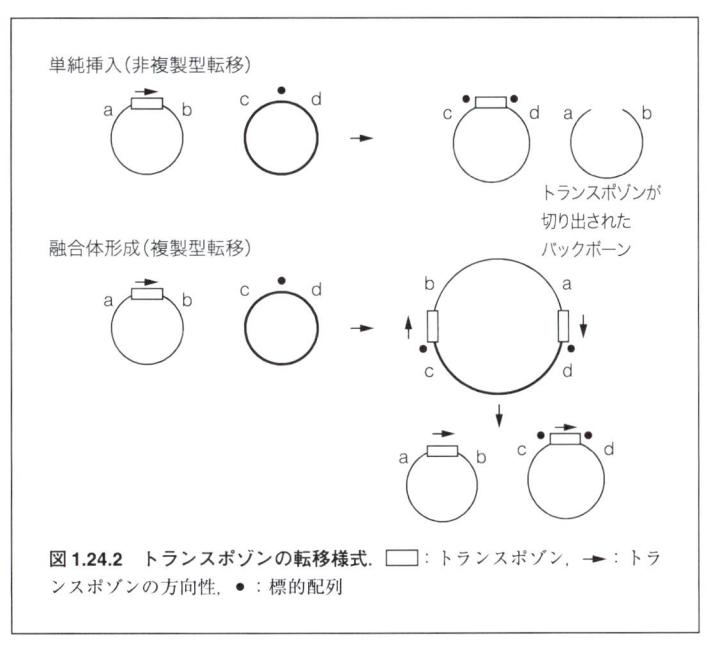

図1.24.2 トランスポゾンの転移様式．□：トランスポゾン，→：トランスポゾンの方向性，●：標的配列

1-24-4 植物のトランスポゾンと易変性

トウモロコシのトランスポゾン Ac は単独で転移活性をもつ**自律性因子** autonomous element であるが，Ds は Ac の内部が欠失した**非自律性因子** non-autonomous element であり，Ac の共存下で初めて転移できる．これを植物トランスポゾンの**2因子システム** two-element system といい，遺伝子導入植物の作製や遺伝子タギング等植物遺伝子工学の基礎となる性質である（図1.24.4A）．植物のトランスポゾンは，挿入部位から切り出される際にトランスポゾンだけが正確に飛び出すのではなく，そのあとに塩基配列の欠失や挿入，置換などの変異をもたらす．切り出されたあとの塩基配列（**フットプリント**

footprint）が不揃いなことから，この切出し様式は不正確な切出し imprecise excision とよばれる．

キンギョソウやアサガオの花弁や野生トウモロコシの種皮には，しばしば**復帰変異** reverse mutation によるスポットやセクターが高頻度で見られる．これを**易変性** mutability という．これは花や種皮の色素であるアントシアニン生合成系遺伝子に挿入されたトランスポゾンが体細胞分裂の過程で一部の細胞で切り出された結果，色素合成能が回復し有色のスポットやセクターが生じたものである．挿入されたトランスポゾンが色素合成遺伝子の発現を強く抑えれば花弁や種皮の地色はうすくなる．トランスポゾンの切り出しの頻度が高ければスポットやセクターの数が多くなる．発生の初期で切出しが起きればスポットやセクターの大きさが大きくなり，後期で起きればそれらは小さく（あるいは幅がせまく）なる（図1.24.4B）．

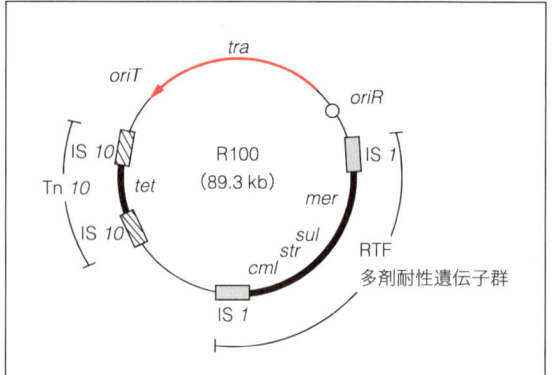

図1.24.3 薬剤耐性因子（R因子）R 100 上に存在するトランスポゾン．2個のIS *1* にはさまれた多剤耐性遺伝子群（RTFは水銀耐性 *mer*，サルファー剤耐性 *sul*，ストレプトマイシン耐性 *str*，クロラムフェニコール耐性 *cml* を運ぶ複合トランスポゾン．このうち *cml* のみを運ぶものがTn *9*．）2個のIS *10* にはさまれたTn *10* はテトラサイクリン耐性 *tet* を運ぶトランスポゾン．*oriR*：R 100 の複製開始点，*oriT*：複合伝達開始点，*tra*：複合伝達関連遺伝子群．

1-24-5　トランスポゾン・タギング

トランスポゾン・タギング transposon tagging とはトランスポゾンを指標（**タグ** tag）として，遺伝子をクローニングする遺伝子工学の手法の１つである．トウモロコシのアントシアニン合成系の遺伝子やキンギョソウの花芽形成を制御する遺伝子などは，*Ac/Ds* や *En/Spm* あるいは *Tam* など内在性のトランスポゾンをタグとしてクローニングされた．一方，**シロイヌナズナ** *Arabidopsis thaliana* のように内在性のトランスポゾンによる易変性が知られていない植物の場合，外部からトランスポゾンを細胞に導入し，外来性トランスポゾンによって標識された挿入変異体を多数分離することができる．最もよく利用されているトランスポゾンは *Ac/Ds* の系である．

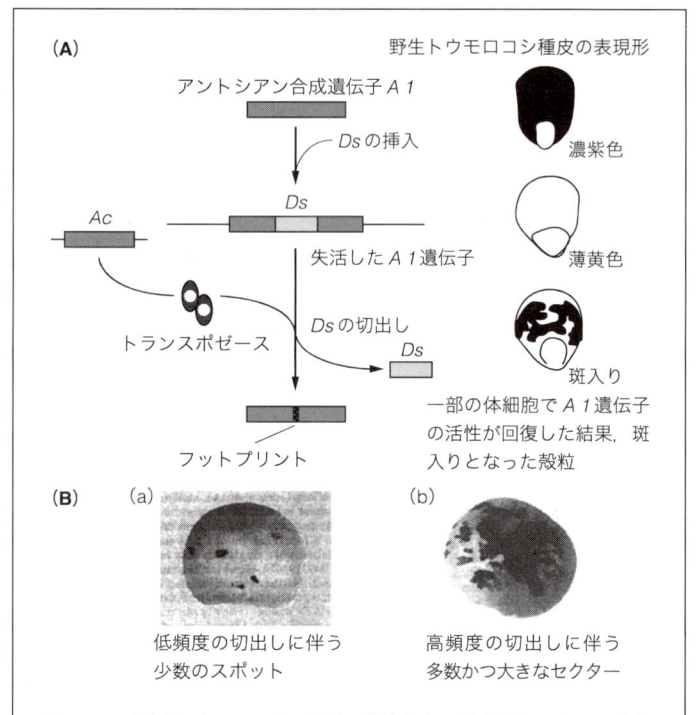

図1.24.4 野生トウモロコシの殻粒で観察される易変性とトランスポゾンの切出し．A：非自律性因子 *Ds* は自律性因子 *Ac* の存在下で切り出される．B：色素合成遺伝子 *R-nj* に挿入された *Ac* が低頻度（a），および高頻度（b）で切り出されたとき，種皮で観察される斑入り．Dellaporta S. L., Chomet P. S.: "Genetic Flux in Plants", (eds.) Horn B., Dennis E. S. Springer-Verlag Wien New York, pp. 169–216 (1985)をもとに改変．

2 細胞の世界

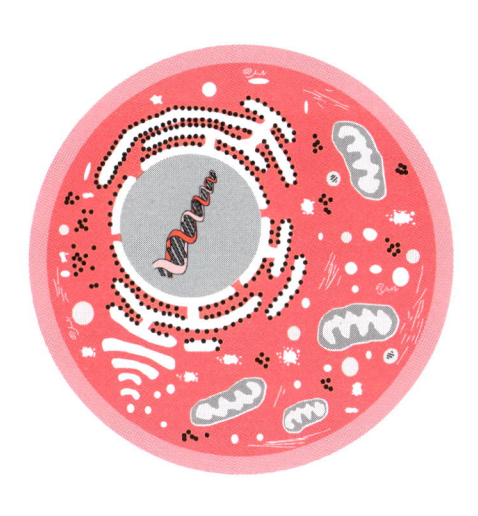

細胞複製

情報伝達

発生と分化

脳と神経

がん

免疫応答

2-1 細菌の細胞複製

2-1-1 細胞分裂変異株

細菌の細胞複製の遺伝学的な解析は，大腸菌の温度感受性細胞分裂変異株を分離する試みによって始められた．変異株は制限温度で**細胞分裂** cell division が阻害されたあとも細胞伸長を続け，最終的には長い糸状の細胞を形成する．変異株は，核様体の形態から dna（DNA synthesis），par（partition），fts（filamentous temperature sensitive）の3種類に分類された．このうち fts 変異株は，伸長細胞の中に核様体が等間隔で分散しており（図2.1.1），分裂面の隔壁形成に関与する変異株と考えられた．これ

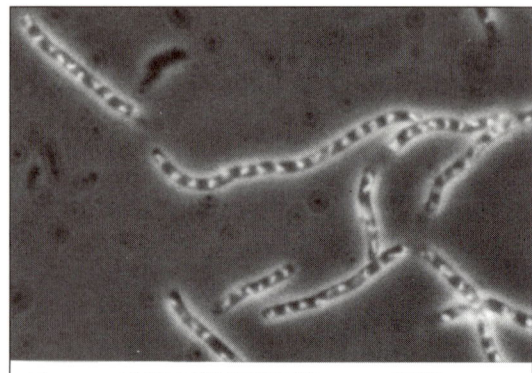

図2.1.1 大腸菌の細胞分裂変異株 ftsZ 84 の形態．DAPI 染色により核様体が白く見える．

までに数多くの fts 変異株が分離されており，それらの解析から分裂環（FtsZ リング）を形成する FtsZ タンパク質や隔壁ペプチドグリカン合成酵素 PBP 3（ftsI 遺伝子産物）等が見出された．

2-1-2 FtsZ リング

FtsZ タンパク質は，分子量約 40,000 の **GTP 結合タンパク質** GTP-binding protein で，真核細胞のチューブリン様の構造をしている．細胞分裂時には，それまで細胞質に分散していた FtsZ タンパク質が分裂面に重合して分裂環（FtsZ リング）を形成する（図2.1.2）．分裂環の収縮により細胞膜の陥入が引き起こされ，それに続いて細胞壁（**ペプチドグリカン** peptidoglycan 層），外膜が合成されることによって隔壁が形成される．分裂環の収縮を引き起こす動力はまだ明らかになっていない．FtsA，FtsQ，FtsN 等の多くの Fts タンパク質が分裂環の部位に局在しており，いわゆる分裂装置を構成していると考えられているが，機能は不明のものが多い．

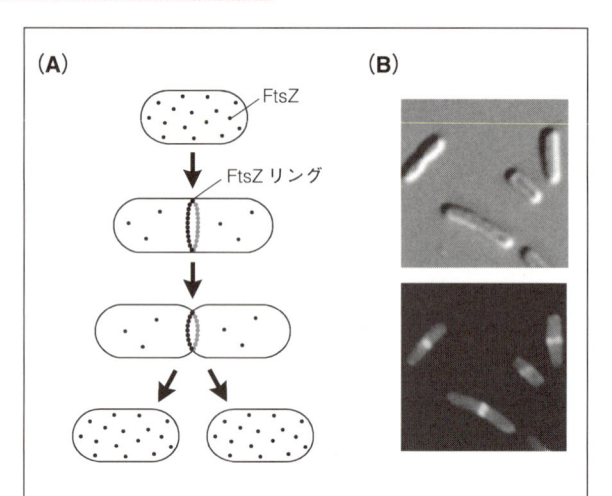

図2.1.2 細胞周期における **FtsZ リング**形成モデル．A：FtsZ リング形成モデル，B：大腸菌細胞の微分干渉像（上）と FtsZ リングの間接免疫蛍光染色像（下）．

2-1-3 アクチン様細胞骨格タンパク質 MreB

細胞膜の内側に図2.1.3に示すようならせん状の構造体を形成する MreB タンパク質は，分子量 36,000 の **ATP 結合タンパク質** ATP-binding protein で，真核細胞のアクチンに似た構造をしている．このらせん状構造体を足場として MreC，MreD，RodA，PBP 2 などのタンパク質からなる細胞伸長装置が側壁部にペプチドグリカンを合成すると考えられている．MreB タンパク質が欠損したり，MreB の特異的阻害剤 A 22 によってその機能が阻害されると細胞は球形化する．MreB らせん構造は細胞の極性決定にも機能しており，染色体の分配やタンパク質の細胞極への局在に必要とされている．

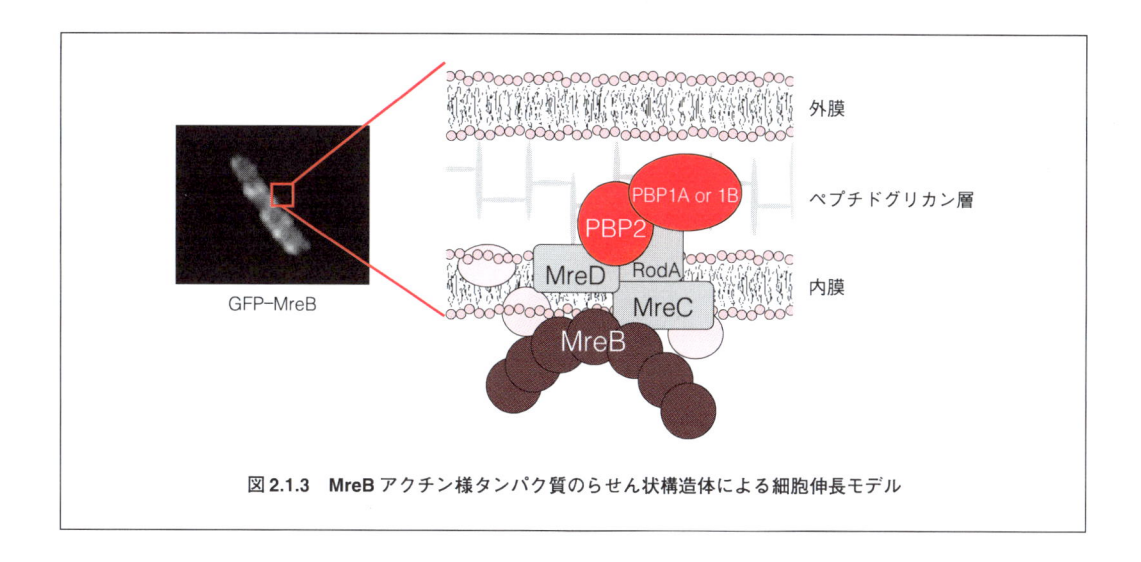

図2.1.3　MreBアクチン様タンパク質のらせん状構造体による細胞伸長モデル

2-1-4　ペニシリン結合タンパク質

細胞膜の外側にあり細胞全体を覆っているペプチドグリカン層は，細胞分裂や細胞の形態維持に重要な役割を果たしている．ペプチドグリカン合成酵素は，抗生物質**ペニシリン** penicillin と共有結合することから**ペニシリン結合タンパク質** penicillin-binding protein（PBP）とよばれている（図2.1.4）．FtsZリングの収縮に先導されて陥入した細胞膜に沿って隔壁部分のペプチドグリカン層を合成するのが PBP 3（ftsI 遺伝子産物）である．PBP 3 は他の fts 遺伝子産物とともに分裂環の部位に局在化している．PBP 3 の特異的な阻害剤である抗生物質**セファレキシン** cephalexin 等により細胞分裂が阻害されると，fts 変異株様の多核の伸長細胞が形成される．

PBP	遺伝子	位置(分)	分子量(×10³)
1A	mrcA (ponA)	75	94
1B	mrcB (ponB)	4	94, 89
2	mrdA (pbpA)	15	71
3	ftsI (pbpB)	2	64
4	dacB	69	49
5	dacA	15	41
6	dacC	19	40

図2.1.4　大腸菌のペニシリン結合タンパク質．^{14}C-ペニシリンGと反応させた大腸菌細胞膜タンパク質をSDS-PAGEにて分離し，フルオログラフィーにて検出した．

2-1-5　細胞分裂の制御因子

細胞分裂を制御する機構として最もよく研究されているのは，UVなどによりDNAに傷がついた時に，傷を修復する間，細胞分裂を止めておく**SOS応答** SOS response である．DNAの傷を感知してRecAタンパク質が活性化されるとSOSリプレッサーであるLexAタンパク質の分解が引き起こされ，一群のSOS遺伝子の発現が誘導される．その中の一つ sulA 遺伝子の産物がFtsZタンパク質の重合を阻害する．ftsZ 遺伝子の発現は，転写因子SdiAタンパク質や緊縮制御因子として知られるppGppによって活性化されることが知られているが，細胞周期での役割は不明である．

2-2 真核生物の細胞複製

2-2-1 はじめに

細胞複製には，染色体 DNA が核内で安定に存在し，細胞が増殖する時には複製され，細胞分裂に際しては 2 つの娘細胞に正しく分配される事が重要である．真核生物の染色体は，DNA にヒストンが結合した**クロマチン** chromatin 構造を形成しており，DNA 複製開始点 DNA replication origin，各種遺伝子，**セントロメア** centromere および**テロメア** telomere から構成されている．真核細胞の染色体は多くの機能構造を併せもっているが，なかでも DNA 複製開始点，セントロメアおよびテロメアの 3 要素は，細胞複製に必須の構成要素である（図 2.2.1）．本項では，真核細胞，特に出芽酵母の例を中心に，これらの 3 要素について概説する．

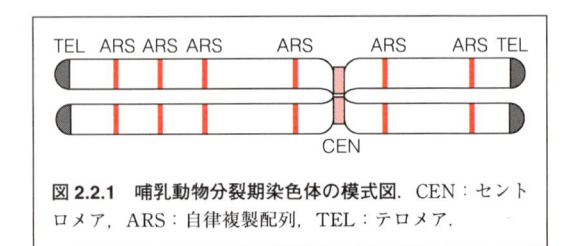

図 2.2.1 哺乳動物分裂期染色体の模式図．CEN：セントロメア，ARS：自律複製配列，TEL：テロメア．

2-2-2 DNA 複製

(1) 複製開始点 原核生物と異なり，真核生物の染色体には多数の複製開始点が存在し（図 2.2.2），それぞれの複製開始点は DNA 合成（S）期に一度のみ複製を開始するように厳密な制御を受けている．出芽酵母では数多くの**自律複製配列** autonomously replicating sequence（ARS）について詳細な解析がなされ，約 100 bp という大腸菌の複製開始領域よりも短い配列で基本的な複製開始能力を有することが明らかとなっている．出芽酵母の ARS はほぼ全て，その領域内に 11 bp の ACS（ARS consensus sequence）配列と一致する配列を保持しており，ACS は ARS の複製開始機能に必須な要素である．複製開始に必要な近傍の配列は，3 つの機能的に独立した 10〜15 bp の長さの促進配列ドメイン（B1，B2，B3）に区分され，それぞれが複製開始機能に寄与している．分裂酵母の ARS には ACS のような明確な共通配列は存在しないが，AT に富む配列が多数存在するという特徴をもつ．しかし，高等真核生物では特異的な配列はまだみつかっていない．

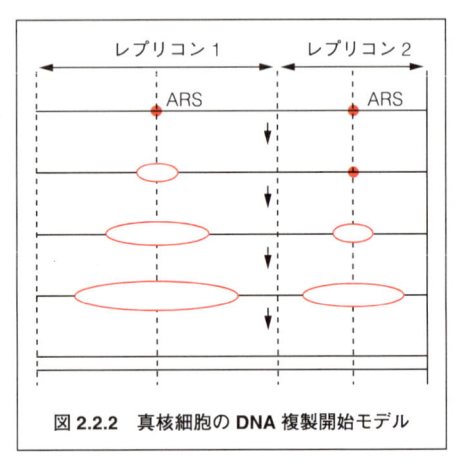

(2) 染色体複製開始に関わるタンパク質複合体 出芽酵母において，ARS の ACS に結合する因子として**複製開始点認識複合体**（origin recognition complex，ORC）が同定された．この複合体は 6 個のサブユニット（ORC1〜6）から構成され，ほとんど全ての ARS 中の ACS に結合する．出芽酵母では，ORC は細胞周期を通じて常に複製開始点に結合しており，複製の前に他の時期とは異なる複合体（**複製前複合体**：pre-replicative com-

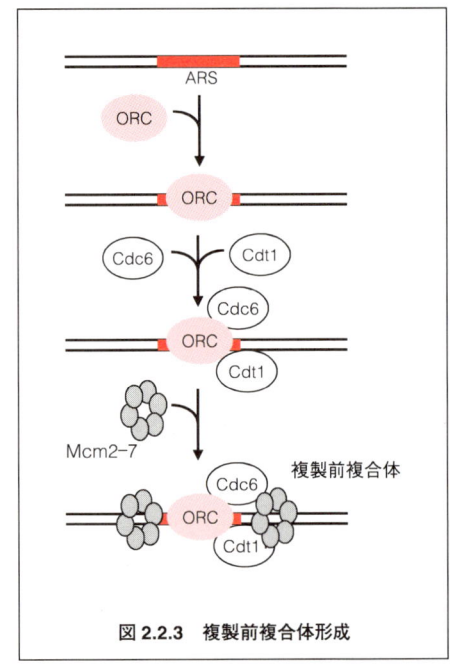

図 2.2.2 真核細胞の DNA 複製開始モデル

図 2.2.3 複製前複合体形成

plex)を形成する．この複製前複合体の形成は数多くの因子により厳密に制御されており(図2.2.3)，細胞周期の進行と調和している．分裂酵母，ショウジョウバエ，ヒトやシロイヌナズナでも同様のORCを中心としたタンパク質複合体がみつかり，真核生物に普遍的な機構が存在すると考えられている．

2-2-3　セントロメア

　セントロメアDNAは，有糸および減数分裂の際に複製した染色体を正しく娘細胞に分配するための重要なDNA配列である．分裂極から伸びた微小管がセントロメアに結合し，動原体を形成する．出芽酵母での解析により，セントロメアを含むDNA断片をARSプラスミドに組み込ませると，細胞内でのプラスミドDNAの安定性が劇的に向上することから，セントロメアはプラスミドDNAを娘細胞に正確に分配させる機能を有することが証明された．このような性質を指標にして，16本の染色体のセントロメアDNA断片がクローニングされ，それらの比較解析から，領域I，II，IIIからなるわずか約120 bpの配列でセントロメアとして機能することが明らかとなった(図2.2.4)．分裂酵母や哺乳類などの他の真核生物のセントロメアは，出芽酵母のものとは比較にならないほど巨大で複雑である．一般的に，セントロメアを構成するDNAは，繰り返し配列の多い特殊な塩基配列から構成されており，この配列を認識して結合するタンパク質群には共通性がみられる．よって，セントロメアDNA-タンパク質複合体によって形成される特殊な構造体としての共通性が重要であるといえる．

2-2-4　テロメア

　テロメアは，染色体を形成したときの末端部分の繰り返し配列であり，染色体の安定性や核内配置の決定，遺伝情報の維持など多彩な機能をもつ．染色体が何らかの原因で破損すると，その末端は細胞がもつDNA分解酵素やDNA修復機構の標的となるが，テロメアはその特異な構造によりDNAの分解や修復から染色体を保護し，物理的および遺伝的な安定性を保つ働きをする．テロメアを失った染色体では，細胞によって異常なDNA末端とみなされ，酵素による分解や，修復機構による染色体末端どうしの異常な融合が起こる．このような染色体の不安定化は発がんの原因となる．実際，数多くの生物種において，テロメアDNAは数塩基の繰り返し配列（テロメアリピート）から構成されている．テロメアリピートの複製には，その配列に相補的な鋳型

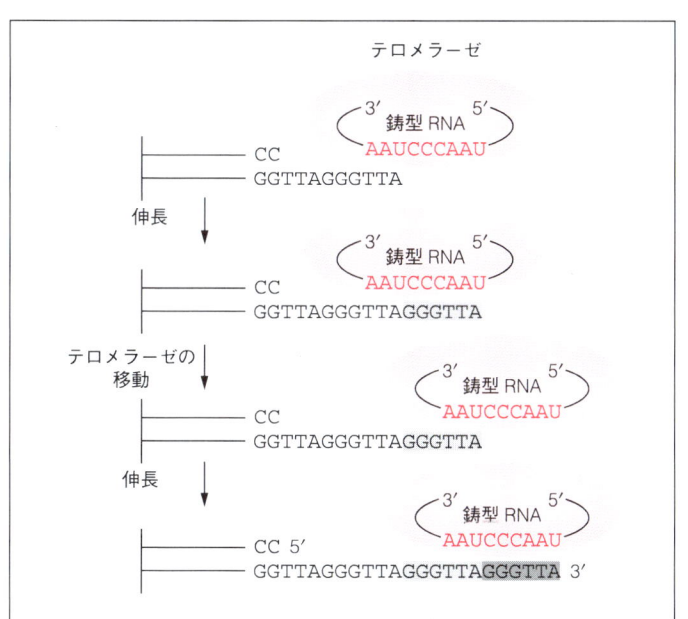

領域I	領域II	領域III
ATAAGTCACATGAT TATTCAGTGTACTA	ATに富む領域 88塩基対(93%AT)	TGATTTCCGAA ACTAAAGGCTT

図2.2.4　出芽酵母の典型的なセントロメア(CEN 3)の配列

図2.2.5　テロメラーゼによるテロメア伸長モデル．ヒトの場合，テロメアリピートは5′-TTAGGG-3′であり，逆転写酵素の1つであるテロメラーゼは1.5回分のテロメアリピート配列の相補鎖 5′-UAACCCUAA-3′ をもつ鋳型RNAを含んでいる．テロメア末端は5′-TTAGGG-3′の1本鎖からなると考えられ，逆転写作用により1リピート分だけDNAを伸長する．その後，テロメア末端は鋳型上を1リピートスリップ(移動)し，再び伸長反応を行う．

RNAを含む逆転写酵素の一種の**テロメラーゼ** telomerase が中心的な役割を果たす(図2.2.5)．

2-3 真核生物の細胞周期

細胞周期 cell cycle は細胞が増殖する際に，DNA を倍加し，細胞を倍加していく過程で明確に区別できる G1 期，S 期，G2 期，M 期の 4 つの区分からなる．G1 期は第 1 の準備期であり，S 期は DNA 合成期を，G2 期は第 2 の準備期を，M 期は分裂期を指す．S 期においては DNA が複製し倍加する．M 期においては倍加した細胞が 2 つに分裂する時期である．G1 期や G2 期においては，細胞が次のステップに進行してよいかどうかの判断をする**チェックポイント** check point の時期だと考えられている．このような細胞周期は主に真核生物の場合に定義されている．原核生物は明確な核がないため，明確な細胞周期がないように思えるが，原核生物においてもある程度区別しうる時期が存在する（2-1 参照）．

2-3-1 真核生物の細胞周期

細胞周期の研究で最もよく用いられてきたのは酵母である．主に**出芽酵母** budding yeast と**分裂酵母** fission yeast という 2 種類の酵母が研究材料として用いられている．いずれの酵母においても，細胞周期の特定の時期に増殖を停止する *cdc* 変異株とよばれる温度感受性変異株を用いて研究が進展してきた．図 2.3.1 に分裂酵母の細胞周期を簡略化して記載してあるが，細胞が伸長し中央に細胞壁が形成され，分裂する点が出芽酵母と違う．まず G1 期の開始点とよばれる時期で細胞がその周期を回転するかどうかの判断をする．これはチェックポイント機構の 1 つである．S 期は DNA の複製（2-3 参照）を行う時期である．G2 期では細胞が伸長し，M 期に進行してよいかどうかの判断をするチェックポイント機構がある．もし細胞にとって都合が悪いことがあると G2 期で停止し細胞周期の進行を遅らせる．M 期は最もダイナミックな時期で，染色体が凝集し，クロマチン構造をとる．紡錘体極から紡錘体が形成され染色体を分離していく．核が分裂した後，細胞質分裂が起こる．図 2.3.1 では分裂酵母の様子を示しているので核膜がそのままであるが，高等真核生物では実際は一度核膜が消滅し，再形成される．分裂酵母では M 期の細胞質分裂の時には，すでに G_1 期に入っていると考えられている．

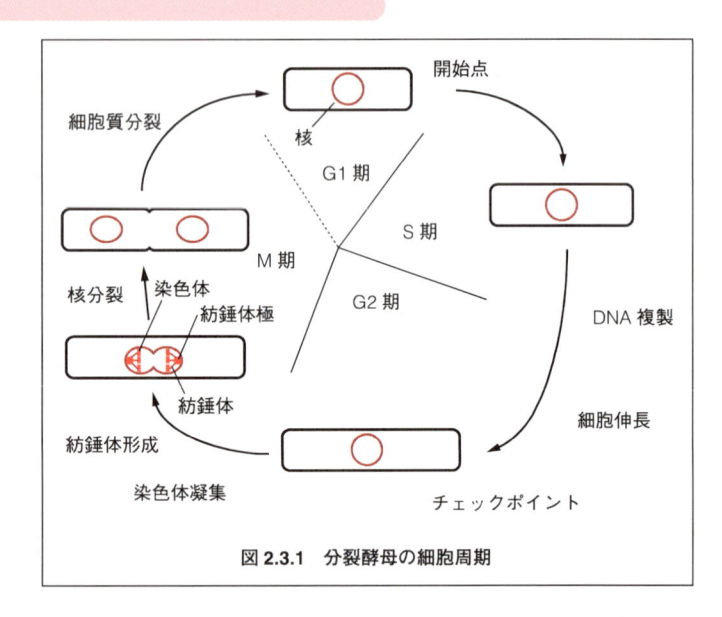

図 2.3.1　分裂酵母の細胞周期

2-3-2 細胞周期におけるサイクリンの変動

細胞周期を制御するタンパク質の中で中心を占めるのは Cdc 2 タンパク質である．Cdc 2 は**タンパク質リン酸化酵素**（**プロテインキナーゼ** protein kinase）であり，ATP のリン酸基を他のタンパク質に転移させる働きをもっている．細胞周期に関与する重要なタンパク質因子を表 2.3.1 に示してある．動物では複数の Cdc 2 キナーゼ類が働いているが，酵母では 1 種類のキナーゼが関与している．ここでは話を簡略化するために Cdc 2 の名称を使っているが，出芽酵母では Cdc 28，動物では CDK 2 とよばれている．Cdc 2 キナーゼは，**サイクリン** cyclin とよばれる細胞周期の間にその量が変動するタンパク質に

よって制御されている．図2.3.2に示すようにサイクリンは間期ではその量が少なく，M期に蓄積されていく．間期とは図2.3.1におけるG1，S，G2期を指す．サイクリンとCdc2の複合体である**M期促進因子** M phase-promoting factor(MPF)の活性はM期に増大する．サイクリンは直接Cdc2キナーゼに結合し，そのキナーゼ活性を上昇させる．これら一連の発見に対しPaul Nurse, Timothy Hunt, Leland Hartwellにノーベル賞が授与された．

表2.3.1 細胞周期に関連するタンパク質

Cdc2	細胞周期で中心的な役割を果たすタンパク質リン酸化酵素．
サイクリン	細胞周期の時期によりその量が変動し，Cdc2キナーゼの活性を調節する．
MPF	M期促進因子の略で，Cdc2とサイクリンの複合体からなる．
ユビキチン	サイクリンなど分解を起こさせるタンパク質に結合する標識タンパク質．
Wee1	MPFの活性を調節するタンパク質リン酸化酵素．
Cdc25	MPFの活性を調節するタンパク質脱リン酸化酵素．
プロテアソーム	サイクリンなどのタンパク質を分解する巨大分解工場．

2-3-3 Cdc2とサイクリンの活性調節

図2.3.3にCdc2とサイクリンの制御機構を示している．Cdc2キナーゼはサイクリンが結合していない状態では不活性型である．Cdc2-サイクリン複合体は，それをリン酸化するWee1キナーゼと脱リン酸化するCdc25ホスファターゼによって調節されている．このリン酸化と脱リン酸化の過程を経てはじめて活性型のMPFとしてM期にその役割を果たす．役割が終了するとサイクリンは**ユビキチン** ubiquitinとよばれる小さいタンパク質(分子量8,600)により標識をつけられ，**プロテアソーム** proteasomeという巨大なタンパク質分解工場で分解される(2-8参照)．サイクリンが分解されるとCdc2キナーゼは単独になり，キナーゼ活性を低下させる．図2.3.2にもあるように，サイクリンの合成や分解が細胞周期を調節している．その他にも，Cdc2-サイクリン複合体に直接結合して阻害作用や活性化作用を示す因子が知られており，Cdc2キナーゼが様々な制御を受けてその活性が調節されていることがわかっている．

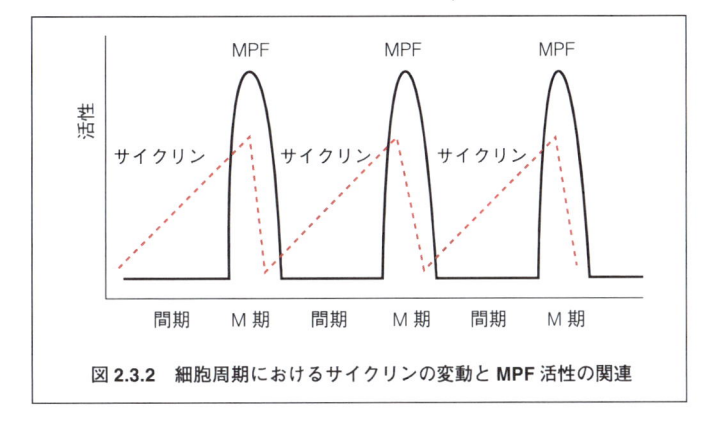

図2.3.2 細胞周期におけるサイクリンの変動とMPF活性の関連

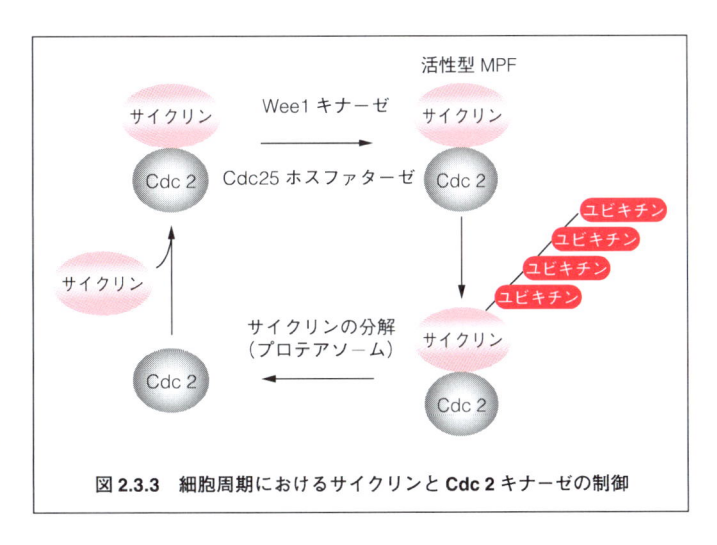

図2.3.3 細胞周期におけるサイクリンとCdc2キナーゼの制御

2-4　神経伝達，光受容，細菌走化性のシグナル伝達

2-4-1　神経細胞におけるシグナル伝達

神経の刺激伝達は**神経細胞** neuron の細胞体からのびている**軸索** axon という長突起を経て，次の神経細胞に伝達される．刺激が軸索の下方へ伝わる時（図2.4.1），Na^+ チャネルの開放によって Na^+ が内部に入り，細胞内電位が正になると，隣接した Na^+ チャネルが開放される．続いて，これらの過程が連鎖的に進行する．この連鎖反応が軸索の先端（シナプス）に達すると，Ca^{2+} チャネルが開き，Ca^{2+} がシナプス内に流入すると，シナプス小胞から神経伝達物質（**アセチルコリン** acetylcholine）がシナプス間隙に放出され，次の神経細胞の細胞体膜に存在するアセチルコリン受容体-イオンチャネルに結合する．この結合により，そのイオンチャネルが開放され，Na^+ と K^+ イオンが神経細胞に流入すると，細胞内電位が正になり，再び隣接した Na^+ チャネルが開放され，刺激が軸索下方へ伝わる．

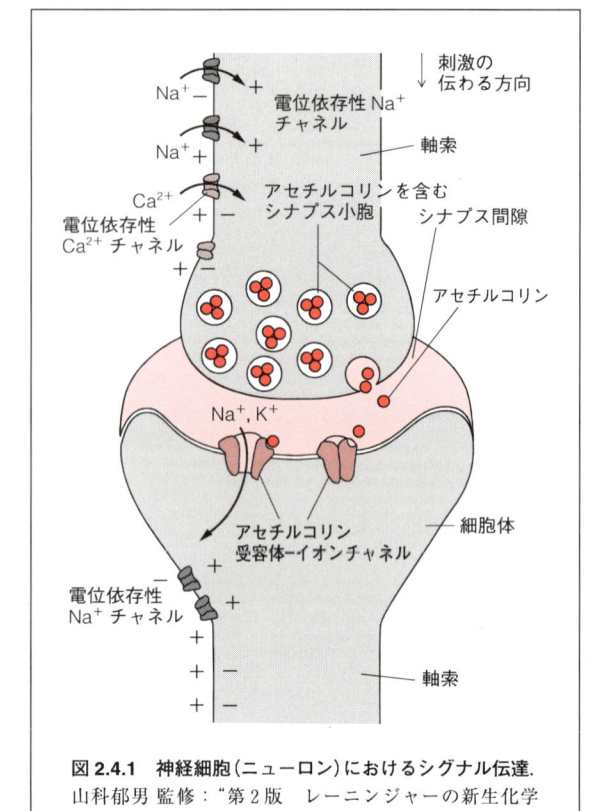

図2.4.1　神経細胞（ニューロン）におけるシグナル伝達．
山科郁男 監修：“第2版　レーニンジャーの新生化学 下巻”，廣川書店，(1993)をもとに改変．

2-4-2　光受容とシグナル伝達

ヒトの眼の網膜細胞である**桿体細胞** rod cell には**ロドプシン** rhodopsin という光受容体が含まれている．**11-シス-レチナール** 11-cis-retinal は**オプシン** opsin（7カ所の膜貫通領域を有する膜タンパク質）と結合して，ロドプシンを形成する．ロドプシンは波長350〜620 nm の光をよく吸収する．光を吸収したロドプシンは活性化される（11-シス-レチナール基はオールトランス型レチナールとなり，オプシンが遊離する，図2.4.2）．遊離したオプシンは**トランスデューシン** transducin α サブユニット（T_α）に結合し，これを活性化する．活性化されたトランスデューシン α サブユニットは GDP を GTP に交換し，β，γ サブユニット（T_β，T_γ）から遊離する．活性化された T_α はホスホジエステラーゼ（PDE）の抑制性の γ サブユニットに結合し，これを PDE の α，β サブユニット2量体から遊離させることにより，この2量体を活性化する．この活性化二量体 PDEα，PDEβ はサイクリックグアノシン 3′,5′-一リン酸 cyclic guanosine 3′,5′-monophosphate（cGMP）を GMP に加水分解し，細胞内 cGMP の濃度を減少させる（図2.4.3）．最終的に，ロドプシンにより吸収された光は桿体細胞の cGMP の濃度を減少させ細胞膜上に存在する Na^+ チャネルが閉じられる．その結果，桿体細胞内への Na^+ の流入が減少し，細胞内の電荷はより負になる．そして，アセチルコリンの放出速度が低下し，網膜の神経細胞が興奮することになる（アセチルコリンには神経細胞が興奮するのを抑制する作用がある）．

2-4-3　細菌走化性におけるシグナル伝達

大腸菌は**誘引物質** attractant（セリン，アスパラギン酸等）に対して，そのべん毛を反時計方向に回転

させ向かっていくことが知られている．一方，**忌避物質** repellent（エタノール，グリセロール）に対しては時計方向にべん毛を回転させるために，大腸菌は方向性のない動き（タンブリング）をする．このような細菌の様々な化学物質に対する運動性を**走化性** chemotaxis という．

忌避物質が走化性受容体に結合すると，CheA タンパク質の自己リン酸化活性が促進される．自己リン酸化された CheA タンパク質は CheY ならびに CheB タンパク質のリン酸化を引き起こし，リン酸化された CheY はべん毛モーターに作用して，時計方向の回転を引き起こし，リン酸化された CheB タンパク質は走化性受容体の脱メチル化を促進する．その結果，大腸菌は方向性のない動きを示す（図 2.4.3）．誘引物質がその受容体に結合すると CheA タンパク質の自己リン酸化活性が阻害され，CheB や CheY タンパク質のリン酸化も阻害される．その結果，べん毛は反時計方向へ回転し，受容体の脱メチル化が阻害され，大腸菌は誘引物質の方向に進む．

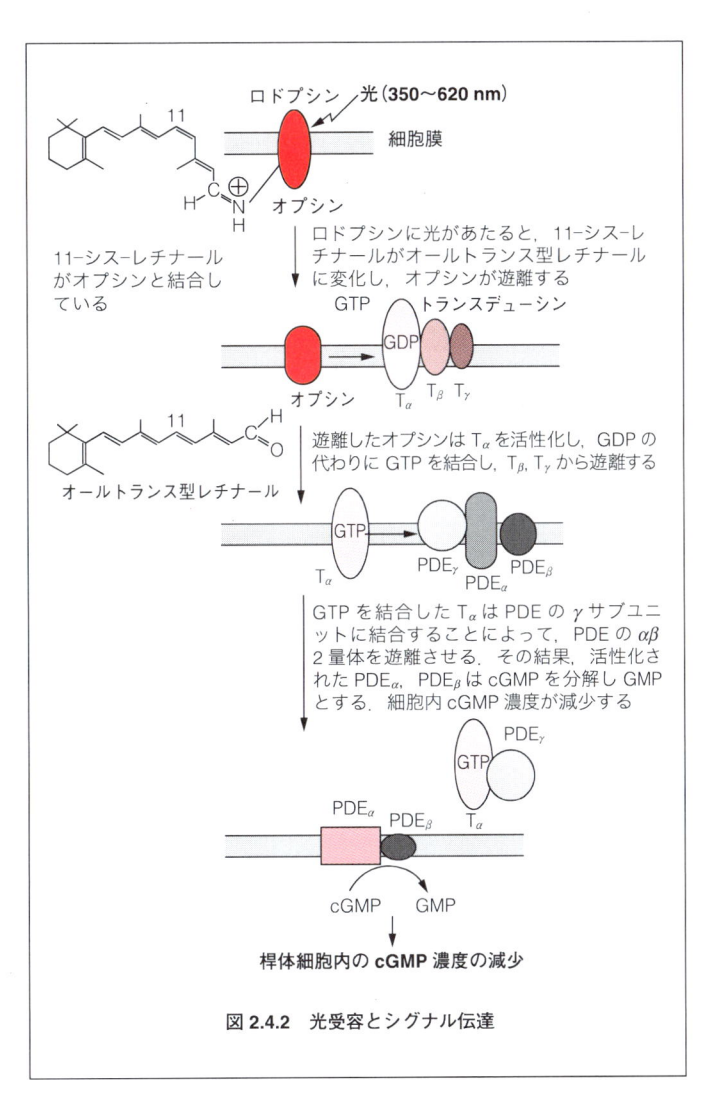

CheA の自己リン酸化部位はヒスチジンで，CheB や CheY のリン酸化部位はアスパラギン酸である．これらのリン酸化されるアミノ酸は動物細胞のシグナル伝達系において関与するチロシン，スレオニン，セリンとは異なるのが特徴で，このような情報伝達系は **2 成分制御系** two-component system とよばれ，細菌細胞の環境応答の情報伝達系に存在している．植物ホルモンのエチレンの受容体にもこれらのヒスチジン残基が存在することが知られ，真核細胞にも 2 成分制御系が利用されていることが明らかになってきた．

図 2.4.2 光受容とシグナル伝達

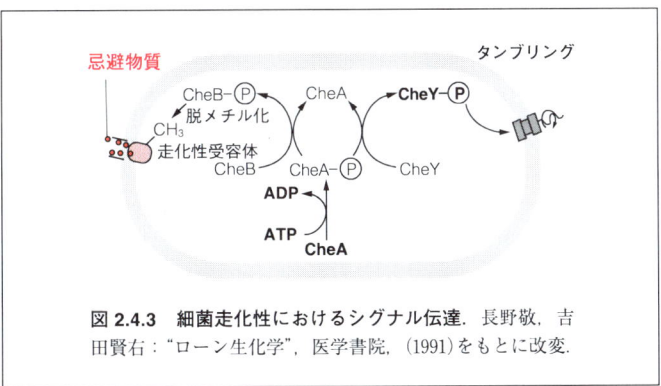

図 2.4.3 細菌走化性におけるシグナル伝達． 長野敬，吉田賢右："ローン生化学"，医学書院，(1991) をもとに改変．

2-5 ホルモン作用とシグナル伝達

生細胞はホルモン等の外界刺激を受けると，その**受容体** receptor を介する**シグナル伝達** signal transduction 機構により，様々な生理，生化学反応を示す．これらシグナル伝達機構は基本的に類似した少数の機構を介して作用する．2-4 においては神経伝達，光とその視覚応答ならびに微生物のシグナル伝達，2-5 においてはホルモン作用について説明する．

2-5-1 Gタンパク質を介するアドレナリンの作用

ヒト肝細胞や筋肉細胞において，**アドレナリン** adrenaline（**エピネフリン** epinephrine ともいう）が働くと，**ホスホリラーゼ** phosphorylase が活性化され，**グリコーゲン** glycogen からグルコース-1-リン酸の産生が増大し，血中グルコース濃度が上昇する（図 2.5.1）．そのアドレナリンは肝細胞膜上に存在するアドレナリン受容体に結合すると，受容体の立体構造が変化する．この際，アドレナリンが結合した受容体は不活性型のGタンパク質のαサブユニットに結合しているGDPをGTPに置換する反応を触媒できるようになる．その後，GTPが結合したGタンパク質のαサブユニット（活性型Gα）はGタンパク質のβ，γサブユニットから遊離し近傍の**アデニル酸シクラーゼ** adenylate cyclase を活性化する．その結果，ATPから**サイクリックアデノシン 3′,5′-一リン酸** cyclic adenosine 3′,5′-monophosphate（cAMP）（図 2.5.2）の生成量が高まる．cAMPは次に，**cAMP依存性プロテインキナーゼ** AMP-dependent protein kinase を活性化し，図 2.5.1 に示されるような一連の反応を引き起こす．これらの一連のリン酸化反応は最終的にグリコーゲンホスホリラーゼのリン酸化と活性化をもたらし，グルコース-1-リン酸，ならびに血中グルコース濃度の上昇をもたらす．アドレナリンの効果はcAMPを介して細胞内に伝達される．このcAMPのような物質はセカンドメッセンジャー second messenger とよばれている．

セカンドメッセンジャーとしてcAMP以外の物質が働く例として，

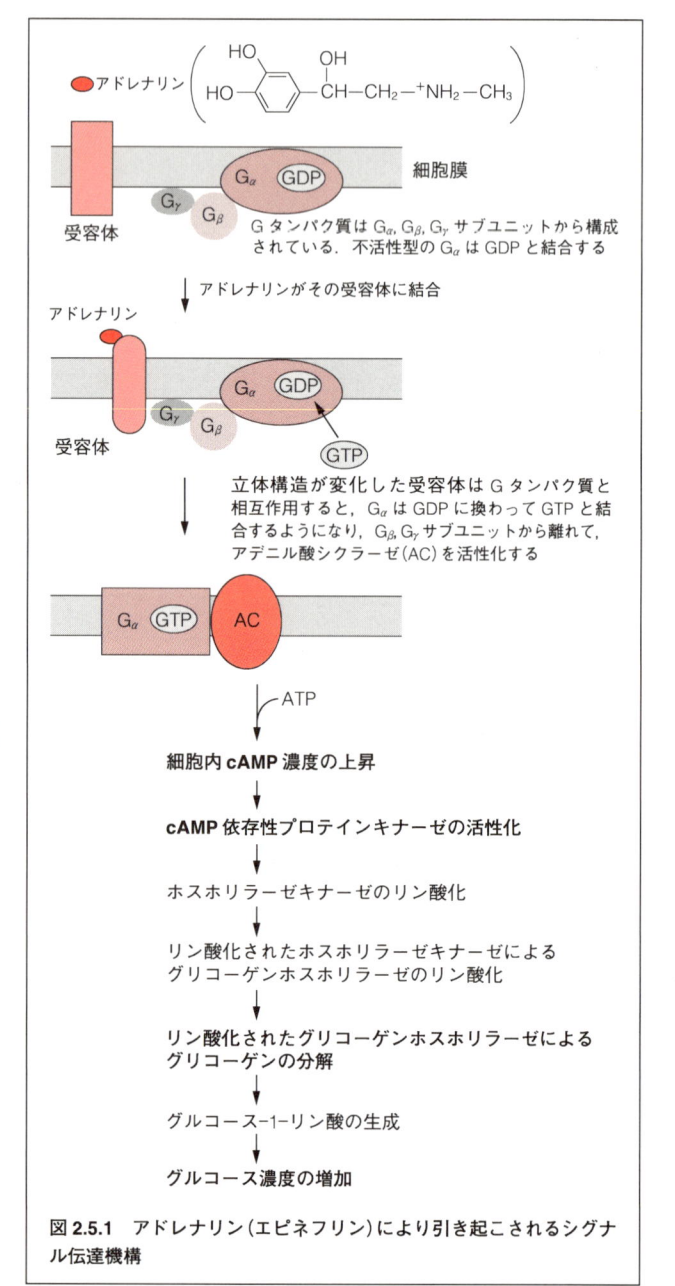

図 2.5.1 アドレナリン（エピネフリン）により引き起こされるシグナル伝達機構

図 2.5.2 アデニル酸シクラーゼは ATP から cAMP を合成する

ジアシルグリセロール diacylglycerol と IP_3（イノシトール 1,4,5-トリスリン酸 inositol 1,4,5-trisphosphate）を介するホルモン作用（バソプレッシン等）が知られている．ホルモンがその受容体に働くと，アドレナリンと同様に，GTP を結合した G タンパク質は**ホスホリパーゼ C** phospholipase C を活性化させる．活性化されたホスホリパーゼ C はホスファチジルイノシトール 4,5-ビスリン酸を加水分解し，セカンドメッセンジャーとして IP_3 とジアシルグリセロールを生成させる（図 2.5.3）．IP_3 は小胞体上の特異的受容体に結合して貯蔵された Ca^{2+} を放出させる．**プロテインキナーゼ C** protein kinase C は Ca^{2+} とジアシルグリセロールにより活性化される．活性化されたプロテインキナーゼ C による細胞内タンパク質のリン酸化により，様々な細胞応答が引き起こされる．

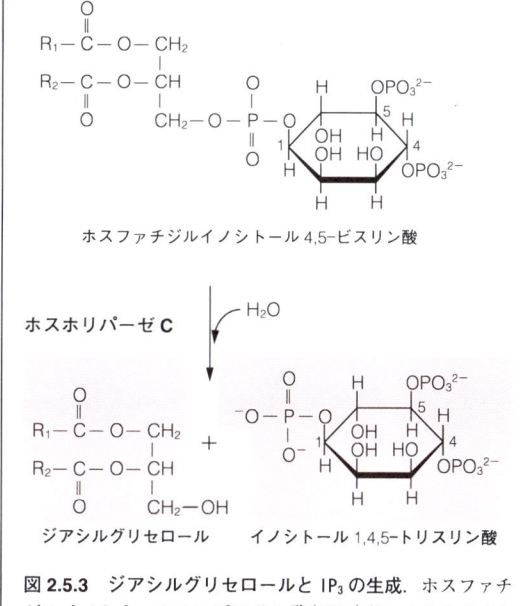

図 2.5.3 ジアシルグリセロールと IP_3 の生成．ホスファチジルイノシトール 4,5-ビスリン酸（PIP_2）が，ホスホイノシチド特異的ホスホリパーゼ C の作用で加水分解されて，イノシトール 1,4,5-トリスリン酸（IP_3）とジアシルグリセロールが生成する．

2-5-2 インスリンの作用

インスリン insulin は A 鎖（21 アミノ酸）と B 鎖（30 アミノ酸）が 2 つのジスルフィド結合を介してつながった，糖の代謝を調整するペプチドホルモンである．インスリンは**インスリン受容体** insulin receptor に特異的に結合することにより細胞内へその作用を伝達する．インスリン受容体は α 鎖（735 アミノ酸）と β 鎖（620 アミノ酸）がジスルフィド結合することにより，ヘテロ 2 量体を形成している．α 鎖は細胞外に存在し，そこにインスリンが結合すると，細胞膜貫通タンパク質である β 鎖の，**チロシンキナーゼ** tyrosine kinase 活性が増大し，チロシン残基が自己リン酸化される（図 2.5.4）．続いて，インスリン受容体のチロシンキナーゼ活性によって標的のタンパク質（insulin receptor substrate（IRS）や Shc）がリン酸化される．そこへ SH 2 ドメイン（リン酸化チロシンに結合するドメイン）をもつ，Grb 2/Ash やホスファチジルイノシトール（PI 3）キナーゼなどのシグナル伝達分子が結合し，PI 3 キナーゼが活性化される．さらに PI 3 キナーゼはプロテインキナーゼ B（PKB）を活性化させる．PKB はグルコ

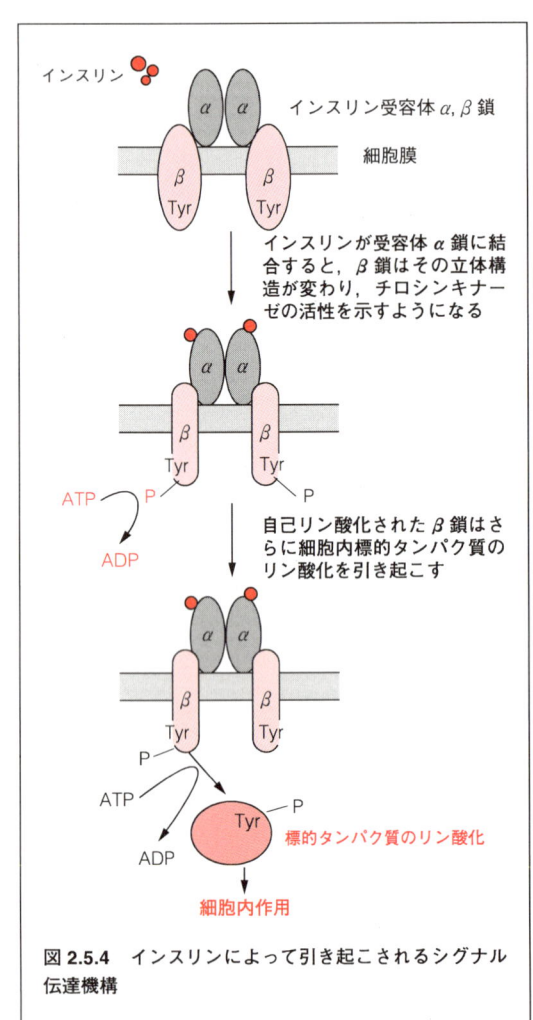

図 2.5.4　インスリンによって引き起こされるシグナル伝達機構

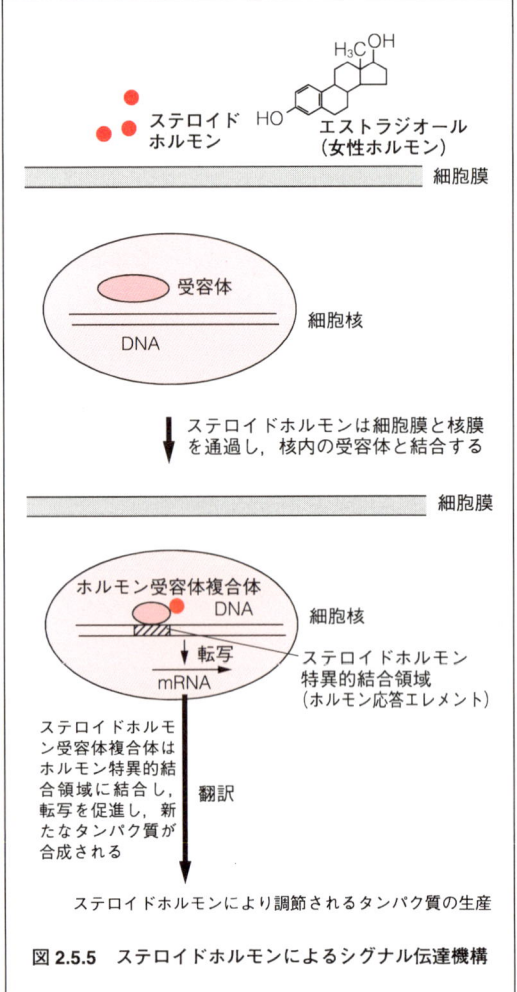

図 2.5.5　ステロイドホルモンによるシグナル伝達機構

ース輸送体を細胞膜に移動させ，グルコースを細胞内に取り込ませる．このようにして，インスリンによるグルコースの取り込みが亢進される．インスリン受容体の機能が不完全になった場合，細胞内のグルコース濃度を適切に保てなくなり，そのことが糖尿病の原因の1つとなる．

2-5-3　ステロイドホルモンの作用

ステロイドホルモン steroid hormone はコレステロールから合成される脂溶性の物質で，女性ホルモン estrogen, 男性ホルモン androgen, 糖質コルチコイド glucocorticoid, 鉱質コルチコイド mineralocorticoid, 黄体ホルモン luteinizing hormone に分類される．ステロイドホルモンは脂溶性であることから，細胞膜を容易に通過し，細胞内にあるステロイドホルモン受容体と結合する．ステロイドホルモン受容体はビタミンAやビタミンDなどの受容体とともに，**核内受容体** nuclear receptor のスーパーファミリーの1種として分類されている．ステロイドホルモンがその核内受容体のC末端領域に結合すると，受容体の立体構造が変化し，特定のDNA領域に結合できるようになる．ステロイドホルモンとその受容体の複合体は標的遺伝子のプロモーター内の**ホルモン応答配列** hormone response element に結合し，遺伝子の発現を正や負に調整する（図 2.5.5）．例えば，女性ホルモンのエストロゲンの1種であるエストラジオールは，エストロゲン受容体に結合すると，その複合体がホルモン応答配列に結合し，標的遺伝子の発現を調整する（図 2.5.5）．エストロゲンは女性化に特有な性質，例えば乳腺細胞の増殖促進，排卵制御などに関連する遺伝子の発現を誘導することによってその役割を果たす．

2-6 タンパク質のプロセシング

2-6-1 シグナル配列がタンパク質の行き先を決める

リボソームで合成されたタンパク質は，そのまま細胞質にとどまることもあるが，多くは核やミトコンドリアなどの細胞小器官や細胞膜に輸送されたり細胞外へ分泌されたりする．タンパク質の行き先は，タンパク質のN末端にある**シグナル配列** signal sequence または**シグナルペプチド** signal peptide とよばれる 15〜60 残基のアミノ酸配列に支配されている（表 2.6.1）．個々のシグナル配列はタンパク質輸送の「荷札」ともいうべきものであり，その内容に従ってタンパク質が運ばれる．

表 2.6.1 典型的なシグナル配列

シグナル配列の機能	シグナル配列
核への輸送	−Pro−Pro−Lys−Lys−Lys−Arg−Lys−Val−
ミトコンドリアへの輸送	^+H_3N−Met−Leu−Ser−Leu−Arg−Gln−Ser−Ile−Arg−Phe−Phe−Lys−Pro−Ala−Thr−Arg−Thr−Leu−Cys−Ser−Ser−Arg−Tyr−Leu−Leu−
小胞体内腔への輸送	^+H_3N−Met−Met−Ser−Phe−Val−Ser−Leu−Leu−Leu−Val−Gly−Ile−Leu−Phe−Trp−Ala−Thr−Glu−Ala−Glu−Gln−Leu−Thr−Lys−Cys−Glu−Val−Phe−Gln−

^+H_3N−はタンパク質のN末端を示す．

最もよく研究されているシグナル配列は分泌タンパク質のもので，この配列には 5〜10 個ほどの疎水性残基が含まれている．分泌タンパク質は，真核生物ではリボソームで合成された後に，小胞体からゴルジ体へと運搬されて細胞外へ出る（図 2.6.1）．リボソームで合成されたシグナル配列に**シグナル認識粒子** signal recognition particle（SRP）が結合すると，それから先のペプチド合成は一時中断する．SRP は小胞体上の SRP 受容体に結合することでリボソームを小胞体膜へ導く．続いて，ペプチド合成が再開して，新生ペプチドが小胞体膜上の**トランスロコン** translocon とよばれるチャネル（図 2.6.1 では簡略化のため省略）を通過して小胞体内に送り込まれる．このとき，シグナル配列は小胞体内の**シグナルペプチダーゼ** signal peptidase によって切り取られる．生成タンパク質がプロタンパク質の場合は，プロ部分がゴルジ体で切除されて成熟タンパク質となる（図 2.6.2）．

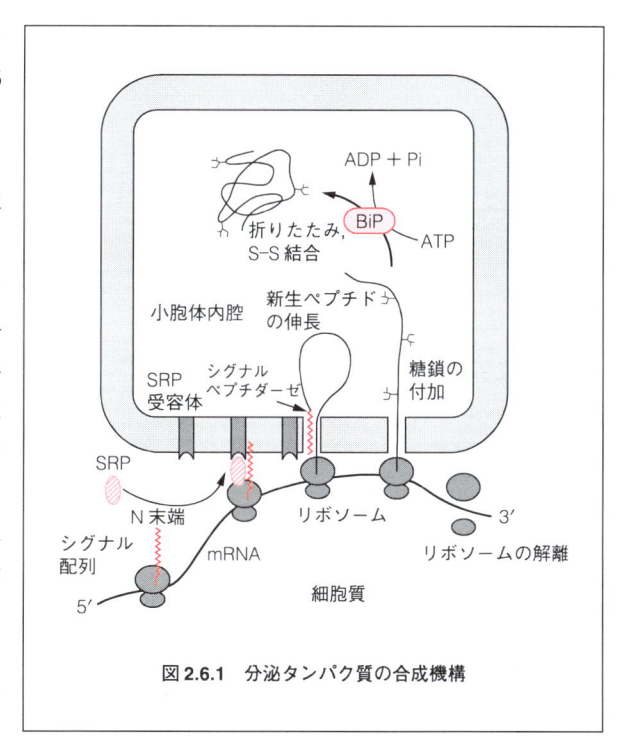

図 2.6.1 分泌タンパク質の合成機構

2-6-2 S-S 結合はタンパク質の高次構造を安定化する

合成直後のシステイン（Cys）含有タンパク質は分子内に遊離の SH 基をもっている．SH 基が 2 つ以上あると，タンパク質は分子内に **S-S 結合** S-S bond（ジスルフィド結合）を形成して立体構造をとることができる．細胞内の酸化還元状態はシステインを含むトリペプチドである**グルタチオン** glutathione

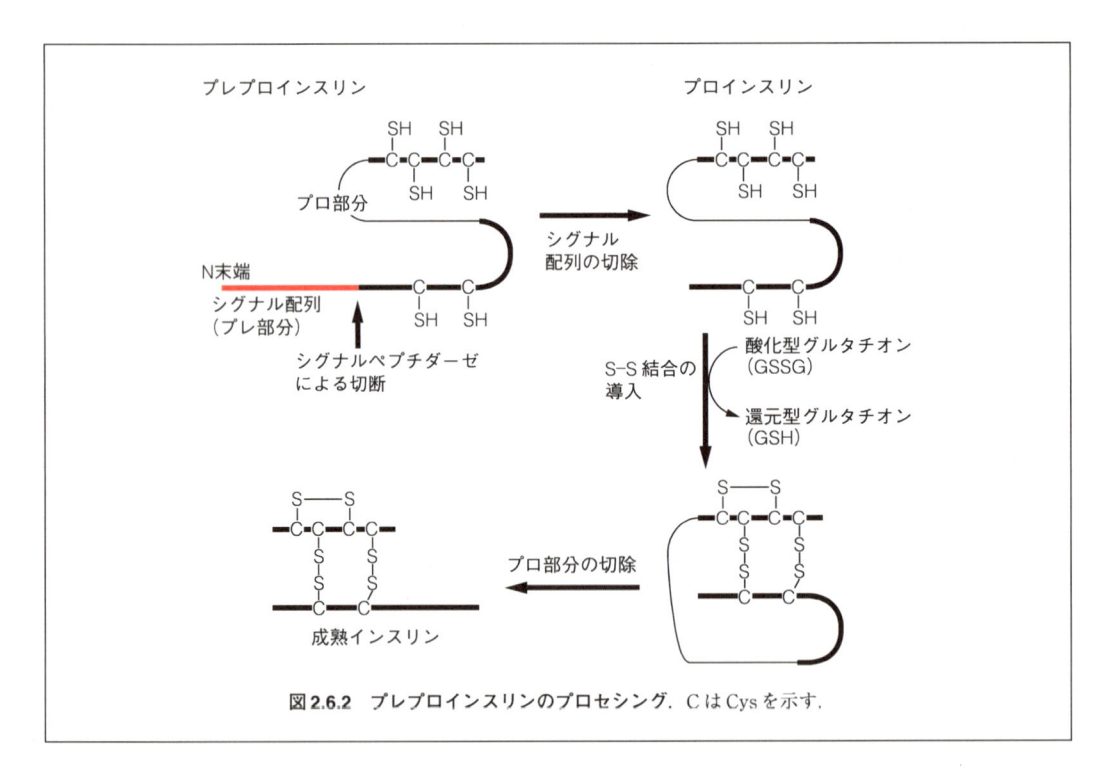

図 2.6.2　プレプロインスリンのプロセシング．C は Cys を示す．

（γ-グルタミルシステイニルグリシン）によってほぼ決まっており，小胞体内では還元型グルタチオン（GSH）と酸化型グルタチオン（GSSG）の比は S-S 結合形成に最適な 5 対 1 になっている．小胞体では酸化型グルタチオンの S-S 結合をタンパク質分子内の S-S 結合に交換する反応が起こっている（図 2.6.2）．2 つ以上の S-S 結合をもつタンパク質では，でたらめな組合せで結合すると，本来の正しい構造のタンパク質を形成できないが，S-S 結合を再配置する酵素の，**タンパク質ジスルフィドイソメラーゼ** protein disulfide-isomerase（PDI）が働いてタンパク質の高次構造を適正に保っている．

2-6-3　シャペロンはタンパク質の折りたたみを介助する

正しく折りたたまれていないタンパク質は，疎水性アミノ酸残基がむき出しになっており細胞内で凝集して不溶性になりやすい．**シャペロン** chaperone とよばれる一群のタンパク質は，**変性** denaturation したタンパク質を正しい折りたたみ構造に戻したり，別のタンパク質との複合体形成を助けたりする．しかし，自分自身は介助をするだけであり，最終生成物に会合したままであることはない．シャペロンとはフランス語で社交界にデビューする令嬢に付き添う人のことであり，よくない接触の邪魔をしてよい組合せを促すという意味が込められている．シャペロンは，**熱ショックタンパク質** heat shock protein（HSP）と重複するものが多い．HSP は，熱ショックによって細胞内に現れるタンパク質で，熱によって変性したタンパク質

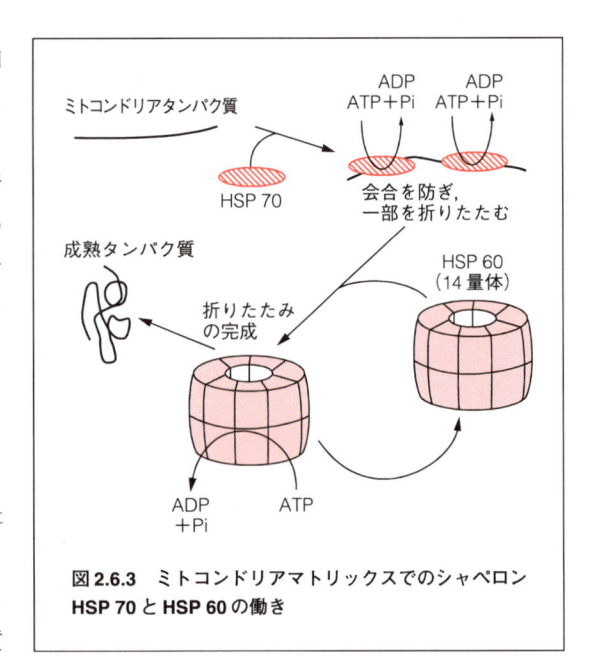

図 2.6.3　ミトコンドリアマトリックスでのシャペロン **HSP 70** と **HSP 60** の働き

をもとに戻す役割をもつものが多い．HSP 70, HSP 60 はその代表である（図 2.6.3）．小胞体の中にも HSP 70 と似た構造の分子量 70,000 の BiP タンパク質があり，分泌タンパク質の正しい折りたたみを促している（図 2.6.1）．これらのシャペロンが働くときには ATP の加水分解エネルギーを利用する．

2-6-4　タンパク質のアミノ酸側鎖への修飾

真核生物のタンパク質はしばしば分子の表面に糖鎖を有する．タンパク質への**糖鎖** sugar chain 付加（**グリコシル化** glycosylation）はまず小胞体内部で起こるが，最も一般的なタイプのものでは，14 個のヘキソースからなるオリゴ糖が N-グリコシド結合でタンパク質のアスパラギン（Asn）残基に付加する（図 2.6.1）．引き続き**ゴルジ体** Golgi body で糖鎖の刈込みや付加が起こり，オリゴ糖の修飾が完了する．

タンパク質に脂質が結合して**脂質結合タンパク質** lipid-linked protein ができることもある．このタンパク質の脂質の部分は膜との親和性が大きいためにアンカー anchor の役割を果たし，タンパク質部分を膜に留め置く働きをする（図 2.6.4）．小胞体内部ではタンパク質の C 末端が 2 個の脂肪酸を含む**グリコシルホスファチジルイノシトール** glycosylphosphatidylinositol（GPI）アンカーにつなぎ留められて，**GPI アンカー型タンパク質** GPI-anchored protein ができることがある．この場合，タンパク質部分は反細胞質側（細胞膜の場合は細胞膜の外側）に存在する．細胞質では，**プレニル** prenyl 基（C 15 のファルネシル基や C 20 のゲラニルゲラニル基）がタンパク質の C 末端付近のシステイン残基と結合する（**プレニル化** prenylation）ことがある．この場合は，タンパク質部分は細胞質側に存在する．**プレニル化タンパク質** prenylated protein は膜に結合した特異的受容体タンパク質と相互作用する．細胞のシグナル伝達に働く Ras（または p 21）タンパク質は典型的なプレニル化タンパク質である．

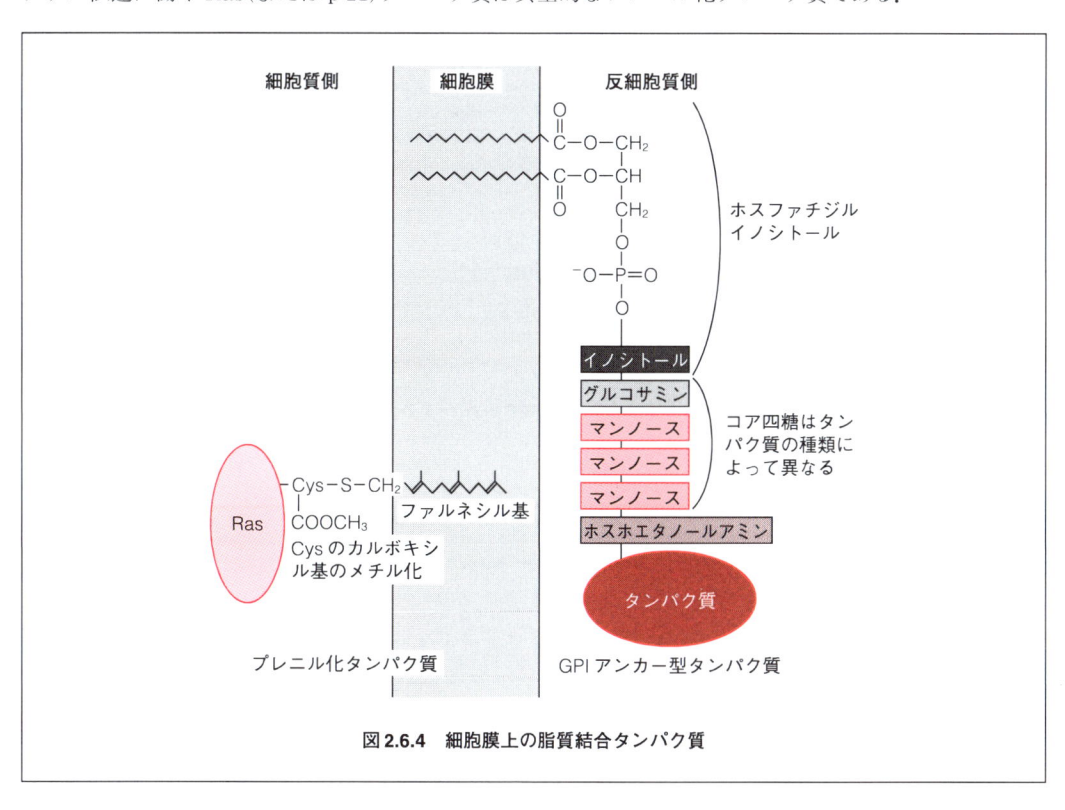

図 2.6.4　細胞膜上の脂質結合タンパク質

2-7　タンパク質の輸送

　動物細胞の小器官の模式図を図2.7.1に示した．細胞内には核，ミトコンドリア，小胞体，ゴルジ体やペルオキシソーム等の**細胞小器官** organelle が存在し，それぞれの役割をもって働いている．それぞれの小器官の役割を簡単に表2.7.1にまとめた．細胞内小器官へはリボソームで合成されたタンパク質が輸送されていく．正確にそれぞれの小器官へ輸送されていくために，目印（シグナル）となる配列がタンパク質中に存在する．例えば，核へ移行するために必要な配列やミトコンドリアへ移行するために必要な配列がある．ほとんどのタンパク質は，核にコードされる遺伝子が転写され，細胞質で翻訳されたのちに輸送されていくが，ミトコンドリア mitochondria や葉緑体 chloroplast では独自に DNA をもち，それによって合成されているタンパク質もある．

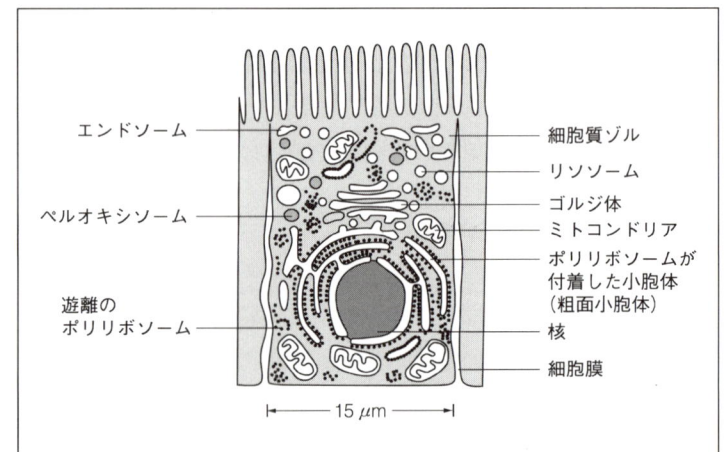

図 2.7.1　動物の細胞小器官の模式図．中村桂子，松原謙一 監訳："細胞の分子生物学　第5版"，ニュートンプレス，p.696 (2010) より引用．

2-7-1　原核生物での膜タンパク質の輸送

　原核生物の場合は小胞体などの細胞内小器官がないので，膜タンパク質は膜周辺のリボソームによって合成され，膜へと取り込まれていく．膜へ移行するタンパク質は，そのタンパク質の N 末端側にシグナルペプチド signal peptide とよばれる疎水性の高い数十残基程度のアミノ酸配列をもつ．膜タンパク質は脂質二重層からできた細胞膜を貫通する形で，膜内に埋め込まれている（図2.7.2）．1回貫通型のものや複数回貫通しているものがある．膜内のタンパク質部分は α ヘリックス構造をとっているものが多い．SecY や SecE とよばれるタンパク質などが，膜タンパク質の透過チャネルとして働く．

表 2.7.1　真核生物の細胞内小器官の役割

核	大部分の遺伝子 DNA を含む遺伝情報源の中心部分．DNA が転写され mRNA が核から細胞質へ輸送される．核膜に囲まれ，核膜には核膜孔が存在し，物質の輸送経路になっている．
小胞体	リボソームを含む粗面小胞体と含まない滑面小胞体に分かれる．各種のタンパク質が合成され輸送されていく場所である．
ゴルジ体	タンパク質が小胞体から細胞膜，リソソームなどへと輸送されていく中継地点．タンパク質は糖鎖などの修飾を受ける．
ミトコンドリア	電子伝達系の成分を含み呼吸／酸化的リン酸化により ATP の生産工場となる器官．独自の DNA をもつ．
リソソーム	細胞内の生体高分子の分解に携わる小器官．
ペルオキシソーム	脂肪酸の酸化など，多様な酵素群を含む小胞．
エンドソーム	細胞膜からリソソームへの輸送に関わる膜小胞．
葉緑体	植物細胞における光合成によるエネルギー生産工場．独自の DNA をもつ．

2-7-2　小胞体から細胞膜へのタンパク質の輸送

　小胞体は核膜に最も近い小器官である(図 2.7.1)．リボソームを結合した**粗面小胞体** rough endoplasmic reticulum では，分泌タンパク質，膜タンパク質，小胞体へ残留するタンパク質などのほか，ゴルジ体やリソソームへ輸送されるタンパク質の合成が行われる．粗面小胞体では，合成されたタンパク質はタンパク質透過チャネルを通して，そのまま小胞体膜へ取り込まれていく．粗面小胞体で合成されたタンパク質は，小胞体に残留するものと，ゴルジ体を経て細胞質膜や他の小器官へと輸送されていくものとに分かれる．真核生物の小胞体では，原核生物の膜への輸送に関わる Sec タンパク質と類似の構成タンパク質が，膜への取り込みに働いていることがわかっている．図 2.7.2 のような模式図に近いが，ただ小胞体膜は一重層になっている．

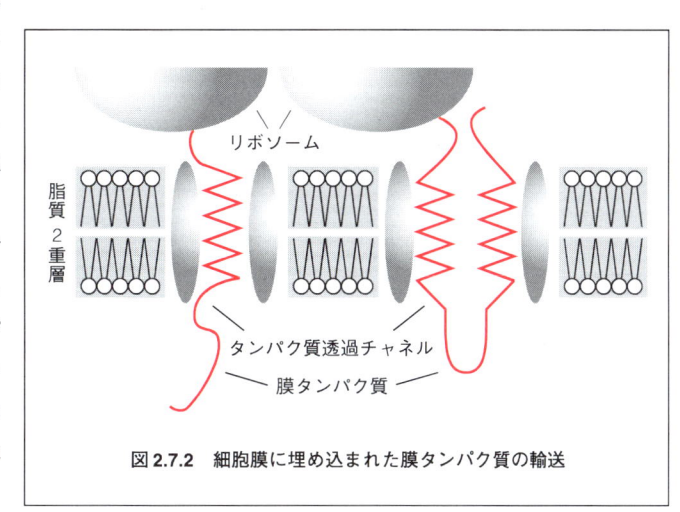

図 2.7.2　細胞膜に埋め込まれた膜タンパク質の輸送

2-7-3　核へのタンパク質の輸送

　真核生物の核内移行シグナルは**核内保留シグナル** nuclear localization signal (NLS)とよばれ，KKKRK(K はリジン，R はアルギニン)に代表される配列を有する．この核内へ移行するシグナルは他のシグナルと違い，N 末端側に位置する必要がない．図 2.7.3 に示すように，核内移行タンパク質は核膜にある直径 100 nm くらいの核膜孔を通って中に入る．細胞質に存在する他の因子が核膜孔への移行を助けている．タンパク質が核膜孔を通過するときに核膜孔が写真のシャッターのように開く．このときエネルギーが必要となる．図では簡単に書いてあるが，核膜孔は 100 種類ぐらいの複数のタンパク質によって形成されている．

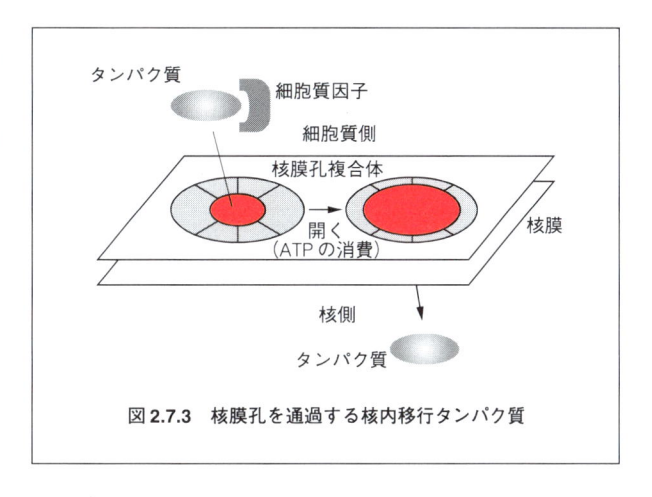

図 2.7.3　核膜孔を通過する核内移行タンパク質

2-7-4　ミトコンドリアへのタンパク質の輸送

　ミトコンドリアは電子伝達系成分を含み，エネルギー生産系の重要な細胞内小器官である．ミトコンドリアにも DNA は存在し，ミトコンドリア内で働くタンパク質の一部をコードしているが，多数のタンパク質は核にある遺伝子にコードされている．ミトコンドリアへ移行するタンパク質は，N 末端にそのシグナル配列をもつ．典型的な例は N 末端が α ヘリックス構造をとり，その片側に正の電荷をもつアミノ酸が並び，逆側に非極性のアミノ酸が並ぶ両親媒性構造をもつ．ミトコンドリアの輸送にも特別な輸送タンパク質が関与している．

2-8 タンパク質の一生

2-8-1　タンパク質の誕生から死まで

　タンパク質はリボソーム上で誕生し，シャペロンによって正しく折りたたまれ（2-6参照），生化学的な修飾を受けたのち，適切な場所に運ばれて機能を発現する（図2.8.1）．細胞内で機能する期間（または存在する期間）はタンパク質によって異なり，役目を終えたタンパク質はさまざまな**タンパク質分解** proteolysis 機構によって分解され，その一生を終える．分解産物であるアミノ酸は新たなタンパク質合成の材料としてリサイクルされる．本項では，タンパク質の死を司る主要なタンパク質分解機構とその役割について述べる．

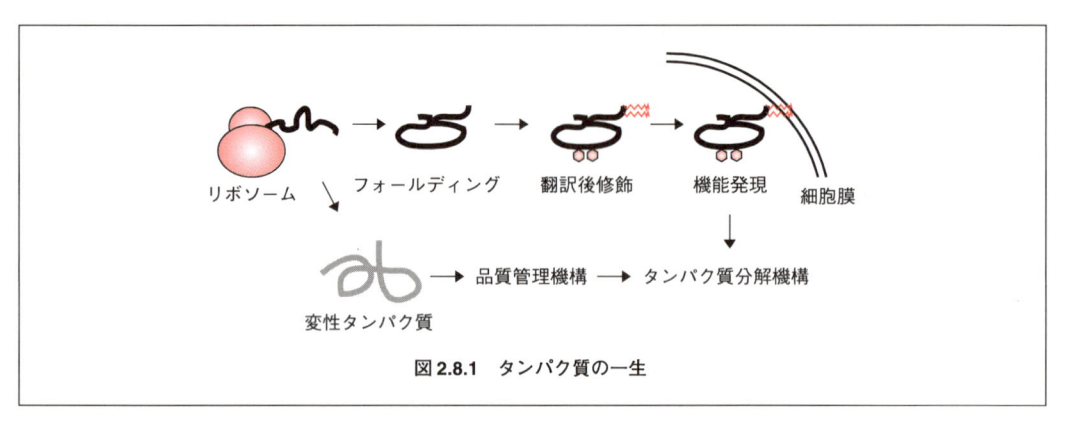

図2.8.1　タンパク質の一生

2-8-2　オートファジーによる分解

　オートファジー autophagy は，**リソソーム** lysosome を利用して細胞小器官など長寿命のタンパク質を分解する機構である．オートファジーは，マクロオートファジー，ミクロオートファジー，シャペロン介在性オートファジーの3つに分類されるが，単にオートファジーとよぶ場合は，マクロオートファジーを指すことが多い．

　マクロオートファジー macroautophagy によるタンパク質の分解機構を図2.8.2に示す．まず，隔離膜が出現し，細胞小器官などを包み込むように伸長する．次に，隔離膜どうしが融合して**オートファゴソーム** autophagosome が形成される．オートファゴソームはリソソームと融合し**オートリソソーム** autolysosome となり，次いで，リソソーム内の加水分解酵素によって内容物が分解される．

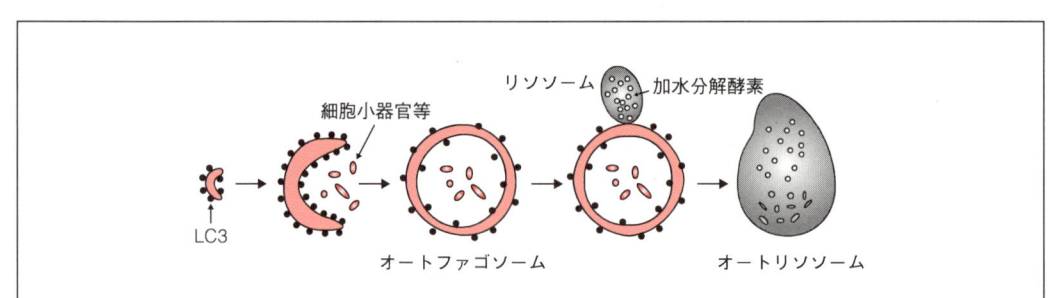

図2.8.2　オートファジーによるタンパク質分解． LC3タンパク質は，オートファゴソーム膜に特異的に結合することから，オートファジーの誘導や抑制を評価する分子プローブとして用いられる．

　細胞が飢餓状態に陥ると，オートファジーが極度に起こりやすくなることが知られている．したがって，オートファジーには，自己成分を分解してタンパク質合成の材料やエネルギー源を確保する役割があると考えられている．

2-8-3　ユビキチン-プロテアソーム系による分解

ユビキチン-プロテアソーム系 ubiquitin-proteasome system は，**ユビキチン** ubiquitin で標識されたタンパク質を，**プロテアソーム** proteasome というタンパク質分解複合体が特異的に認識して分解する機構である（図2.8.3）．

ユビキチンという小さなタンパク質は，まず，ユビキチン活性化酵素（E1）と結合する．E1 と結合したユビキチンは，次に，ユビキチン結合酵素（E2）に移り，ユビキチンリガーゼ（E3）がユビキチンを標的タンパク質に付加する．このような，ユビキチンを標的タンパク質に共有結合によって付加する反応が連続的に起こり，ポリユビキチン鎖が形成される（ポリユビキチン化）．

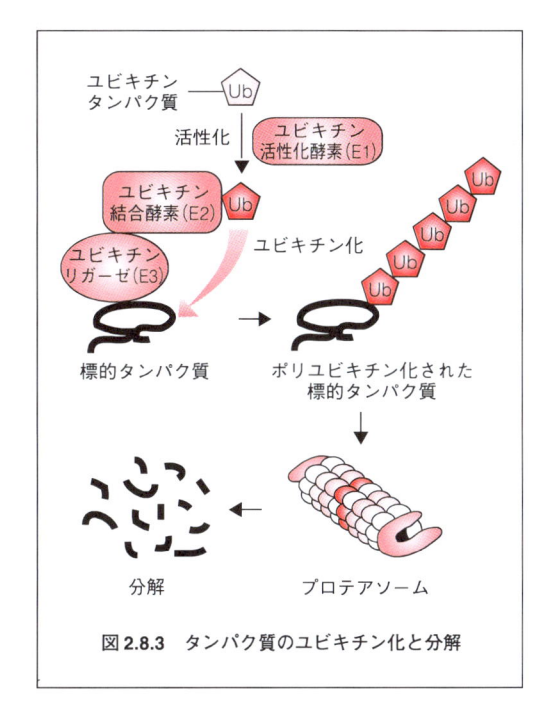

ポリユビキチン化 polyubiquitination された標的タンパク質は，プロテアソームによって認識され，標的タンパク質はペプチドまで分解される．プロテアソームは分子量 2.5×10^6 の巨大な分子で，ATP 依存性の**プロテアーゼ** protease（タンパク質分解酵素）である．プロテアソームは，2種類のタンパク質（α および β サブユニット）が複数個集合して環状構造を形成している．α サブユニットからなる環は，標的タンパク質のアンフォールディング（ポリペプチド鎖をほどく）を担い，β サブユニットからなる環はプロテアーゼ活性を有しタンパク質を加水分解する．

図 2.8.3　タンパク質のユビキチン化と分解

2-8-4　タンパク質の品質を管理する4段階の戦略

細胞は異常なタンパク質の蓄積を防ぐために，次のような機構を備えている（図2.8.4）．まず，異常なタンパク質が生じると，これ以上タンパク質を合成しないように翻訳を停止させる（① 不良品を作らないために生産ラインを停止）．次に，シャペロンが構造の正常化をはかる（② 不要品の再生）．正常化がうまくいかない場合は，オートファジーやユビキチン-プロテアソーム系を用いて異常なタンパク質を分解する（③ 不良品の分解）．分解しきれない場合には，最後の解決手段としてアポトーシス（2-17 参照）によって自滅する（④ 最後の手段として工場の閉鎖）．

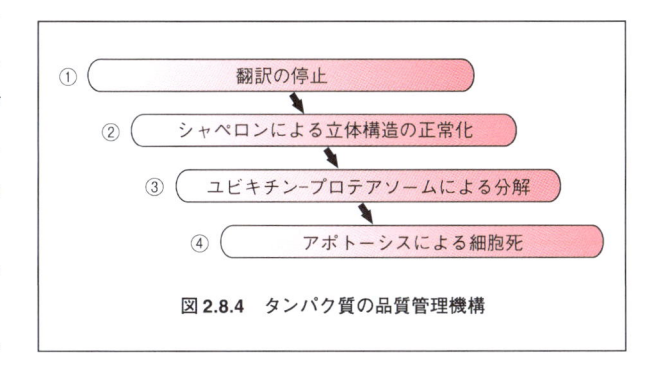

図 2.8.4　タンパク質の品質管理機構

細胞には元来，このように段階的な戦略で，構造的に異常なタンパク質の蓄積を防ぐ機構，すなわち，"**品質管理機構** quality control" が備わっている．そして，タンパク質分解機構がその重要な役割を担っている．しかし，その品質管理機構がうまく機能しなかったり，異常なタンパク質があまりにも多く蓄積すると，それが引き金になって，アルツハイマー病，ハンチントン病，パーキンソン病やプリオン病などの疾患を引き起こすと考えられている．

2-9 動物の遺伝子発現

2-9-1 多細胞動物における遺伝子発現調節の重要性

多細胞生物，特に多細胞動物の遺伝子数を単細胞真核生物である出芽酵母（約6,000個の遺伝子をもつ）と比較してみると，ショウジョウバエで2.3倍，ヒトで4倍と，意外と差がないことがわかる．しかし多細胞動物で目立って遺伝子の数が増大しているタンパク質群がある．1つは細胞間のコミュニケーションに関わるタンパク質で，例えば，細胞間接着を仲介する**カドヘリン** cadherin ファミリーは，酵母には含まれないが，ショウジョウバエで17種類，ヒトでは300種類以上含まれる．もう1つのタンパク質群は遺伝子発現調節に関わるタンパク質で，塩基性**ヘリックス・ループ・ヘリックス** helix-loop-helix 型**転写因子** transcription factor の場合，出芽酵母では7種だが，ショウジョウバエでは84種，ヒトでは131種類もある．つまり多細胞動物になるためには，酵素などの「部品」を増やすことよりも，それをいつどこで使うか，という発現調節の「指令書」の複雑さと細胞間の「コミュニケーション」が重要であることがわかる．この項では，動物の発生過程における細胞間の「コミュニケーション」による細胞の特殊化と「遺伝子発現調節」について述べる．

2-9-2 正のフィードバックによる非対称性の構築と段階的誘導相互作用

発生はたった1つの受精卵に始まり，それが分裂を繰り返して細胞数を増やすとともに，様々な細胞に特殊化していくことで進行していく．この過程において，正のフィードバックによる非対称性の構築と誘導的相互作用が重要な役割を担っている．例えば Notch とよばれる膜貫通型受容体とそのリガンドである Delta による正のフィードバックが神経前駆細胞から神経とそれ以外の細胞への特殊化（分化）を決定している（図2.9.1A）．Notch に Delta が結合すると，その細胞での Delta の発現と神経分化が抑制される．隣接する神経前駆細胞はもともと等価であり，いずれも Notch と Delta を発現する．いずれかの細胞が他の細胞より Delta をたまたま（一時的なゆらぎによって）わずかに多く発現すると，それによって周囲の細胞の Notch が活性化され，Delta の発現が低下する．周りの細胞の Delta の発現量が低下するので最初の細胞の Notch からはシグナルが入りにくくなり，その細胞の Delta の発現量がますます上昇する．このように，最初にできたわずかな発現量の違いが正のフィードバック（側方抑制）によって拡大し，全く異なる状態で安定化（記憶）し，一方は神経に他方はそれ以外の細胞に分化する．また，段階的な誘導相互作用により1つの細胞集団から多数の種類の細胞を誘導できる（図2.9.

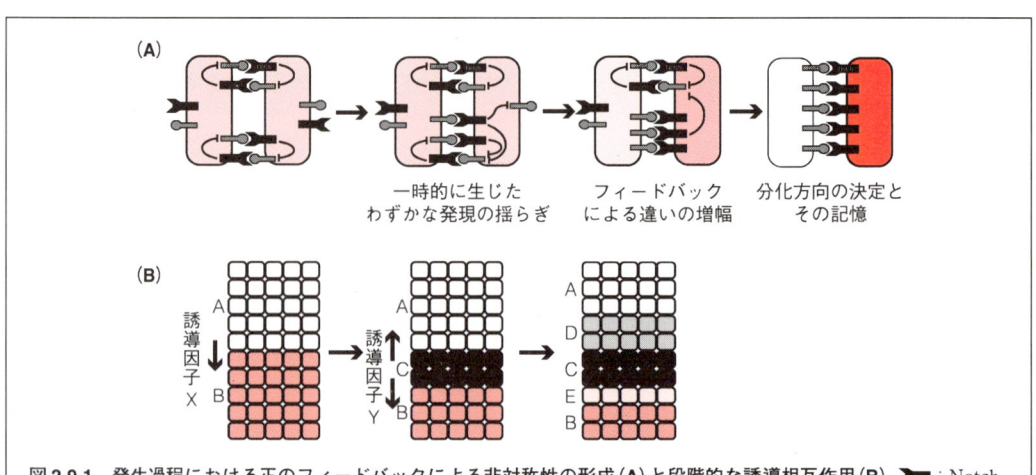

図 2.9.1 発生過程における正のフィードバックによる非対称性の形成（A）と段階的な誘導相互作用（B）．▶：Notch, ⚬—：Delta.

1B)．例えば最初の特殊化によりA，Bの2種類の細胞ができれば，AがBの一部に働きかけることによってCができる．CがA，Bに働きかければD，Eという細胞ができる．このように単純な誘導を繰り返すことで複雑な空間パターンを作り出すことができる．

2-9-3 ホメオティック遺伝子

ショウジョウバエの体の一部が別の構造に変化した変異(**ホメオティック変異** homeotic mutation)，例えば触角の代わりに脚が生えるAntennapedia変異(図2.9.2)や平均棍とよばれる突起物の代わりに羽が生えるBithorax変異をみると発生における遺伝子発現調節の重要性がわかる．これらの変異には，**ホメオドメイン** homeodomain(約60アミノ酸残基のDNA結合領域，図2.9.3)をもつ転写因子(ホメオティック遺伝子)群が関わっており，これらの遺伝子群は染色体上で並んで存在しておりAntenapedia複合体，Bithorax複合体[合わせて**Hox複合体** Hox complex(図2.9.4)]とよばれる．面白いことに，これらの遺伝子が染色体上で並んでいる順序と胚での発現部位(尾部方向から頭部方向に沿った発現)の順序が一致しており，それぞれの領域で体の各構造の位置決定やある領域の運命(将来どのような器官になるか)の決定を行なっている．さらに興味深い点は，哺乳類もこれらと相同の遺伝子を4セット(HoxA，HoxB，HoxC，HoxD)もち，それぞれのセット内での染色体上の位置と胚での発現部位の順序が一致していること，これらの遺伝子が各領域の運命決定に関わることである．

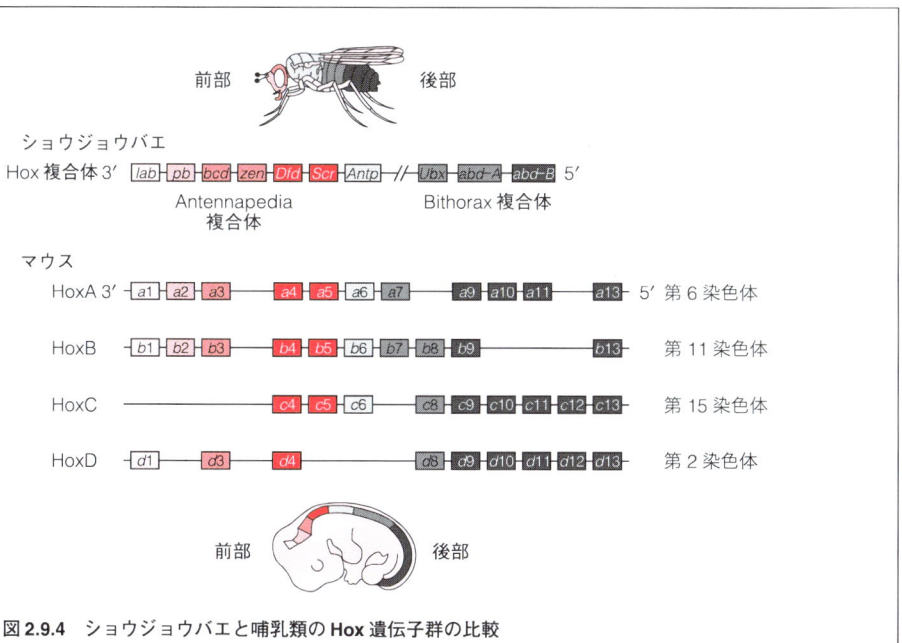

図2.9.2 ホメオティック変異．Antenapedia変異では触覚が脚の構造に変化する(矢印)．中村桂子，松原謙一 監訳："細胞の分子生物学 第5版"，ニュートンプレス，p.1342(2010)．

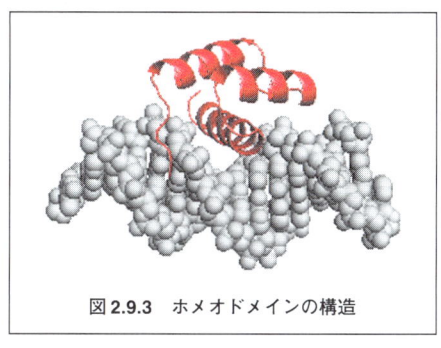

図2.9.3 ホメオドメインの構造

図2.9.4 ショウジョウバエと哺乳類のHox遺伝子群の比較
Lodish H. et al.: "Molecular cell biology 6 th edition", W.H. Freeman, p.980 (2007) から引用．

2-10 動物の形態形成

2-10-1 体軸決定

卵細胞が受精後，体をつくり上げていくためには，体の3つの向き（頭尾軸，背腹軸，左右軸）を決める必要がある．カエルの卵の場合，受精前には**動物極** animal pole と**植物極** vegetal pole を結ぶ軸だけが存在し，母性因子の Dishevelled などが植物半球に局在する偏りがつくられている．精子は動物半球に侵入し，それをきっかけに卵の表層部が内部に対して精子の侵入点方向に30度ずれる（表層回転とよぶ）．この結果，Dishevelled が精子の侵入点とは対極に位置することになる．Dishevelled は転写因子 **βカテニン** β-catenin の量を増加させ，これが背側化を引き起こす別の転写因子を活性化することから，精子の侵入点は将来の腹側に，対極は将来の背側となる（図 2.10.1）．左右軸の形成には母性因子 Vg1（ただし哺乳類では確認されていない）やもう少し後の発生段階における **TGFβ ファミリー** TGF-β family タンパク質の非対称な分布（繊毛による流れによって生じる）が関与している．

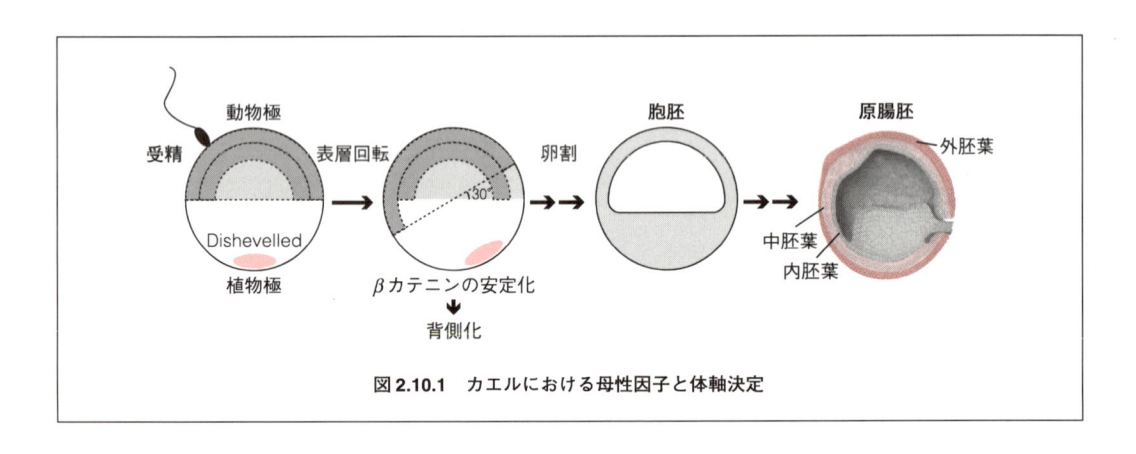

図 2.10.1 カエルにおける母性因子と体軸決定

2-10-2 外胚葉，中胚葉，内胚葉の形成

卵細胞は受精後，卵細胞に蓄積されていた mRNA やタンパク質に依存して非常に短いサイクルで細胞分裂（卵割）を12回ほど繰り返し**胞胚** blastula となる．その後，細胞分裂速度が急激に低下し，胚自身のゲノムの転写が活発になる．この現象は**中期胞胚変移** mid-blastula transition とよばれている．この時期になると β カテニンの作用によって背側領域に**オーガナイザー** organizer が誘導され，それとともに細胞層の一部が胞胚内に陥入と移動を開始し，さらに細胞の再配置による細胞層の伸長（**集束的伸長** convergent extension）によって，原腸とよばれる管状の構造が形成される（頭尾軸も確立される）．この時期の胚（**原腸胚** gastrula）の外側の細胞層を**外胚葉** ectoderm，内側の管領域を**内胚葉** endoderm，外胚葉と内胚葉の間に誘導される細胞を**中胚葉** mesoderm とよぶ（図 2.10.1）．

これら3つの胚葉から体の全ての組織が形成される．内胚葉からは胃，腸などの消化器官および肝臓や肺などがつくられる．中胚葉は主に筋，骨，血球などの組織に，外胚葉は，表皮や神経に分化する．一層のシート状の形態（ボール状ではあるが）から3種類の胚葉からなる立体的な構造に移行する現象は，動物の発生に普遍的にみられる重要な現象（図 2.10.2）であり，腸と前後軸をもつ祖先生物から全ての動物が進化してきたことを示している．

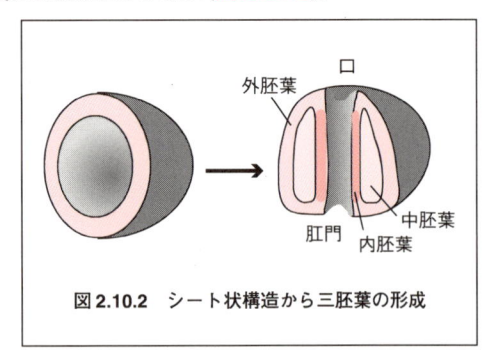

図 2.10.2 シート状構造から三胚葉の形成

2-10-3 器官形成

　三胚葉が形成されたあと，外胚葉からは新たに神経管が誘導され，中胚葉から**体節** somite が形成される．これら体の中軸となる構造ができ上がったあと，各部分の形成が開始され，器官がつくられる．ここでは，両生類，爬虫類，鳥類および哺乳類の四足動物が持つ四肢（腕や翼などの一対の前肢と一対の後肢）の形成について説明する．

　四肢の発生の最初のステップは，***Hox*遺伝子**(2-9参照)によって四肢の形成される場所が決定されることである．まず，分泌型増殖因子である**繊維芽細胞増殖因子 10**(fibroblast growth factor 10, FGF 10)の発現が誘導され，肢の原基となる肢芽（中胚葉由来の間葉組織と外胚葉性の表皮細胞からなる）の形成が開始する．FGF 10 欠損マウス(図 2.10.3)では四肢の無いマウスとなる．前肢と後肢の違いは T-box 転写因子ファミリーに属する Tbx 5 と Tbx 4 の発現によって決定される．Tbx 5 の発現により前肢が形成され，Tbx 4 の発現により後肢が形成される．

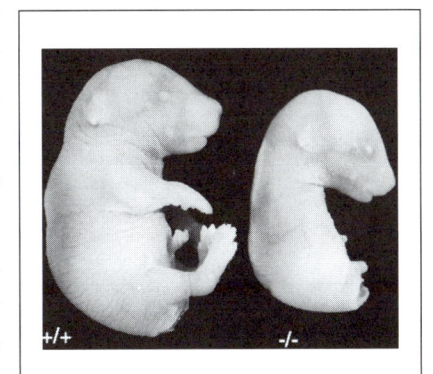

　四肢の発生には肢芽内の 2 つの領域が重要なシグナルを発信していることがわかっている(図 2.10.4)．1 つは肢芽先端部の肥厚した上皮細胞領域で**外胚葉性頂提** apical ectodermal ridge (AER)である．AER は FGF 10 の刺激を受けて FGF 8 や FGF 4 を分泌し，それによって肢の遠位の形成に寄与する．AER を外科的に切除すると遠位部分の構造が形成されなくなる．

　もう 1 つの重要な領域は，中胚葉領域の後部にある**極性化活性帯** zone of polarizing activity (ZPA)である．ZPA は**ソニックヘッジホッグ** sonic hedgehog とよばれる分泌タンパク質を分泌し，肢の後部組織の決定を行なう．これらの分泌タンパク質の濃度勾配が HoxA 複合体遺伝子群と HoxD 複合体遺伝子群の近遠位軸，近遠位／前後軸に沿った発現パターンにつながり，これらの遺伝子の発現によって四肢の各部の構造が決定される．

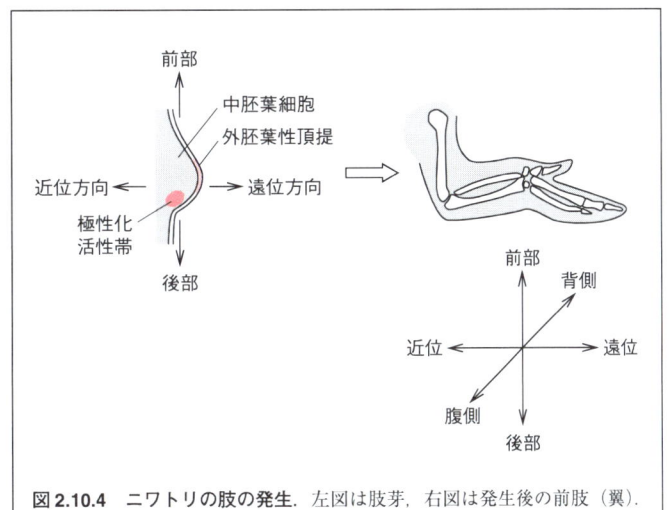

図 2.10.3　FGF10 遺伝子欠損マウス．
左：野生型，右：FGF10 欠損マウス

図 2.10.4　ニワトリの肢の発生．左図は肢芽，右図は発生後の前肢（翼）．

2-11 ES細胞とiPS細胞

2-11-1 全能性と多能性

われわれの体はたったひとつの受精卵から始まり，最終的には60兆個の細胞からなる複雑なシステムを構築している．マウスの場合受精卵から最初の2, 3回の細胞分裂を経ただけの細胞は，将来の予定が全く決定されておらず，この細胞塊を2つに分けても正常な2個体が生まれる．つまりこれらの細胞は胎盤などの胚体外組織を含む全ての組織に分化できる**全能性** totipotency をもっている（図2.11.1）．8細胞期を過ぎると細胞は全能性を失い，さらに桑実胚，胚盤胞へと発生が進んでいく．胚盤胞になると内部に隙間が広がり，外側の外壁を形成する細胞は**栄養外胚葉** trophectoderm とよばれ，将来の胎盤，羊膜となる．一方内部の細胞は**内部細胞塊** inner cell mass とよばれ，三胚葉に分化し，胚（さらには個体）となる．この内部細胞塊は個体を形成する全組織（すなわち胎盤などの胚体外組織以外の全ての組織）に分化できることから**多能性** pluripotency をもっているとよばれる．

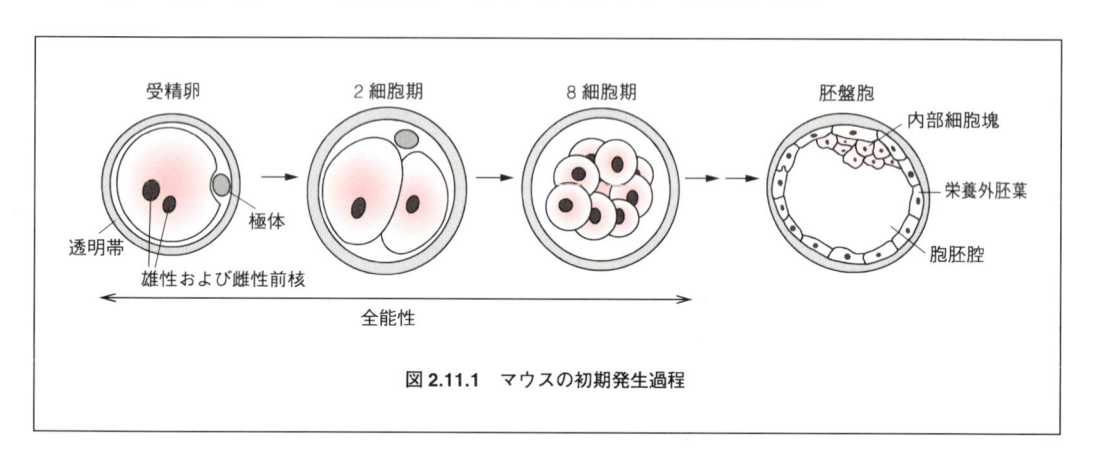

図2.11.1 マウスの初期発生過程

2-11-2 胚性幹細胞（ES細胞）

マウス胚の内部細胞塊から培養した細胞をマウスに移植すると外，中，内胚葉に由来する皮膚や筋肉，骨，粘膜などの分化した組織を含む奇形腫を形成する．このことから，この細胞は**胚性幹細胞**

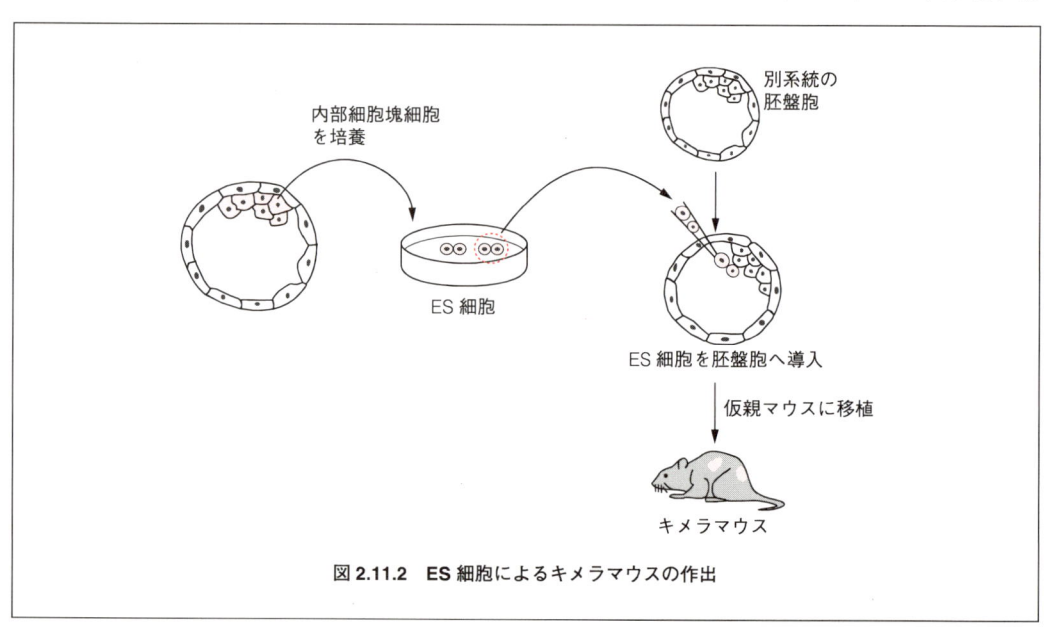

図2.11.2 ES細胞によるキメラマウスの作出

embryonic stem cell（ES 細胞）とよばれる．ES 細胞は，正常な内部細胞塊細胞と同様，生殖細胞を含む個体を形成する全組織に分化できる多能性をもっている．例えば ES 細胞を 8 細胞期胚や胚盤胞の内部細胞塊に導入すると，もとの胚由来の細胞と区別なく発生が進行し，遺伝形質の異なる細胞から構成される**キメラマウス** chimera mouse が作出される（図 2.11.2）．このマウスを交配することで ES 細胞由来の個体を得ることもできる．このような ES 細胞は 1981 年にマウスで初めて報告され，1998 年にはヒトの ES 細胞も樹立された．ES 細胞は，試験管内でも心筋や神経など様々な分化細胞をつくり出せることから，再生医療への応用が大きく期待されている（3-14 参照）．しかしながら ES 細胞を作成するためには受精卵が必要なため，ヒト ES 細胞の取り扱いと応用は倫理的な側面から様々な議論をよんできた．

2-11-3 人工多能性幹細胞（iPS 細胞）

iPS 細胞とは，多能性を消失してしまった分化細胞が，人工的な処理により多能性を獲得した細胞のことである．ES 細胞が多能性を維持するしくみが研究される過程で，いくつかの遺伝子が多能性維持に重要であることが明らかとなってきた．山中伸弥博士らは，これらの因子をすでに分化している細胞に導入することで多能性を誘導することができるのではないかと考え，最終的にたった 4 つの遺伝子（$Oct3/4$，$Sox2$，c-Myc，$Klf4$）をマウス繊維芽細胞に導入するだけで，ES 細胞と同様の形態をもつ細胞が生じることを見出した（図 2.11.3）．しかも，この細胞は ES 細胞と同じくマウスに移植すると軟骨や筋，粘膜組織を含む奇形腫を形成し，また胚盤胞へ導入するとキメラマウスも作出された．このことから，この細胞は ES 細胞と同様の多能性をもつ**人工多能性幹細胞** induced pluripotent stem cell（iPS 細胞）と名づけられた．2007 年には同じ 4 遺伝子により，ヒトでも iPS 細胞が作成できることがわかった．これらの成果は，いったん分化した体細胞を**初期化** reprogramming（再プログラム化）できることを示したものであり画期的であった．

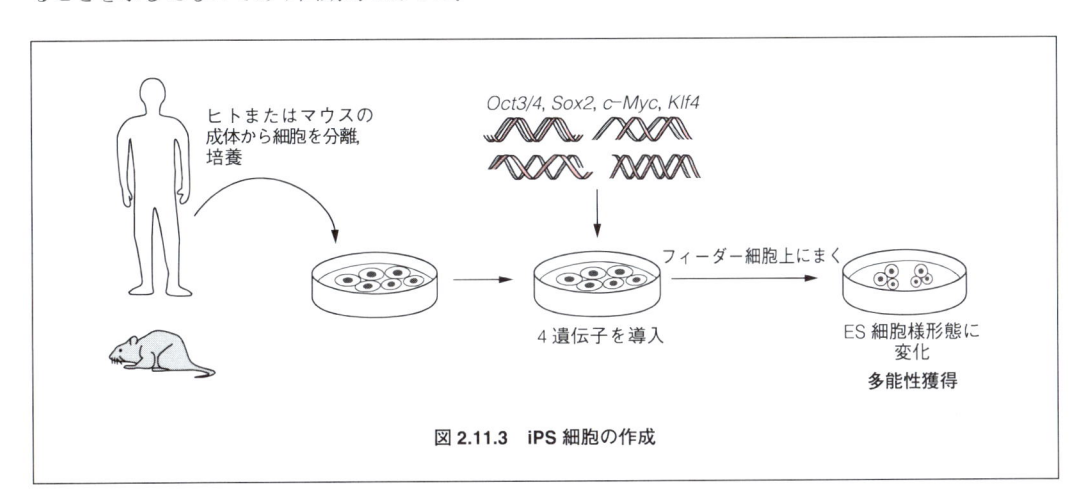

図 2.11.3　iPS 細胞の作成

現在，この分野の研究は急速に進んでおり，繊維芽細胞や表皮角化細胞，血液細胞など様々な細胞から iPS 細胞が作成可能であること，別の 4 遺伝子の組合せでも iPS 細胞が作成されること，**ヒストン脱アセチル化酵素** histone deacetylase 阻害剤などにより導入遺伝子の一部を代替できることなどがわかってきている．iPS 細胞は，再生医療への応用をはじめ，疾患の原因究明や哺乳類受精卵における初期化メカニズムの研究など基礎，応用を含む様々な方面から大きな期待を集めている（3-14 参照）．

2-12 植物の遺伝子発現

2-12-1 植物の遺伝子発現の特徴

植物は種子から栄養成長，生殖成長へと続く発生，分化，生活環に沿った時間的/空間的なプログラム，あるいは，外界からの刺激に対し，様々な遺伝子を必要に応じて発現させる，あるいは，抑制させることにより的確に反応している．このような刺激から応答に至るシグナル伝達において大きな役割をもつものが**植物ホルモン** plant hormone である．

植物ホルモンとは，全ての高等植物が普遍的に保有し遺伝子の転写レベルで作用する微量生理活性物質・シグナル伝達物質である．例えば，光や重力については**オーキシン** auxin，**ジベレリン** gibberellin，**ブラシノライド** brassinolide が，水ストレスにはアブシジン酸が，傷害/病原菌等によるストレスには**ジャスモン酸** jasmonic acid（JA）といった植物ホルモンが作用し，必要な遺伝子発現のオン/オフを行っている．

図 2.12.1 にジャスモン酸を介した**シグナル伝達** signal transduction のモデルを例として示す．通常の状態では，転写因子（MYC2 など）を抑制する JAZ タンパク質が JAZ-MYC2 複合体を形成し，ジャスモン酸早期応答の遺伝子群の発現を抑制している（図 2.12.1A）．病害・病原菌等によるストレスによって生体内の活性型ジャスモン酸（JA-Ile）濃度が上昇すると，**ユビキチン-プロテアソーム系** ubiquitin-proteasome system（2-8 参照）により JAZ タンパク質が分解される（図 2.12.1B）．これにより転写因子の抑制が解除され，ジャスモン酸早期応答の遺伝子群の転写が活性化される（図 2.12.1C）．

図 2.12.1 ジャスモン酸を介したシグナル伝達のモデル

2-12-2 アクティベーションタギング

上で述べたように，遺伝子の発現は空間的/時間的に厳密に制御されている．**アクティベーションタギング** activation tagging 法とは，**エンハンサー** enhancer（転写を促進する遺伝子配列）を植物細胞に導入し，導入されたエンハンサー近傍の遺伝子の転写が活性化されることにより生じる表現型を指標にして，その表現型に関与する遺伝子を明らかにする方法である（図 2.12.2）．

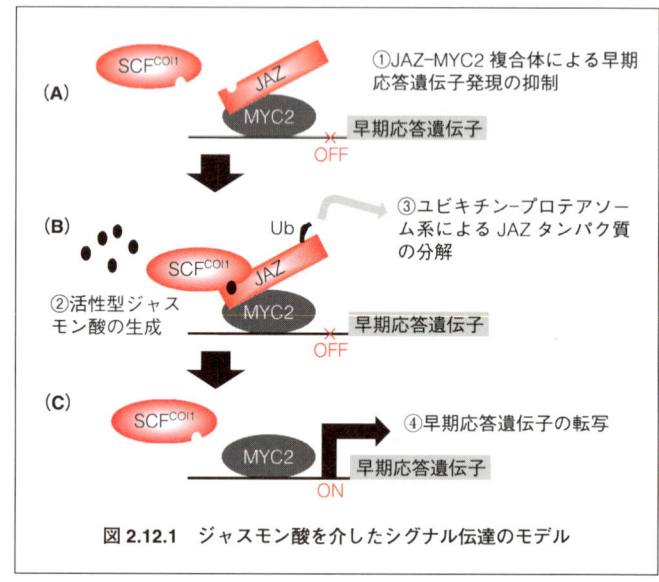

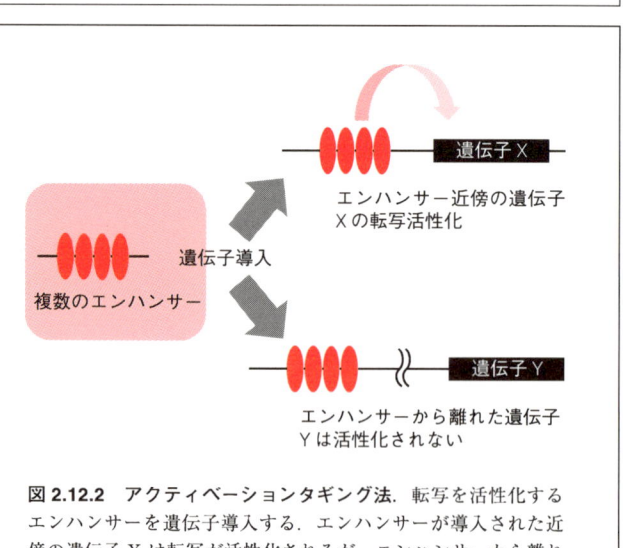

図 2.12.2 アクティベーションタギング法．転写を活性化するエンハンサーを遺伝子導入する．エンハンサーが導入された近傍の遺伝子 X は転写が活性化されるが，エンハンサーから離れた遺伝子 Y は活性化されない．

例えば，植物ホルモンの一種である**サイトカイニン** cytokinin のシグナル伝達系に関わる因子は長らく不明であった．アクティベーションタギング法により，サイトカイニン非感受性（サイトカイニンが存在しないのに，存在している時の表現型を示す；すなわちサイトカイニンシグナルが常にオンになっている）変異体をスクリーニングすることにより，サイトカイニンシグナル伝達因子を明らかにすることができた．

2-12-3 DNAマイクロアレイ技術と共発現データ解析

数万〜数十万に区切られたスライドガラス，あるいはシリコン基盤上にDNAの部分配列を高密度に配置し固定したものを**DNAマイクロアレイ** DNA microarray という（3-8参照）．DNAマイクロアレイを用いることにより，ある条件におかれた生物の遺伝子発現を網羅的に解析することができる．発現パターンが相同な遺伝子は，機能的な相関（多段階の生合成経路において類似した機能を有する，シグナル伝達経路の近いところに位置するなど）を期待することができる．このような発現パターンが相同な遺伝子のことを**共発現遺伝子** coexpressed gene とよぶ．モデル植物**シロイヌナズナ** *Arabidpsis thaliana* では，DNAマイクロアレイのデータを蓄積する公共のデータベースが整備されている．この公共データベースを利用した共発現データ解析のためのツール ATTED-II（http://atted.jp）が開発されている（図2.12.3）．共発現データ解析を行うことにより，ある遺伝子と同じような発現パターンを示す遺伝子群を抽出することができる．それによってフラボノイド生合成に関わる酵素遺伝子の網羅的な同定，転写因子の同定など，目覚ましい成果が上がっている．

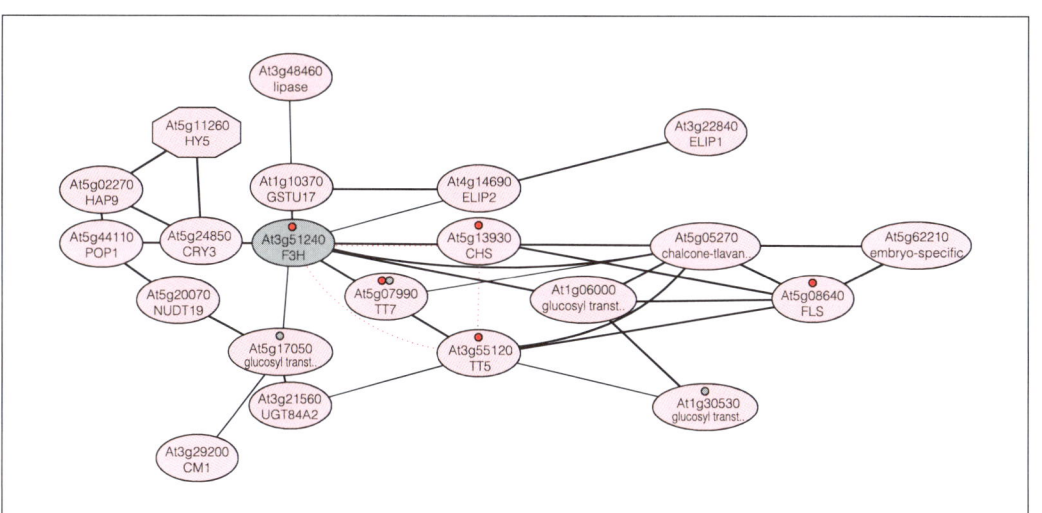

図2.12.3 **ATTED-IIによる共発現データ解析の一例．** フラバノン-3-水酸化酵素（F3H）をクエリー（データベースから情報を引き出すための質問となるもの）として共発現解析を行った．赤丸●はフラボノイドの生合成に関わる遺伝子，白丸○はフラボン，フラボノールの生合成に関わる遺伝子．線で結ばれている遺伝子は同じような発現パターンを示し，互いに高い相関があり，同一の代謝経路にあることが期待できる．例えば，CHS，TT5，TT7などフラボノイド生合成に関与した遺伝子と強く共発現することがわかる．さらに共発現している配糖化酵素 At1g06000（モデル植物シロイヌナズナに個別に割りふられた遺伝子の番号）が，フラボノイド生合成に関わるラムノース転移酵素であることがわかった．

2-13 植物の形態形成

2-13-1 分裂組織の構造と働き

植物には**分裂組織** meristem とよばれる細胞集団が上端(茎頂)と下端(根端)に存在する．分裂組織は，未分化状態の**幹細胞** stem cell が維持されるとともに，それらが分裂して生じた細胞が葉などに分化し始める場である．種子中の植物胚は子葉-胚軸-幼根という単純な形態をしているが，発芽後は分裂組織から葉，茎，花そして根などが次々とつくり出され，複雑な構造の成体ができあがってゆく．ここでは**シロイヌナズナ** *Arabidopsis thaliana* を例に挙げて，地上部の器官を形成する茎頂分裂組織について述べる．図2.13.1に芽生えを示したが，**茎頂分裂組織** shoot apical meristem は双葉の間に位置するドーム状に盛り上がった細胞集団で，**中心部** central zone, **周辺部** peripheral zone, **髄状部** rib zone とよばれる3つの部位に区分される．また，細胞層についても一番外側(L1)，2番目(L2)，3番目(L3)という区分がなされている．幹細胞は中心部に存在する細胞で(中心部のL1, L2, L3それぞれに2〜3個の幹細胞が存在する)，比較的ゆっくりと分裂を行う．分裂により娘細胞が生じるが，中心部に位置する娘細胞は幹細胞として維持され，中心部の外側へ押し出された娘細胞は周辺部へ移動して葉原基(将来葉になる突起)の細胞となる．髄状部に移動した娘細胞は茎になってゆく．このような分裂過程を繰り返すことで，植物は幹細胞を維持して上に伸びながら次々と葉をつくり出してゆく(図2.13.2)．

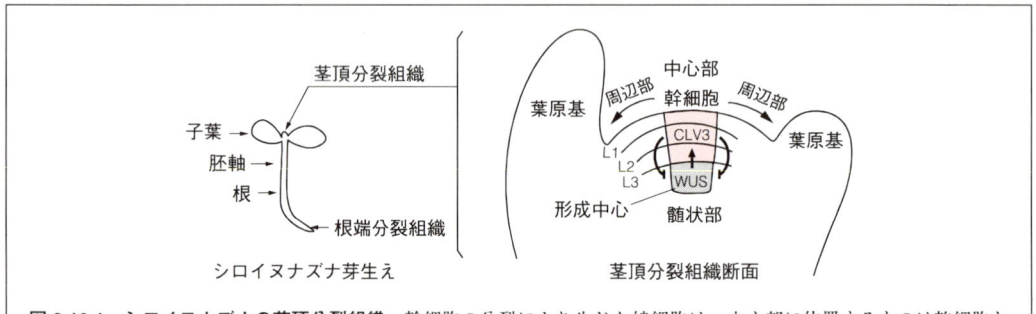

図2.13.1 シロイヌナズナの茎頂分裂組織．幹細胞の分裂により生じた娘細胞は，中心部に位置するものは幹細胞として維持され，中心部からはみ出したものは周辺部へ移動して葉原基となる．

植物体が正常な成長を続けるためには，茎頂分裂組織における幹細胞の維持と葉原基への分化がバランスよく行われる必要がある．茎頂分裂組織には中心部の直下に**形成中心** organizing center とよばれる領域が存在しており，中心部の幹細胞と形成中心の細胞との間の巧妙な細胞間コミュニケーションによって一定数の幹細胞が維持されている．この細胞間コミュニケーションで重要な働きをしている2つの遺伝子について以下に述べる．ホメオボックス遺伝子であるシロイヌナズナの *WUSCHEL*(*WUS*) は幹細胞のすぐ下の形成中心で発現し，上層の隣接領域における幹細胞数促進に働いている．その一方で，幹細胞は分泌ペプチド CLAVATA 3 (CLV 3) を発現し，分泌された CLV 3 ペプチドは *WUS* 遺伝子発現領域である形成中心の細胞数を抑制する(図2.13.1)．このような負のフィードバックループにより，幹細胞と形成中心の細胞の存在部位・数が限定され，茎頂分裂組織の機能が維持されている．

2-13-2 花の発達

植物が栄養成長(主に葉を作る)から生殖成長に移行すると茎頂分裂組織は花芽を形成し，そこから花器官がつくられる．ここでは花の形成について述べ

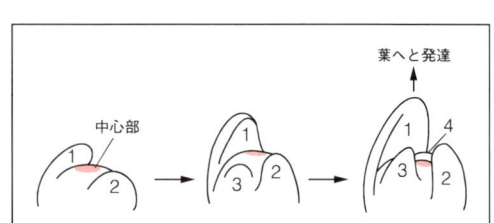

図2.13.2 シロイヌナズナの茎頂における葉原基の発達パターン．数字は葉原基の出現の順番を表す．シロイヌナズナでは約137°ずれてらせん状に葉原基が形成される．葉原基が成長して葉となる．

る．シロイヌナズナの花は，**がく** sepal，**花弁** petal，**雄ずい** stamen，**心皮** carpel という4つの同心円上に配置された器官から形成されている．これらの器官が位置する同心円状の領域を **whorl** という概念で表す．whorl 1 はがく，2 は花弁，3 は雄ずい，4 は心皮が存在する位置である（図2.13.3）．

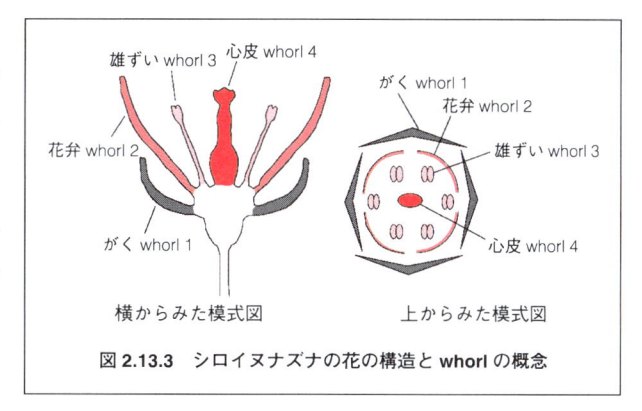

図2.13.3 シロイヌナズナの花の構造と whorl の概念

2-13-3 花の形態形成に関わる遺伝子

whorl の性質が変わる突然変異体の解析から ABC モデルとよばれる花の形成メカニズムが提唱されている．クラス A，B，C の3種の遺伝子の働きの組合せで各 whorl の性質が決定されるとするモデルである（図2.13.4）．クラス A として *APETALA2*（*AP2*），クラス B として *APETALA3*（*AP3*），*PISTILATA*（*PI*），クラス C として *AGAMOUS*（*AG*）という遺伝子が知られている．クラス A 遺伝子の変異では whorl 1〜4 の順に心皮，雄ずい，雄ずい，心皮となる．クラス B の変異ではがく，がく，心皮，心皮，クラス C の変異ではがく，花弁，花弁，がくとなる．クラス A と C は相互に抑制しており，一方が機能を失うともう一方の作用が広がる．クラス ABC 遺伝子の3重変異では全ての whorl で葉が形成される．各2重変異の表現型は図2.13.4 を参照されたい．クラス ABC 遺伝子の大部分は特徴的なドメインをもつ転写調節因子である．これらは花形成プログラムの上位に位置し，特定の領域で発現して下位の遺伝子に働きかけることにより，その領域をがく，花弁，雄ずい，心皮の各器官へと分化させると考えられている．

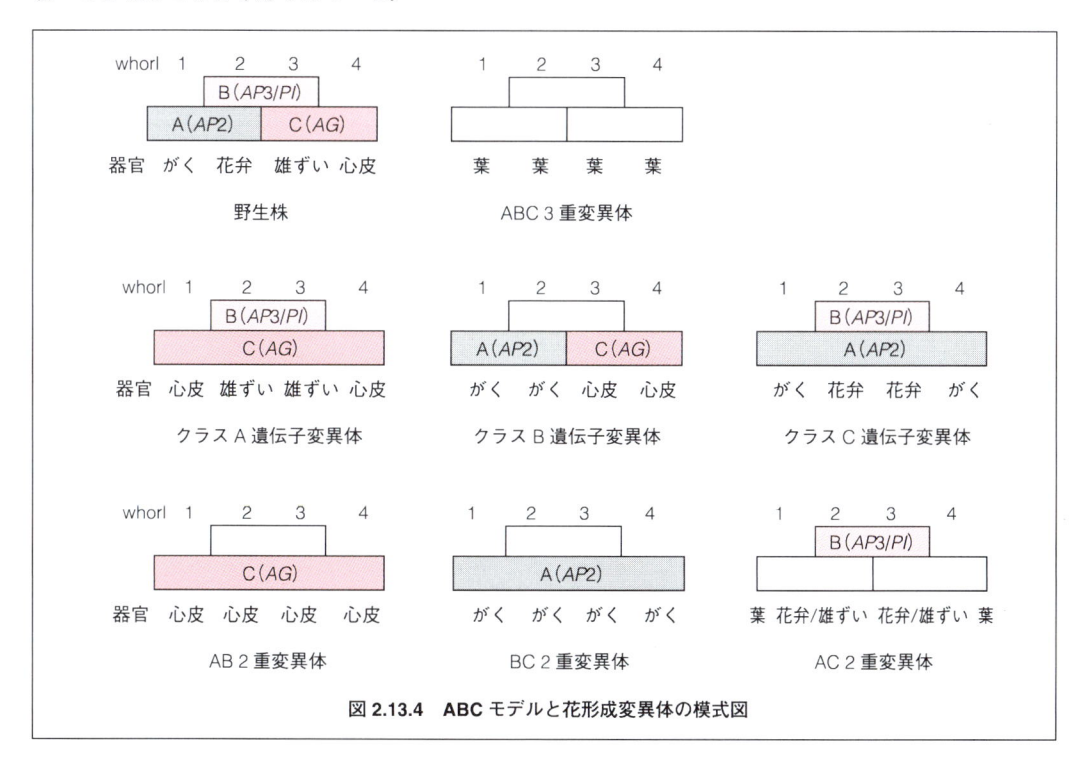

図2.13.4 ABC モデルと花形成変異体の模式図

2-14 神経系の遺伝子発現

2-14-1 神経細胞の特徴

　神経系は外界の情報(光，音，匂い，味，圧力，温度など)や，身体内部の情報(筋の張力，関節の位置，血糖値など)を収集し，それらを**中枢神経系** central nervous system に送り，そこで処理した情報に基づいて，筋肉に信号を送り体を動かしたり，内分泌系と協調して内臓器官の調節を行ったりしている．これらの働きをしている神経細胞(**ニューロン** neuron)は，電気的信号と化学的信号とを巧みに組み合わせていることに大きな特徴をもっている．近年，神経系を対象とした分子生物学的研究が進み，神経細胞がこれらの信号を利用するために用いている機能分子の実体が，遺伝子クローニング(クローニングとは特定の遺伝子を扱えるようにする方法で，詳しくは3-3参照)により明らかにされてきている．

2-14-2 イオンチャネル

　神経細胞はナトリウムポンプなどの能動輸送によって，細胞内外の Na^+，K^+，Ca^{2+}，Cl^- などのイオンの濃度勾配を作り出し，それらを電気的信号発生の原動力に利用している．**イオンチャネル** ion channel とは，特定のイオンを通す孔を形成しているタンパク質分子で，細胞膜中に埋め込まれている．神経細胞ではナトリウムポンプの働きにより細胞内の Na^+ が細胞外に汲み出され，一方，細胞外の K^+ を取り込んでいるために，Na^+ 濃度は細胞外で高く細胞内では低く，逆に K^+ 濃度は細胞内で高い状態に保たれている．細胞膜にあるナトリウムチャネルが開くと Na^+ は膜を通過できるようになり，Na^+ の濃度勾配と静止電位の電位勾配に従って細胞内に流入してくる．Na^+ は正の電荷をもっているので，これが細胞内に入り込むために細胞の電位が急速に正に変化する．そしてナトリウムチャネルはすぐに閉じていき，さらにこの頃に遅れてカリウムチャネルが開くために K^+ が細胞外へと流れ出し，細胞膜の電位は急速にもとの状態に戻る(図2.14.1)．こうして起こる電位変化は**活動電位** action potential とよばれており，神経細胞が用いる電気的信号の主なものである．

　現在までに，ナトリウムチャネルやカリウムチャネルをはじめ，カルシウムチャネルなどの遺伝子も単離され，それらのアミノ酸配列が明らかになっている．そして，1つのチャネルがいくつかのポリペプチドから構成されるサブユニット構造をとっており，あるサブユニットを別のものと入れ替えるとチャネルの性質が変化することや，1種類のイオンを通すチャネルであっても各サブユニットの遺伝子は複数存在し，サブファミリーを形成していることなどが明らかになっている．また，チャネル遺伝子の塩基配列の一部を人工的に変異させてアミノ酸を置換する実験も行われており，どのアミノ酸残基がチャネルを通過するイオンの選択に関わっているのか，チャネルの開閉を制御しているのはどのアミノ酸残基の領域か，という点も明らかにされてきている．

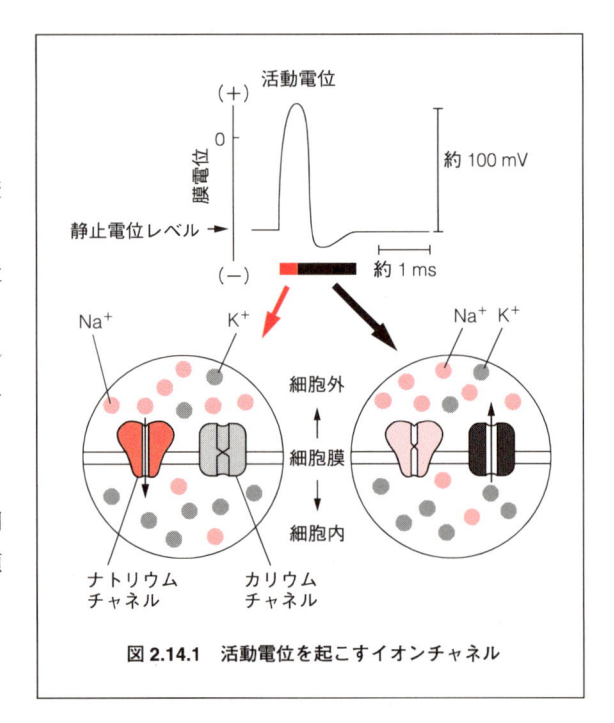

図2.14.1　活動電位を起こすイオンチャネル

2-14-3 神経伝達物質受容体

神経細胞は**シナプス** synapse という構造で互いに接しており，この場所で**神経伝達物質** neurotransmitter とよばれる各種の化学物質をシナプス後部の神経細胞に向かって放出することにより，信号を伝えている．シナプス前部に電気的信号が到達すると，シナプス小胞に貯蔵されている神経伝達物質がエキソサイトーシスされ，シナプス後部の膜に向かって拡散していく．シナプス後部の膜にはタンパク質分子である**神経伝達物質受容体** neurotransmitter receptor が埋め込まれており，これに神経伝達物質が結合する．受容体には，その分子自体がイオンチャネルを構成しているもの（イオン透過型受容体）と，細胞内シグナル伝達系を活性化するもの（代謝型受容体）とがあるが，いずれもイオンチャネルの開閉を変化させ電気的変化を起こすことで，信号を伝達している（図2.14.2）．現在までに，アセチルコリン，グルタミン酸，γ-アミノ酪酸(GABA)，ドーパミン，またペプチド系のエンドルフィンやサブスタンスPなど，多くの神経伝達物質に対する受容体の遺伝子が単離され，そのアミノ酸配列が明らかになってきている．その結果，イオン透過型受容体と代謝型受容体のグループには，それぞれに共通する構造的な特徴があることがわかってきた．イオン透過型受容体は，複数のサブユニットが集まってイオンチャネルを形成している．それぞれのサブユニットにはいくつかのサブファミリーがみつかっており，それらを入れ替えると，受容体の機能的な特性が変化することが明らかになってきている．代謝型受容体は，おそらく単量体で存在していると考えられているが，機能的にはGタンパク質と共役して細胞内シグナル伝達系に働きかけている．また，代謝型受容体にも神経伝達物質ごとに複数のサブタイプがあることが知られている．

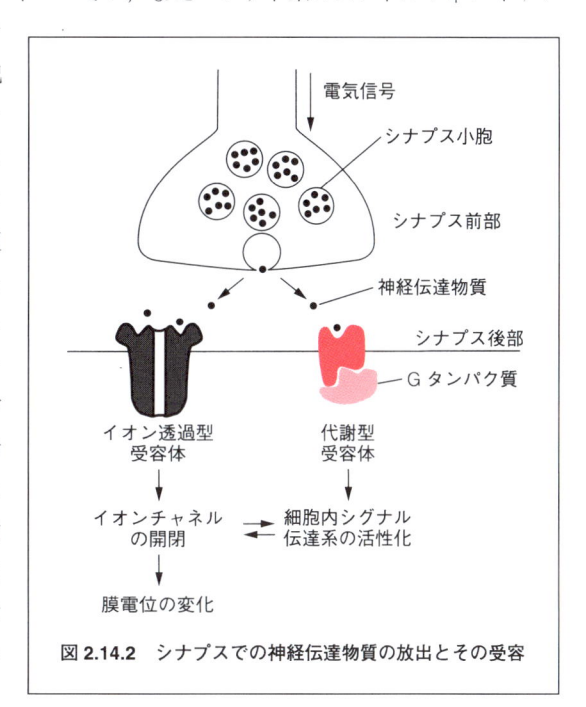

図 2.14.2 シナプスでの神経伝達物質の放出とその受容

2-14-4 神経系機能分子の遺伝子発現

イオンチャネルや神経伝達物質受容体のほかにも，これらの働きの調節に大きく関わっている細胞内シグナル伝達系の分子群や，神経突起の伸長を制御する神経成長因子とその受容体や細胞接着分子などの遺伝子が単離されている．しかしながら，各々の遺伝子のプロモーター領域などの解析はまだ十分進んでおらず，神経細胞が必要とする遺伝子の発現をどう調節しているのかという問題は，今後の課題として残されている．その一方で，神経系の組織からも幹細胞をみつける技術が進歩してきており，また，胚性幹細胞などを神経細胞に分化させる研究も進められている．これらの方面から，神経細胞に必要な遺伝子発現の調節のしくみが明らかにされる可能性がある．

2-15　学 習 と 記 憶

2-15-1　学習・記憶とシナプスの可塑的変化

　ヒトの脳は 1,000 億個ともいわれる神経細胞から構成されており，個々の神経細胞が数千から数万個に及ぶシナプスを介して他の神経細胞と信号をやりとりしている．**記憶** memory が成立するということは，脳のある領域の神経細胞集団の間でこの信号のやりとりが変化することが基礎となっていると考えられており，シナプス部でいったいどのような変化が起きているのか，またそれを神経細胞がどのように制御しているのか，といった点を明らかにすることが現代の脳研究での大きな課題となっている．従来脳研究は，神経の電気的信号を直接測定する方法や，電子顕微鏡などでシナプスの形態を観察するといった方法が用いられてきた．しかし，近年になってシナプス部で機能している分子群が遺伝子レベルで明らかになってきたことや（2-14 参照），遺伝子の変異と動物個体の行動とを結びつけて研究を行う方法が確立されてきたことで，分子レベルでシナプスの可塑的変化を理解し，それによって**学習** learning・記憶の機構を明らかにする努力が続けられている．

　現在のところ，学習・記憶が成立するための神経機構と個々の遺伝子の発現との関わりは不明な点が多いが，大筋として図 2.15.1 のような関係が予想されている．これらが分子生物学的手法によりどのように研究されているのか，その一端を以下に紹介する．

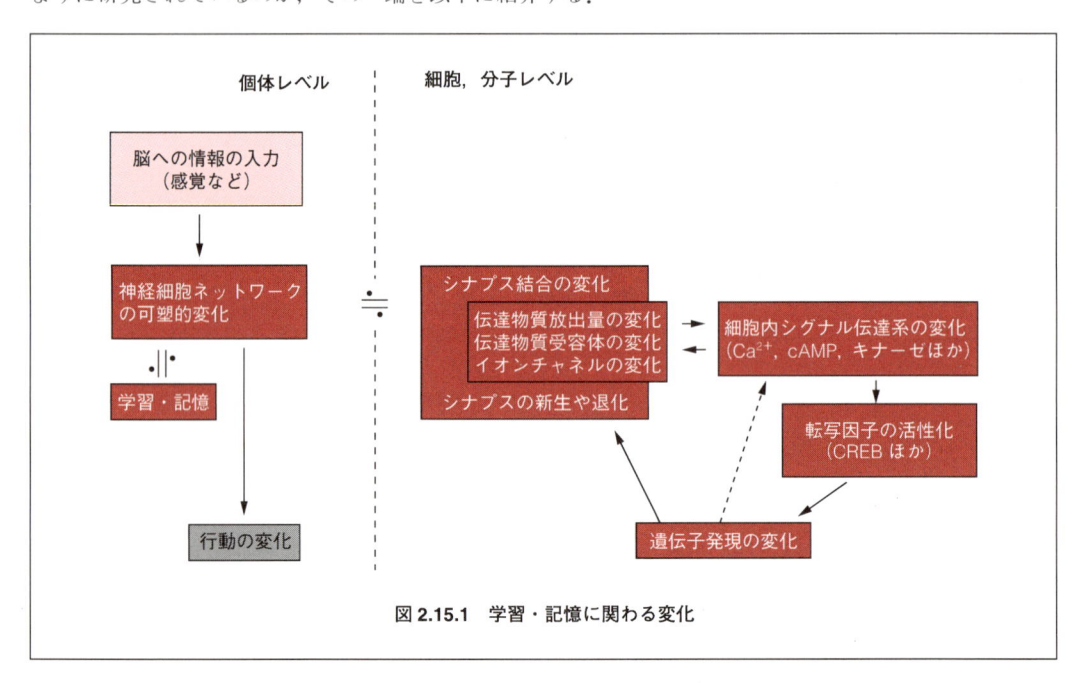

図 2.15.1　学習・記憶に関わる変化

2-15-2　機能分子をみつける

　ショウジョウバエやマウスでは，自然突然変異や人工的に突然変異を起こしてやることで，様々な機能的異常や行動異常を示す突然変異体が得られている．特にショウジョウバエでは匂いと電気ショックとを組み合わせた条件づけを学習・記憶のモデルとして，何種類もの突然変異体が得られており，それらの異常の原因となっている遺伝子の解析が進められた．その結果，例えば cAMP に関わる一連の酵素などの，細胞内シグナル伝達系の異常により学習・記憶が成立しにくくなることが明らかにされている．

　また細胞レベルの学習・記憶のモデルとして，哺乳動物の脳の部位である**海馬** hippocampus や小脳でみられる，シナプス伝達の長期増強や長期抑圧が研究されており，グルタミン酸受容体やその活性化

による細胞内 Ca^{2+} 濃度の上昇により，カルモジュリンキナーゼやプロテインキナーゼ C が活性化され，これらのことが**シナプス可塑性** synaptic plasticity に関係していることが示されている．一方，アメフラシのエラ引き込み反射を訓練することによって成立する学習では，cAMP シグナル伝達系の活性化により転写因子である **cAMP 応答配列結合タンパク質** cAMP responsive element binding protein（**CREB**）が活性化され，これにより遺伝子発現が制御されていることが示されている．現在，ショウジョウバエの学習や海馬で見られる長期増強にも CREB が関わっているという証拠が出されており，注目されている．しかしながら，CREB が *c-fos* などの**前初期遺伝子** immediate early gene の転写を開始させる働きをもつことは示されているのだが，前初期遺伝子の作るタンパク質も転写因子であることが多く，これらの転写因子がどのような遺伝子の発現を調節しているのか，またそれによって細胞内でどのような変化が起きているのか，といった大きな問題は未解決のままである．

2-15-3 機能分子の働きを確かめる

　従来は，薬物によって神経伝達物質受容体やイオンチャネル，そして細胞内シグナル伝達に関わる酵素などを阻害してみて，その結果から機能分子の働きを推定していた．近年はこれに加えて，マウスでも相同的組換えを利用した**遺伝子ターゲッティング** gene targeting（**標的遺伝子組換え**ともいう）により，特定の遺伝子の働きを破壊する**遺伝子ノックアウト** gene knockout が可能になり，NMDA 型グルタミン酸受容体やカルモジュリンキナーゼ II，プロテインキナーゼ C などの**ノックアウトマウス** knockout mouse が作られ，それらの学習能力が調べられている．その結果，これらのノックアウトマウスでは，海馬が関わると考えられている空間学習の能力が低下することが報告されている．

　このように遺伝子ノックアウトはその遺伝子の働きを直接的に示すのにとても有効な方法である．しかし，遺伝子によってはノックアウトが致死的であって個体の行動の変化を確かめられなかったり，他の遺伝子が代償的に働いてしまい，みかけ上は何の機能異常もみられないと考えられる例もみられるようである．そのため，特定の神経細胞において特定の時期（可能であれば任意の時期）に，目的とする遺伝子の発現を開始させたり，中止させる方法の開発が望まれている．これに対して，現在ではコンディショナルノックアウトとよばれる方法が実用化されてきている．この方法では，特定の組織や細胞でのみ特定の遺伝子をノックアウトしたり，特定の薬物をマウスに飲ませるとはじめて遺伝子ノックアウトが開始されるという実験が可能になってきている．これによって，例えばマウスの海馬で NMDA 型グルタミン酸受容体のあるサブユニットの発現を人為的なタイミングで抑えると，その後に空間学習の能力が低下することが示されている．

2-15-4 学習・記憶に関わる遺伝子のネットワークを知るには

　長期記憶（おおむね数時間から 1 日以上続く記憶）には，RNA やタンパク質の合成，つまり遺伝子発現が必要なことは，実は 1960 年代から示されてきている．既に述べたように，これらの遺伝子の中で記憶に深く関わるものがいくつか明らかになり，詳しく調べられてきている．しかし，記憶のメカニズムの全体像を知るには，神経細胞内で発現している遺伝子を網羅的に，そして学習・記憶の間の時間経過に従って詳しく調べていく必要があるだろう．近年，DNA チップ（DNA マイクロアレイ，3-8 参照）などを用いて，多くの遺伝子の発現を同時に計測する方法が進歩してきている．こうして得られる結果と，特定の遺伝子を特定のタイミングでノックアウトするという実験が組み合わされていくと，学習・記憶にどのような遺伝子が関わっており，それらがどのようなネットワークを構成して神経細胞の働きを制御しているのか，といった全体像がみえてくるものと思われる．

2-16 がん遺伝子とがん抑制遺伝子

2-16-1 細胞の"がん化"とは

ヒトなどの真核生物の細胞は，器官形成後に増殖を停止し，必要な時だけ細胞周期を回転させて増殖する．細胞分裂の開始と停止は厳密に制御されており，その制御機構が破綻すると細胞はがん化する．

がん化の主な要因としては，(1) 発がん性のある化学物質，(2) 紫外線やX線のような電磁波，(3) 発がん性をもつウイルスなどが挙げられる．これらの要因はすべて**変異原性** mutagenicity と関連が深いことから，がん化は遺伝子配列の変化によって起こると考えられている．

2-16-2 多段階発がんモデル

10兆個に及ぶヒトの細胞では，毎日何十億個もの細胞で遺伝子に変異が生じている．しかし，実際には極めて低い確率でしか細胞のがん化は起こらない．したがって，細胞のがん化は1つの遺伝子の変異によって起こるのではなく，複数の遺伝子の変異が長い年月をかけて蓄積した結果として起こると考えられる．これは**多段階発がんモデル** multi-step carcinogenesis とよばれ，現代医学において最も支持されている考え方である（図2.16.1）．

2-16-3 がん遺伝子とその機能

がん化した細胞からDNAを抽出し，そのDNAを正常細胞に導入すると，正常細胞はがん細胞に形質転換する．このことから，がん細胞にはがん化を積極的に引き起こす遺伝子が存在すると仮定され，最初のがん遺伝子 c-*ras* が発見された．このような，細胞をがん化させる働きをもつ遺伝子を**がん遺伝子** oncogene とよぶ．

がん遺伝子は，もともと正常細胞がもっている遺伝子が変異したものであり，本来は主に細胞増殖を正に制御する機能をもつ．変異が生じる前の

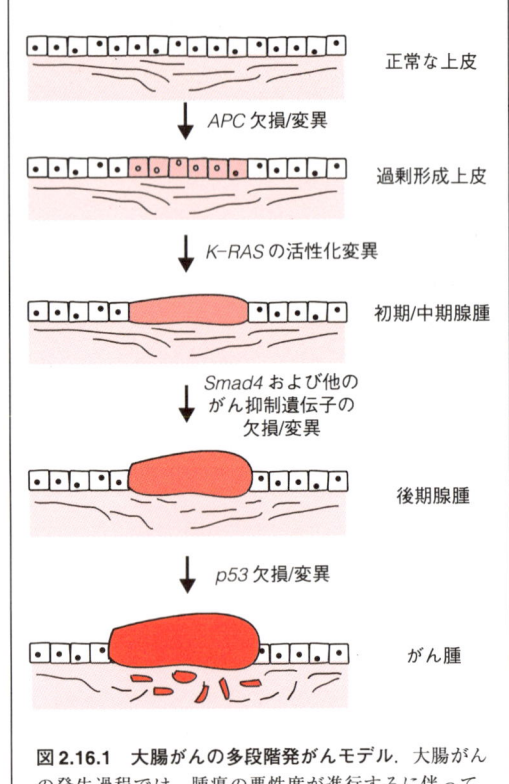

図2.16.1 大腸がんの多段階発がんモデル．大腸がんの発生過程では，腫瘍の悪性度が進行するに伴って，より多くの遺伝子変異や染色体異常がみられる．

"正常な"遺伝子を**原がん遺伝子** proto-oncogene とよぶ．現在までに複数の原がん遺伝子が発見され，その機能が解明されている．表2.16.1 では，主な原がん遺伝子の機能とがん遺伝子として活性化される機構を示した．

例えば，*RAS*遺伝子は低分子量GTP結合タンパク質（Gタンパク質）をコードし，正常な細胞では

表2.16.1 原がん遺伝子の機能と活性化様式

原がん遺伝子	機能	活性化機構	腫瘍
ErbB2	細胞表面受容体	遺伝子増幅	乳がん，卵巣がん，胃がん等
K-RAS	低分子量Gタンパク質	点変位	大腸がん，すい臓がん，肺がん等
MYC	転写因子	転座	バーキットリンパ腫
ABL	チロシンキナーゼ	キメラ化	慢性骨髄性白血病

細胞増殖シグナルのオンとオフを切り替える分子スイッチとして機能している(図2.16.2). しかし, *RAS*遺伝子に変異が生じた*ras*がん遺伝子では, 主にRASタンパク質の不活性化に関わるGTPase領域に点変異を起こしている. その結果, *ras*がん遺伝子がコードする変異型のRASタンパク質では, 常に活性化状態となって増殖シグナルを出し続け, 細胞は増殖し続けることになる.

表2.16.2 主ながん抑制遺伝子とその機能

がん抑制遺伝子	機能
RB	細胞周期調節
APC	Wntシグナル伝達
PTEN	タンパク質ホスファターゼ
p53	転写因子

2-16-4 がん抑制遺伝子とその機能

正常細胞とがん細胞を細胞融合させると, 腫瘍性を失った細胞が得られることから, がん化を抑制する遺伝子の存在が示唆された. このような働きをする遺伝子を, **がん抑制遺伝子** tumor suppressor gene とよぶ.

家族性網膜芽腫の家系における研究から, がん抑制遺伝子として*RB*遺伝子が初めて発見され, これまでに数十種類のがん抑制遺伝子が同定されている. 表2.16.2では, 主ながん抑制遺伝子とその機能を示した.

がん抑制遺伝子の中で最も注目されているのが*p53*遺伝子である. *p53*遺伝子は転写因子をコードし, 細胞周期の制御, DNA損傷修復, アポトーシス誘導というがん化を抑制する重要なプロセスに関わっている. がん患者の約50%が*p53*遺伝子に変異をもつことがわかり, 転写因子p53の機能が欠損するとがんになりやすいと考えられる.

近年, このようなp53のがん抑制効果に注目し, *p53*遺伝子をがん細胞に導入することによって, がんを治療しようという試みが行われている(3-19参照).

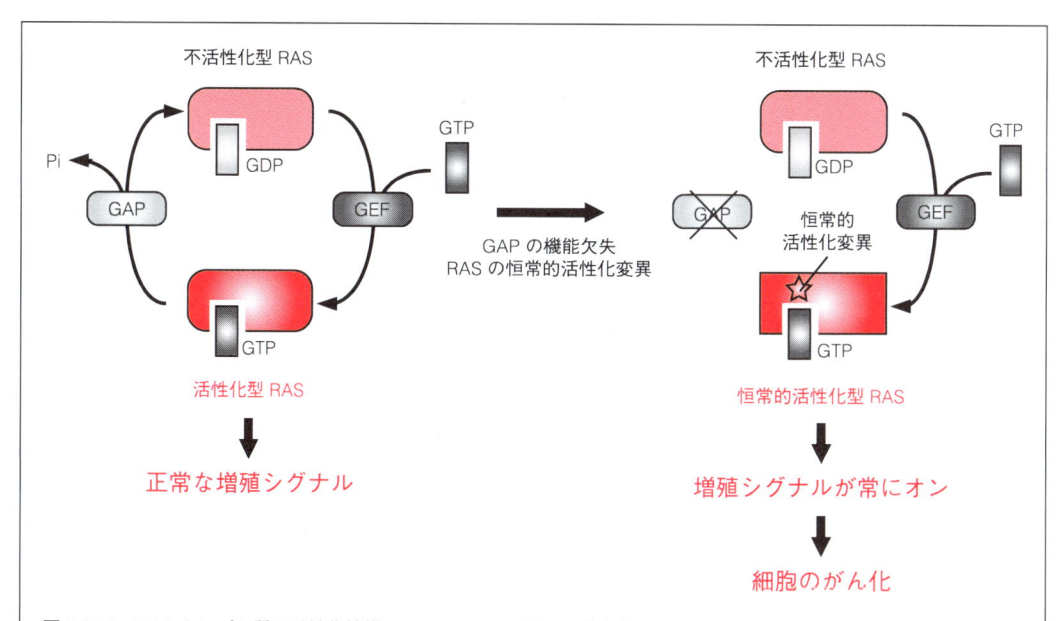

図2.16.2 **RASタンパク質の活性化機構**. RASタンパク質は, 受容体からの増殖シグナルの有無に応じて, 活性化型(GTP結合型)と不活性化型(GDP結合型)に変化し, 細胞増殖シグナルのオンとオフを切り替える. RASタンパク質を不活性化するGAPの機能欠失やRASタンパク質の恒常的活性化変異が起こると, RASタンパク質は常に活性化状態となり, 増殖シグナルを出し続ける(常にオン). このため, 細胞が過剰に増殖し, 細胞のがん化が引き起こされる. GEF: GTP交換タンパク質 GTP exchange factor, GAP: GTPase活性化タンパク質 GTPase activating protein.

2-17 アポトーシス

2-17-1 アポトーシスとネクローシス

我々の身体を構成する約60兆個の細胞には寿命が存在し，寿命がくれば死滅する．これを細胞の死とよぶが，この細胞の死は形態の違いから**アポトーシス** apoptosis と**ネクローシス** necrosis に分類される（図2.17.1）．アポトーシスでは，まず細胞膜が波打ち，次に核の凝集と断片化が起こり，最後には細胞自体が内容物を内包した状態で断片化し，マクロファージなどによって貪食される．このため，周りの細胞には影響を与えない．一方，ネクローシスでは，細胞核やミトコンドリアとともに細胞全体が膨張し，最終的には細胞膜が破裂して内容物が周囲に飛散する．飛散した内容物は周囲の細胞に炎症を引き起こす．

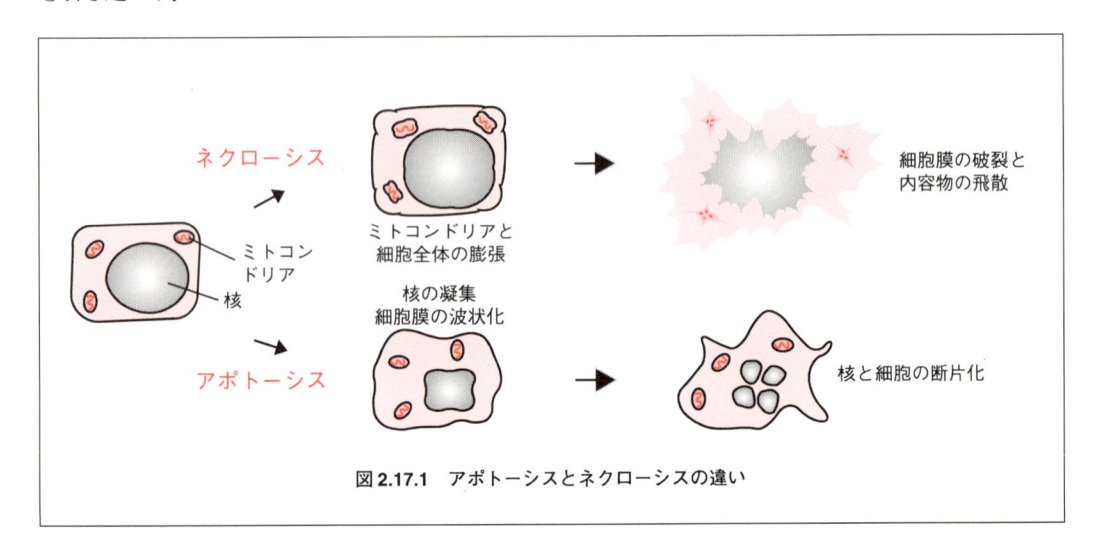

図2.17.1　アポトーシスとネクローシスの違い

アポトーシスは，形態形成・生体制御・生体防御という重要な生命システムの維持に深く関わる現象である（図2.17.2）．ネクローシスが外傷など物理的・化学的な要因で起こるのに対し，アポトーシスは生理的な要因で起こり，自発的かつ計画的に実行される．特に，アポトーシスは形態形成に必須であり，指の間やオタマジャクシの尾等の将来不必要となる細胞はアポトーシスによって消滅する．このような細胞死は，発生プログラムに組み込まれているという意味から，**プログラム細胞死** programmed cell death とよばれている．

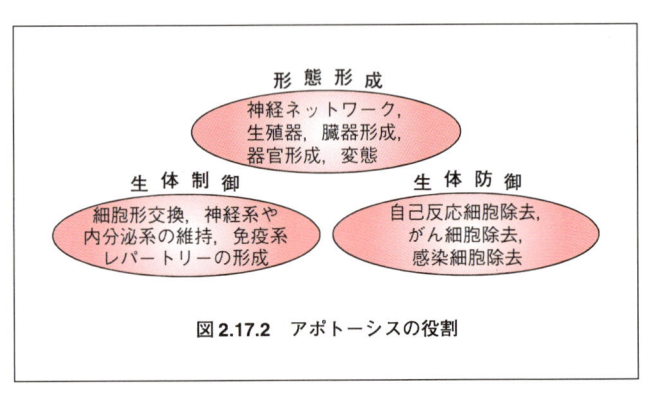

図2.17.2　アポトーシスの役割

2-17-2 アポトーシスのシグナル伝達

アポトーシスは内的要因と外的要因によって起こる．内的要因としては，抗癌剤，γ線照射，ホルモン，環境物質などによって引き起こされるDNAの損傷や細胞小器官の損傷が挙げられる．一方，外的要因には，他の細胞（あるいは自ら）から放出されるFasリガンド，TNFα，TRAIL（TNF related apoptosis inducing ligand）などの細胞死誘導因子 death factor がある．

アポトーシスのプログラムが起動すると，アポトーシスを誘導するタンパク質群（アポトーシス促進

因子)が活性化される(図2.17.3)．このタンパク質群は，ミトコンドリア膜の透過性を上昇させることで，ミトコンドリア内に蓄えられたシトクロム c を遊離させる．遊離したシトクロム c は細胞質で**カスパーゼ**caspaseとよばれるタンパク質分解酵素を活性化する．カスパーゼは現在14種類以上知られ，活性中心にシステインをもつプロテアーゼ(タンパク質分解酵素)である．カスパーゼはカスケードを形成し，次々に活性化されることで分解シグナルを増幅し，最終的にカスパーゼ3が細胞内タンパク質を分解する．

アポトーシスはクロマチンの断片化を引き起こすことも知られている．アポトーシスを起こした細胞からDNAを抽出し電気泳動すると，180塩基対単位のDNA断片が観察される．これはクロマチンがエンドヌクレアーゼによりヌクレオソーム単位で断片化(分解)されているためである．このようなDNAの断片化はネクローシスではみられないことから，アポトーシスの指標とされる．

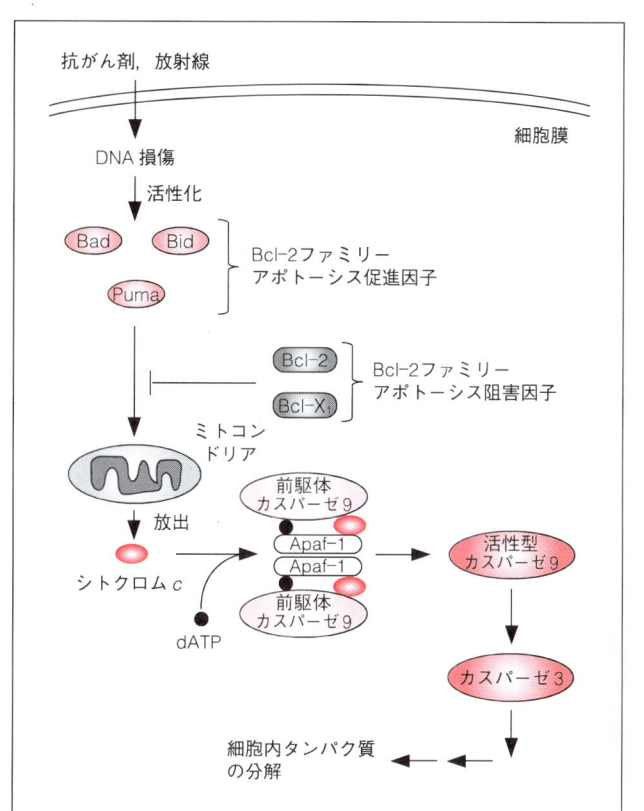

図2.17.3　DNA損傷によるアポトーシスのシグナル伝達．放射線照射や抗がん剤などによってDNAが損傷を受けると，アポトーシス促進因子が活性化されアポトーシスが起動する．ミトコンドリアから放出されたシトクロム c はApaf-1と結合し，カスパーゼ9を活性化する．一方，アポトーシス阻害因子は，アポトーシス促進因子の活性化を抑える．

2-17-3　貪食と分解

アポトーシスを起こした細胞は，マクロファージなどの食細胞により貪食される．その際，マクロファージに対して"Eat me"シグナルとよばれる目印を提示する．"Eat me"の一例は，ホスファチジルセリンの細胞膜外への移行である．ホスファチジルセリンは脂質二重層の細胞膜成分であり，正常時は細胞質側に位置している．アポトーシスが起こると，ホスファチジルセリンは外側の膜に転送され細胞外空間に露出する．露出したホスファチジルセリンはマクロファージを誘引し，アポトーシス細胞が貪食処理される．

2-17-4　アポトーシスと疾患

アポトーシスは生命システムを維持するために重要な働きをする一方で，疾患の原因となることもある．例えば，**後天性免疫不全症候群** acquired immune deficiency syndrome(**AIDS**)の病態にアポトーシスが関わっている．AIDSは**ヒト免疫不全ウイルス** human immunodeficient virus(**HIV**)というレトロウイルス(2-18参照)の感染により引き起こされる免疫不全疾患である．その病態はウイルス感染によるCD 4^+ T細胞数の減少であり，この減少はアポトーシスが原因となって起こる．すなわち，HIVは宿主の免疫細胞にアポトーシスを誘導することで，宿主の免疫機能を著しく低下させている．

2-18 レトロウイルス

2-18-1 レトロウイルスとは

　ウイルス粒子は，遺伝情報を担うゲノムとそれを取り囲むタンパク質（外被：coat）とから構成される（図2.18.1）．内包するゲノムの種類によってDNAウイルスとRNAウイルスに分類される．RNAウイルスのうち，遺伝情報をDNAに逆転写し，宿主染色体に組み込む過程を経て増殖するものを**レトロウイルス** retro virusとよぶ．

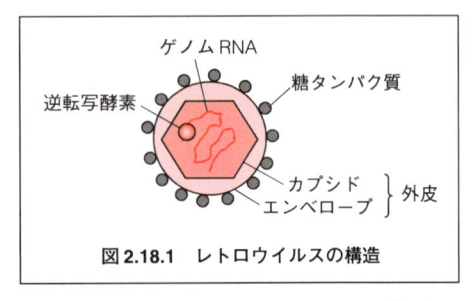

図2.18.1　レトロウイルスの構造

　レトロとは，DNAからRNAという通常のセントラルドグマ（1-9参照）の流れを"逆行 retro"するという意味である．代表的なレトロウイルスとしては，本項で述べるがんウイルスや，2-17項で述べたHIVなどがある．

2-18-2 レトロウイルスの生活環

　レトロウイルスの生活環を図2.18.2に示す．レトロウイルスの外被は脂質二重層膜とタンパク質とからなり，外被に含まれるエンベロープタンパク質が宿主細胞の受容体に結合して，ウイルス粒子が宿主細胞内に取り込まれる．

　細胞への進入とともにエンベロープタンパク質は消失し，カプシドとコアだけになったのち，ウイルス粒子に含まれる**逆転写酵素** reverse transcriptaseによって，ウイルスRNAに相補的なDNA（cDNA）が合成される．このcDNAは，さらに逆転写酵素によって2本鎖DNAに変換され，宿主の染色体にランダムに組み込まれる．組み込まれたウイルスDNAを**プロウイルス** provirusとよぶ．

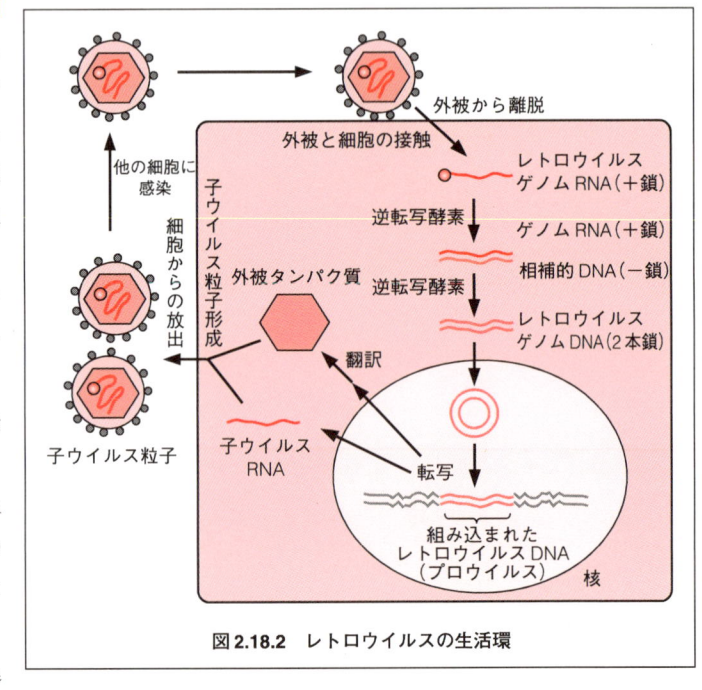

図2.18.2　レトロウイルスの生活環

　組み込まれたウイルスDNAは，宿主細胞の代謝系を利用して転写・翻訳される．翻訳産物からは外被タンパク質が形成され，mRNAは子ウイルスのゲノムとなる．ウイルスの粒子は細胞内で組み立てられたのち宿主細胞の膜を被って細胞外に出芽し，感染可能な子ウイルス粒子となる．

2-18-3 レトロウイルスの研究からがん遺伝子 c-onc の発見へ

　レトロウイルスの一種である**ラウス肉腫ウイルス** rous sarcoma virus（RSV）をニワトリ繊維芽細胞に感染させると，細胞の塊が形成される．この細胞塊をニワトリに移植すると肉腫が生じることから，RSVには細胞のがん化を導く遺伝子が存在すると考えられた．そこで，細胞塊の形成能を失なったウイルス（欠陥RSV）のゲノムRNAと野生型RSVのゲノムRNAの配列を比較することによって，細胞

のがん化に関わる遺伝子が同定された．

RSVのゲノムRNAから逆転写酵素とランダムプライマーによって1本鎖cDNAの断片を合成し，欠陥RSVのゲノムRNAと混合（ハイブリダイズ）することによって，1本鎖で残ったcDNA断片（すなわちRSVだけに存在する配列に対応するcDNA）が単離された（図2.18.3）．このcDNA断片に含まれた遺伝子こそが，世界で初めて発見された，がん遺伝子srcである．

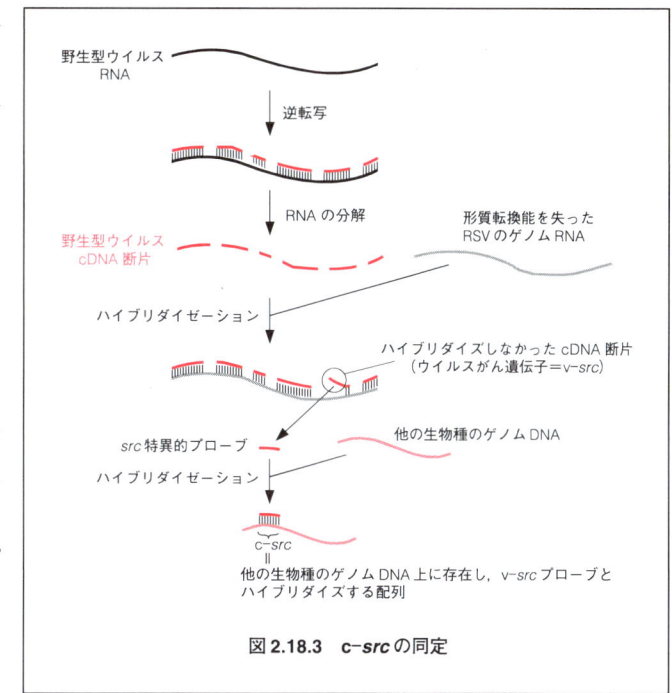

次いで，このがん遺伝子srcをプローブとして，様々な細胞から得られた染色体DNAと混合したところ，RSVに感染していない宿主のゲノムにもがん遺伝子srcが存在することがわかった．これまでにクローニングされた発がん性プロウイルスの大部分は，宿主由来のがん遺伝子であることが確認されている．

ウイルスのもつがん遺伝子を一般的にv-oncと表記し，それに対応する宿主細胞の遺伝子をc-oncと表記する．src遺伝子の場合，ウイルス由来の遺伝子はv-src，細胞由来の遺伝子はc-srcとなる．したがって，c-oncやc-srcは原がん遺伝子ということになる（2-16を参照）．

図2.18.3　c-srcの同定

2-18-4 レトロウイルスによる発がんのメカニズム

発がん性レトロウイルスに含まれるがん遺伝子v-oncは，もともと宿主動物に含まれる遺伝子が変異したものである．つまり，レトロウイルスが宿主の遺伝子を無作為に取り込み，その際に損傷や組み換えが起こることで，がん遺伝子になったと考えられる．このようながん遺伝子を含むがんウイルスは，宿主細胞に高い確率でがんを引き起こす．

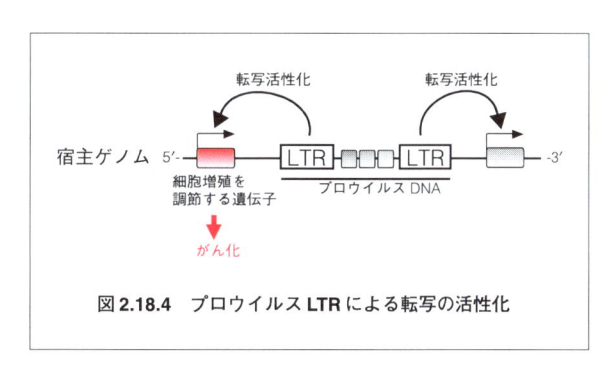

図2.18.4　プロウイルスLTRによる転写の活性化

一方，野生型のレトロウイルスも低頻度で宿主にがんを引き起こすことが知られている．レトロウイルスのゲノムに含まれる**long terminal repeat**（**LTR**）とよばれる末端の長い反復配列が，宿主のゲノムに組み込まれると，近傍の遺伝子の転写を無作為に活性化する（図2.18.4）．このとき，もし組み込まれたLTRが，細胞増殖を調節する機能をもつ遺伝子の転写を無作為に活性化した場合，細胞はがん化する可能性がある．

2-19 生体防御機構

2-19-1 自然免疫応答と適応免疫応答

　全ての生体は，ウイルスやバクテリア等の寄生生物(病原体)の侵入に対する防御機構として，**免疫応答** immune response を発達させた．図2.19.1に示したように，免疫応答には大きく分けて2種類ある．病原体の侵入をきっかけにして速やかに起こる**自然免疫応答** innate immune response と，自然免疫応答によって提示された抗原に応答する**適応免疫応答** adaptive immune response (**獲得免疫応答**ともいう) である．

　自然免疫応答は食細胞を中心とした原始的な免疫応答であり，無脊椎動物の大部分はこれに依存する．一方，適応免疫応答は，外敵の抗原に対して特異的に作用する免疫応答であり，脊椎動物はこれを自然免疫と併用する．また，適応免疫応答は，体液性免疫(2-20を参照)と細胞性免疫(2-21を参照)に分類され，主にリンパ球が関わる．図2.19.2に，免疫応答に関わる細胞群を示す．

図2.19.1　自然免疫応答と適応免疫応答

2-19-2 自然免疫応答

　自然免疫応答は，組織にあらかじめ存在するマクロファージなどの食細胞が外敵を無差別に排除する免疫応答で，感染初期の防御応答として重要である．食細胞は，大部分の微生物に保存された特定の免疫刺激分子(細胞壁成分のペプチドグリカンやリポ多糖など)によって誘引され，それらを生産する細胞を貪食する．

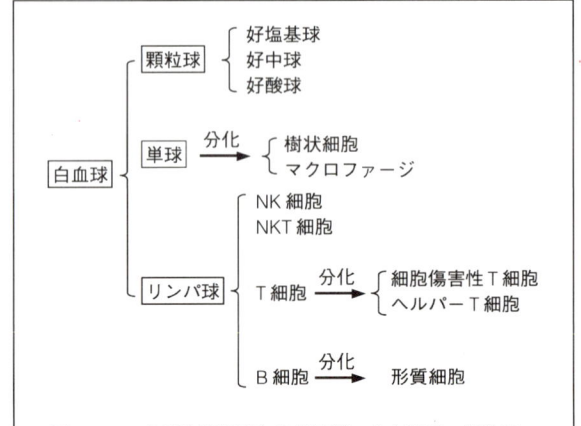

図2.19.2　免疫応答に関わる細胞群．白血球は，顆粒球，単球，リンパ球に分けられ，それぞれの細胞が様々な役割をもって免疫応答に関わる．

　免疫刺激分子は一定のパターンで病原体表面に存在するため，宿主にはそのパターンを認識する**パターン認識型受容体** pattern-recognition receptor (PRR) をもっている．PRRには食作用の始動と自然免疫系の遺伝子発現を引き起こすという2つの機能がある．PRRの1つである Toll 様受容体 Toll-like receptor (TRL) ファミリーは，免疫刺激分子によって活性化されると，組織に炎症反応を引き起こす．炎症反応には，食細胞の誘引と活性化だけでなく組織の治癒も促進するという働きがあり，また，炎症による発熱が後述する適応免疫応答を補助する役割がある．

2-19-3 補体は食作用を補助する

　補体 complement とは，自然免疫系の一部としてさまざまな役割を担う血中タンパク質の一群である．補体成分はC1からC9と9つあり，連鎖増幅(カスケード)を形成して活性化される(図2.19.3)．C1〜C4はどれもプロテアーゼの前駆体であり，それぞれ分解されることによって活性化する．C3が分解されるとC3aとC3bが生じ，C3bは病原体の膜上でC5を分解してC5aとC5bを生じる．

　C6以降は，活性化することでC5bに結合していき，最終産物であるC5b6789は**膜傷害複合体** membrane-attack complex (**MAC**) とよばれ，病原体の表面に付着して細胞膜に穴を空け，溶菌や溶血を引き起こす．

また，一部の病原体の表面にC3が結合することで，抗体を介さずにC3が活性化される．C3bは単独で病原体表面に結合する．これを**オプソニン化** opsonizationとよび，食細胞による貪食作用を促進する働きがある．C3aとC5aは，アナフィラトキシンともよばれ，好塩基球や脂肪細胞に作用してヒスタミンの遊離を促すことで，炎症を引き起こす作用をもつ．

2-19-4 適応免疫応答

病原体を無差別に排除する自然免疫応答に対して，病原体に特異的な物質(抗原)に対して特異的に応答するのが適応免疫応答である．適応免疫応答は，リンパ球とよばれる特定の白血球によって実行される．リンパ球は抗原に特異的な受容体をもち，抗原との結合を引き金にして分化・増殖する．

適応免疫応答に関わるリンパ球は，主に体液性免疫応答に関与するBリンパ球(以下，**B細胞** B cell)と，主に細胞性免疫応答に関与するTリンパ球(以下，**T細胞** T cell)に分類される(図2.19.4)．B細胞は病原体を中和する抗体を産生し，T細胞はウイルス感染細胞を直接破壊する．

2-19-5 異物の侵入に対する障壁

免疫系以外の生体防御機構としては，異物の侵入に対する物理的，生理・化学的な障壁が挙げられる．ヒトの場合，皮膚の外側にはケラチンからなる角質層があり，気道には粘膜や繊毛，腸管には粘液層が存在し，これらが物理的障壁として働く．また，分泌物の中には，リゾチームやラクトフェリンなどの抗微生物活性を示す物質が含まれ，これらが生理的・化学的障壁として働いている．

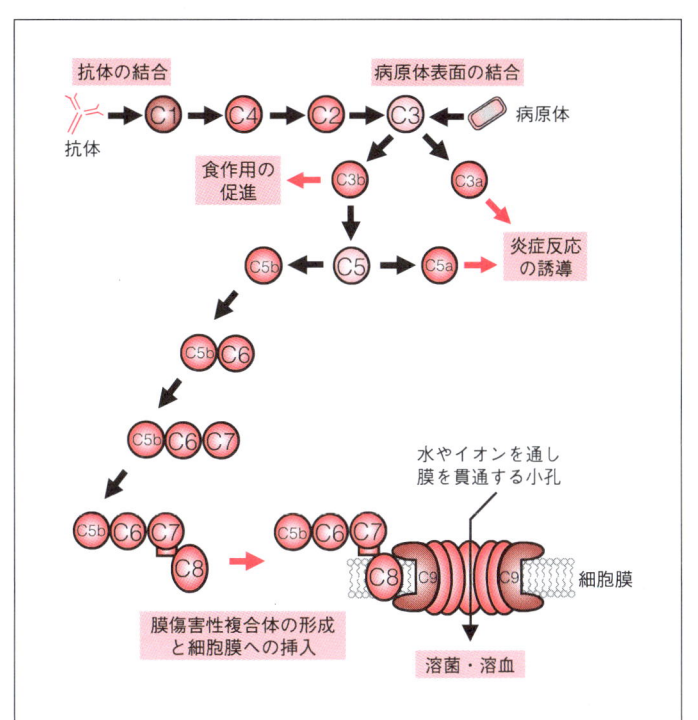

図2.19.3 補体の活性化カスケード．抗体や病原体との結合を引き金にして，補体成分がカスケードを形成して活性化される．C5b678にC9が結合すると，C9の構造が変化し，病原体の細胞膜に挿入される．C9は次々と連結し，膜貫通型の小孔をもつ膜傷害性複合体(C5b6789)が形成される．この小孔は水やイオンを自由に通すため，病原体に溶菌・溶血が引き起こされる．

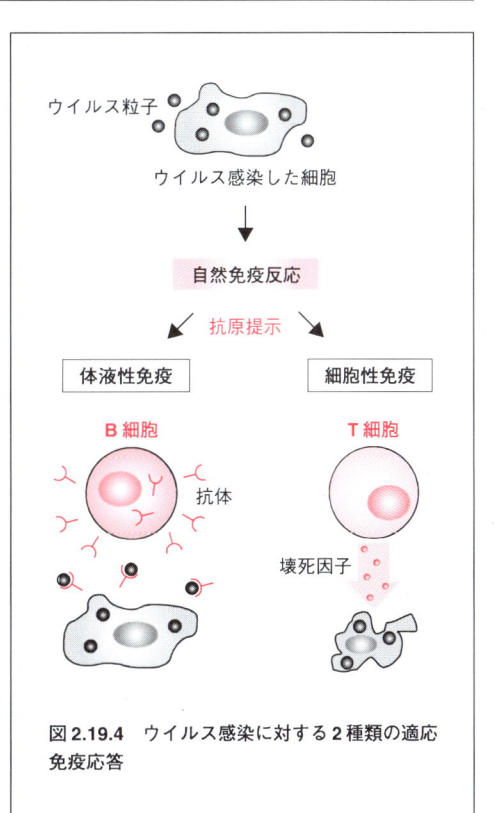

図2.19.4 ウイルス感染に対する2種類の適応免疫応答

2-20 体液性免疫

2-20-1 体液性免疫の概要

適応免疫応答のうち，**抗体** antibody による免疫応答を**体液性免疫** humoral immunity という（図2.20.1）．抗体は，病原体特有の物質（**抗原** antigen）に特異的に結合するタンパク質であり，病原体が侵入（感染）すると大量に産生される．

まず，病原体が体液中に侵入すると，マクロファージや樹状細胞などの抗原提示細胞 antigen presenting cell（APC）が病原体を取り込み，ナイーブT細胞（Th0細胞）に抗原提示する．それによりTh0細胞はヘルパーT2細胞（Th2細胞）へと分化し，B細胞と結合する．B細胞と結合したTh2細胞は，IL-4やIL-13などの**サイトカイン** cytokine を放出し，B細胞の活性化を促進する．

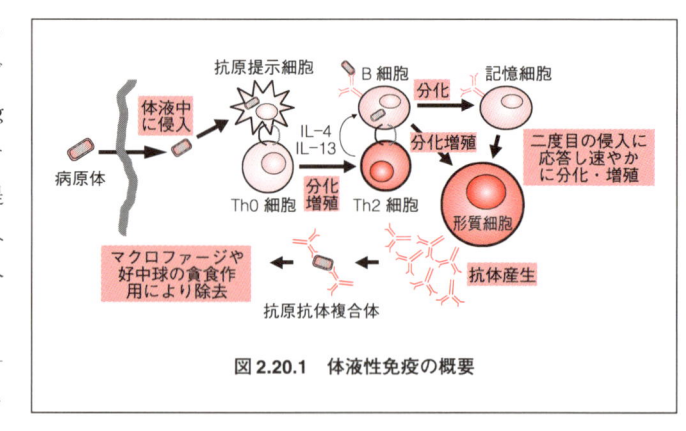

図2.20.1 体液性免疫の概要

活性化されたB細胞は，**形質細胞** plasma cell へと分化し，抗体を大量に産生する．また，活性化されたB細胞の一部は，**記憶細胞** memory cell へと分化し，二度目の侵入に応答して速やかに形質細胞へと分化する（免疫記憶，後述）．

抗体は病原体表面の抗原に特異的に結合し，抗原抗体複合体を形成する．この複合体を目印にしてマクロファージや好中球が動員され，貪食作用によって病原体は除去される．いったん産生された抗体は，血流によって全身に運ばれ，広範囲かつ長期間作用する．

2-20-2 「B細胞」の活性化

体液性免疫の主役であるB細胞は骨髄でつくられ，末梢リンパ節へ移動し，そこで抗原特異的に応答して活性化される．B細胞の活性化には，抗原受容体への非自己抗原の結合と，**主要組織適合性複合体** major histocompatibility complex（**MHC**）クラスⅡ（詳しくは2-21参照）およびCD40受容体を介したTh2細胞との結合が必要となる（図2.20.2）．前者は，抗原の特異的な認識に，後者は非自己抗原の確認にそれぞれ機能し，前者とだけしか結合しなかったB細胞は，不活性化もしくはアポトーシスによって自滅する（免疫寛容，2-21参照）．

活性化したB細胞は，形質細胞へと分化する．形質細胞は，抗体を大量に産生するが，1種類の形質細胞は1種類の抗体しか産生しないため，抗体の数だけ（＝抗原の数だけ）前駆体であるB細胞には膨大なバリエーションが必要になる．

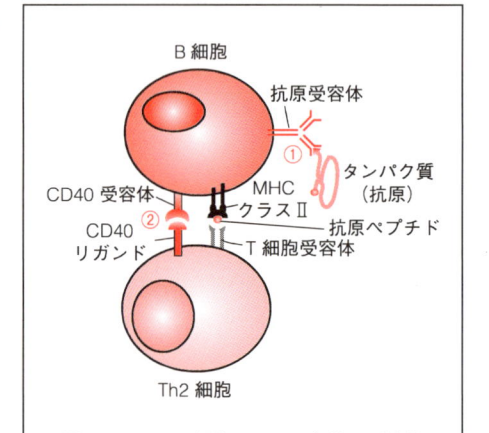

図2.20.2 Th2細胞によるB細胞の活性化．B細胞の抗原受容体に抗原が結合すると，抗原特異的なシグナルが伝達される（①）．その後，抗原はB細胞内でペプチドにまで分解され，MHCクラスⅡを介して細胞表面に提示される．提示された抗原ペプチドをTh2細胞が認識し，それと同時にCD40受容体を介して抗原非特異的なシグナルがTh2細胞から伝達される（②）．この2つのシグナルによってB細胞は活性化される．

2-20-3 クローン選択説

脊椎動物が膨大なバリエーションのB細胞をつくり出す説明としては，「クローン選択説 clone selection theory」が有力である．この説では，膨大なバリエーションのB細胞は，クローンとして"先天的"に存在するとしている．つまり，前駆細胞からB細胞へと分化する段階で，手当たり次第に膨大なバリエーションのB細胞"クローン"がつくられ，抗原の侵入に伴いその抗原と結合できるB細胞だけを"選択"して用いているのである．

2-20-4 抗体の立体構造と多様性

B細胞のバリエーションを決定しているのは抗体の立体構造である．抗体は**免疫グロブリン** immunoglobulin (Ig) というタンパク質の総称であり，図2.20.3に示すように，重鎖 (**H鎖** heavy chain) と軽鎖 (**L鎖** light chain) が，ヒンジを介してS-S結合でつながった構造をしている．

抗原が結合する部位は，H鎖とL鎖のN末端領域に位置する超可変領域 hyper variable region (HVR) であり，HVRのアミノ酸配列は抗体ごとに異なるため，それぞれ異なる立体構造をとる．

HVRのアミノ酸配列のバリエーションは，それをコードする抗体遺伝子の配列のバリエーションに起因する．L鎖とH鎖をコードする遺伝子は，それぞれ断片として異なる染色体上に存在し，B細胞の分化に伴い，両鎖をコードする全塩基配列が部位特異的組換えによって再構成される（図2.20.4）．この再構成の際に，遺伝子断片の末端からヌクレオチドの欠失や挿入がランダムに起こり，HVRの膨大な多様性が生み出される．

図2.20.3　抗体の模式図

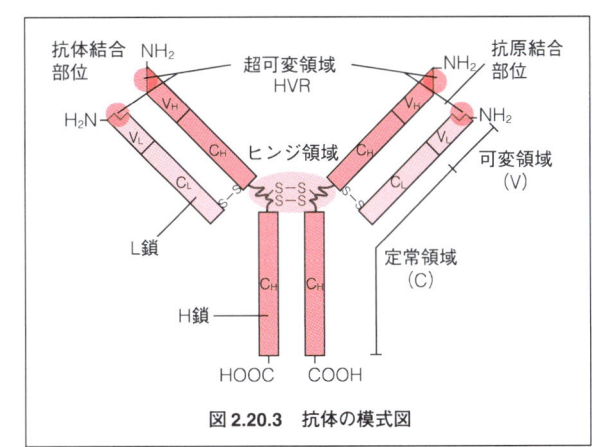

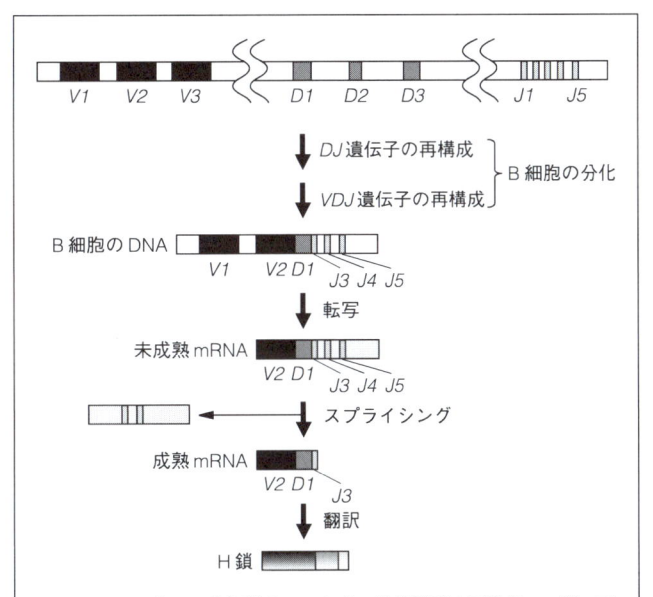

図2.20.4　H鎖の可変領域をコードする塩基配列の再構成． H鎖の可変領域をコードする遺伝子群を簡略化して示した（C領域は省略）．H鎖の可変領域はV断片，D断片，J断片という3つの断片から構成される遺伝子によってコードされる．各断片の組合わせによって，可変領域のアミノ酸配列は多様化する．B細胞の分化に伴い，第1の再構成でDJ遺伝子が連結され，第2の再構成でVDJ遺伝子が再構成される．VDJ遺伝子が転写され，スプライシングによって余分なJ遺伝子断片が除去されたのち，この成熟mRNAが翻訳されることによって，H鎖の可変領域ができる．

2-20-5 免疫記憶

抗原と結合したB細胞の一部は，形質細胞ではなく記憶細胞へと分化する（図2.20.1）．記憶細胞自体は免疫応答には関わらないが，病原体の再感染に応答して速やかに形質細胞へと分化するため，1度目の感染よりも短時間で抗体が産生される．活性化されたB細胞は数週間以内に死滅するが，記憶細胞は生涯にわたり生き続け，病原体の再感染に対する終生の備えとなる．このような記憶細胞による免疫応答を，**免疫記憶** immunologic memory とよぶ．

2-21 細胞性免疫

2-21-1 細胞性免疫の概要

抗体を用いて細胞外の病原体(主に細菌)を排除する体液性免疫に対して,細胞内に侵入した病原体(主にウイルス)を感染細胞ごと排除する免疫を**細胞性免疫** cell-mediated immunity という(図 2.21.1).

まず,ウイルスに感染した細胞は,ウイルスタンパク質の一部を細胞表面に抗原として提示する.抗原提示を受けたナイーブ T 細胞は,**細胞傷害性 T 細胞** cytotoxic T cell (Tc 細胞)へと分化する.Tc 細胞は IL-2 によって活性化され,感染細胞を攻撃する.Tc 細胞の一部は記憶細胞へと分化し,2 度目の感染に素早く応答するために備える.

一方,マクロファージや樹状細胞などの抗原提示細胞は,ナイーブ T 細胞に抗原を提示し,それを認識したナイーブ T 細胞が**ヘルパー T 1 細胞**(Th 1 細胞)へと分化する.Th 1 細胞は,IL-2 や IFN-γ などのサイトカインを放出し,Tc 細胞とマクロファージが活性化される.活性化マクロファージは感染細胞を活発に攻撃する.

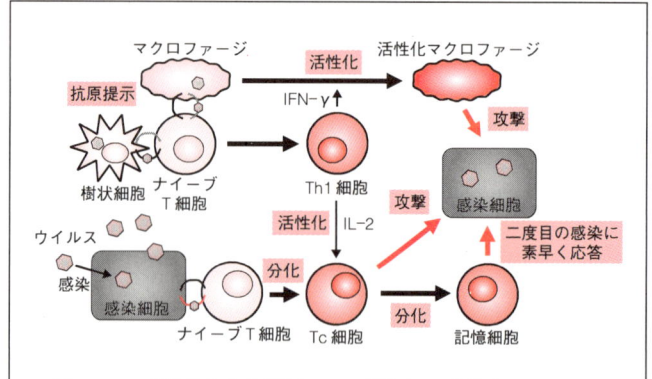

図 2.21.1 細胞性免疫の概要.Th 1 細胞が Tc 細胞とマクロファージを活性化し,両者からの攻撃によって感染細胞は排除される.

2-21-2 抗原提示細胞による T 細胞の活性化

細胞性免疫の主役である T 細胞は胸腺でつくられ,マクロファージや樹状細胞などの抗原提示細胞によって活性化される.抗原提示細胞は,取り込んだ抗原をペプチドにまで分解し,MHC 分子を介して細胞表面に提示する(図 2.21.2).提示された抗原ペプチドをナイーブ T 細胞の受容体 T cell receptor(TCR)が認識し,T 細胞内部に抗原特異的シグナルが送られる.一方,**補助刺激タンパク質** co-stimulatory protein とその受容体を介して抗原非特異的シグナルが T 細胞に送られる.

抗原特異的シグナルと抗原非特異的シグナルの両方が伝達された場合のみ,T 細胞が活性化される.一方,抗原特異的シグナルだけを受け取った場合は,T 細胞は,その抗原に対して応答しなくなる.これを**免疫寛容** immune tolerance という.このしくみによって,T 細胞は自己抗原を提示する自己の細胞を攻撃しないように(寛容に)なっており,このしくみが崩壊すると,**自己免疫疾患** autoimmune disease となる.

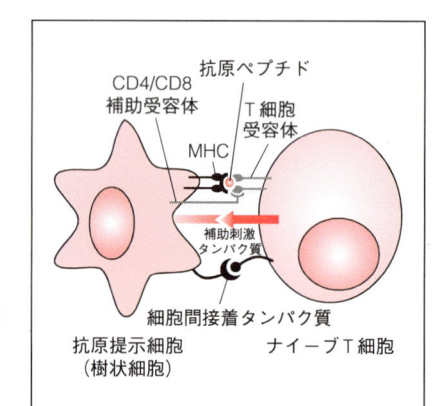

図 2.21.2 抗原提示細胞による T 細胞の活性化.CD4 と CD8 はともに補助受容体として,MHC の不変部分に結合する.CD4 は MHC クラス II を,CD8 は MHC クラス I をそれぞれ認識する.細胞間接着タンパク質は,T 細胞が活性化されるまでの間,抗原提示細胞との結合を支持する.

2-21-3 MHC 分子による T 細胞の分化

活性化した T 細胞は,Tc 細胞だけでなく Th 細胞にも分化する.どちらに分化するかは,抗原提示

に用いられるMHCのクラスによって決まる．

　MHC分子は，クラスIとクラスIIに大別される（図2.21.3）．クラスI分子は，ほとんどの有核細胞でつくられており，内在性抗原（細胞内に侵入した病原体によって産生されるタンパク質）を提示し，自身が病原体に感染していることをT細胞に示す．これをCD8$^+$ T細胞が認識し，Tc細胞へと分化することで，感染細胞を排除する（後述）．

　一方，クラスII分子は，マクロファージや樹状細胞など非自己抗原に反応する細胞でしかつくられない．したがって，提示する抗原は，細菌や寄生虫などの外来性抗原のみであり，これをCD4$^+$ T細胞が認識し，Th細胞（Th1もしくはTh2細胞）へと分化する．分化したTh細胞は，細胞性免疫だけではなく体液性免疫にも重要な役割を担う（後述）．

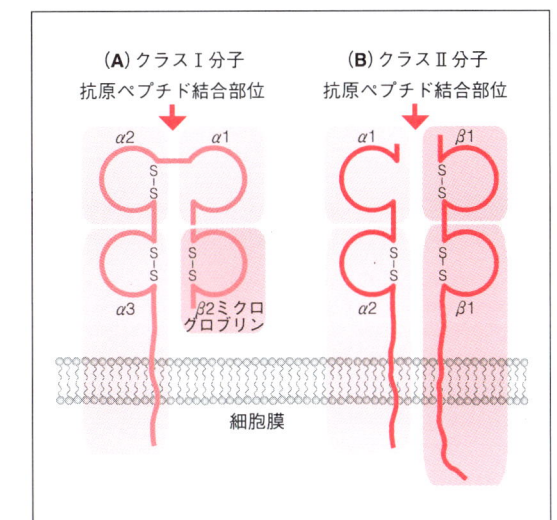

図2.21.3　MHC分子の模式図．（A）クラスI分子の細胞外ドメインは，3つのα鎖（α1，α2，α3）とβ2-ミオグロブリンで構成される．α1とα2は多型に富む．（B）クラスII分子はα鎖とβ鎖の複合体で，α1とβ1が多型に富む．抗原ペプチド結合部位に非自己抗原が提示される．

2-21-4　Tc細胞は感染細胞を直接攻撃する

　Tc細胞は，非自己の抗原が提示された自己の細胞を標的とする．ウイルスなどに感染した細胞は，ウイルスタンパク質の一部をMHCクラスIを介して細胞表面に提示することにより，自身が感染されたことをナイーブT細胞に伝達する．伝達されたナイーブT細胞は，Tc細胞へと分化し，Fasリガンド等のアポトーシス誘導因子を分泌することによって，感染細胞にアポトーシスを誘導して自滅へと導く．

2-21-5　Th細胞は免疫応答を補助する

　Th細胞自体には細胞傷害能はなく，その代わりに様々なサイトカインを分泌して免疫応答を補助する．産生するサイトカインによって，Th1細胞とTh2細胞に分類される（図2.21.4）．

　Th1細胞は，細胞性免疫において重要な役割を担っており，**腫瘍壊死因子α（TNF-α）やインターフェロンγ（INF-γ）**を産生する．TNF-αは感染細胞にアポトーシスを促し，INF-γはマクロファージを活性化する．一方，Th2細胞は，種々の**インターロイキン** interleukin（IL）を産生し，体液性免疫において重要な役割を担っている（2-20参照）．Th1細胞が多くなると細胞性免疫が優位に働き，Th2細胞が多くなると体液性免疫が優位に働く．

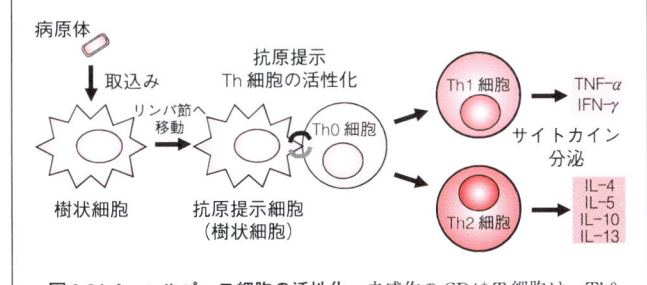

図2.21.4　ヘルパーT細胞の活性化．未感作のCD4$^+$ T細胞は，Th0細胞（ナイーブT細胞）とよばれる．

分子生物学に関連するノーベル賞受賞者一覧

ノーベル生理学・医学賞

年	受賞者	受賞題目	関連する本書の項
1959	Severo Ochoa, Arthur Kornberg	リボ核酸およびデオキシリボ核酸の生合成機構の発見(DNA 複製)	1-5
1962	James Watson, Francis Crick, Maurice Wilkins	核酸の分子構造および生体の情報伝達におけるその重要性の発見(DNA の二重らせん構造)	1-2
1965	Francois Jacob, Jacques Monod, Andre Lwoff	酵素およびウイルス合成の遺伝的制御に関する発見(オペロン説)	1-15
1968	Robert Holley, Har Khorana, Marshall Nirenberg	遺伝暗号とそのタンパク質合成における機能の解明	1-13
1969	Max Delbruck, Alfred Hershey, Salvador Luria	ウイルスの複製機構と遺伝的構造に関する発見(ファージの遺伝物質)	1-6
1971	Earl Sutherland	ホルモンの作用機作に関する発見	2-5
1975	Renato Dulbecco, Howard Temin, David Baltimore	腫瘍ウイルスと細胞内の遺伝物質との相互作用に関する発見	2-18
1978	Daniel Nathans, Hamilton Smith, Werner Arber	制限酵素の発見と分子遺伝学への応用	3-1
1983	Barbara McClintock	可動遺伝子の発見	1-24
1987	利根川進	抗体の多様性に関する遺伝的原理の発見	2-20
1989	Michael Bishop, Harold E. Varmus	ガン遺伝子のレトロウイルスが細胞起源であることの発見	2-18
1993	Richard Roberts, Phillip Sharp	分断された遺伝子の発見(イントロンの発見)	1-11
1994	Alfred Gilman, Martin Rodbell	G タンパク質およびそれらの細胞内情報伝達における役割の発見	2-5
1995	Edward Lewis, Eric Wieschaus, Christiane N-Volhard	初期胚発生における遺伝的制御に関する発見(ショウジョウバエの体節形成)	2-9
1996	Peter Doherty, Rolf Zinkernagel	細胞性免疫防御の特異性に関する研究	2-21
1997	Stanley Prusiner	プリオン―感染症の新たな生物学的原理―の発見	1-20
1999	Günter Blobel	タンパク質が細胞内での輸送と局在化を司る信号を内在していることの発見	2-7
2001	Leland Hartwell, Tim Hunt, Paul Nurse	細胞周期における主要な制御因子の発見	2-3
2002	Sydney Brenner, Robert Horvitz, John Sulston	器官発生とプログラム細胞死の遺伝制御に関する発見(線虫のアポトーシス)	2-17
2006	Andrew Fire, Craig Mello	RNA 干渉―二重鎖 RNA による遺伝子サイレンシング―の発見	1-18
2007	Mario Capecchi, Martin Evans, Oliver Smithies	胚性幹細胞を用いての,マウスへの特異的な遺伝子改変の導入のための諸発見	3-14
2009	Elizabeth Blackburn, Carol Greider, Jack Szostak	テロメアとテロメラーゼ酵素が染色体を保護する機序の発見	2-2

ノーベル化学賞

年	受賞者	受賞題目	関連する本書の項
1980	Paul Berg	遺伝子工学の基礎としての核酸の生化学的研究	3-3
1980	Walter Gilbert, Frederick Sanger	核酸の塩基配列の決定	3-5
1989	Sidney Altman, Thomas Cech	RNA の触媒機能の発見	1-12
1993	Michael Smith, Kary Mullis	DNA 化学での手法開発への貢献(PCR 法)	3-6
2002	John Fenn, Kurt Wuthrich,田中耕一	生体高分子の同定および構造解析のための手法の開発(NMR,TOF-MS)	コラム
2004	Aaron Ciechanover, Irwin Rose, Avram Hershko	ユビキチンを介したタンパク質分解の発見	2-8
2006	Roger Kornberg	真核生物における転写の研究	1-10
2008	Roger Tsien, Martin Chalfie,下村脩	緑色蛍光タンパク質(GFP)の発見とその応用	3-11
2009	Venkatraman Ramakrishnan, Thomas Steitz, Ada Yonath	リボソームの構造と機能の研究	1-14

3 生命科学と技術

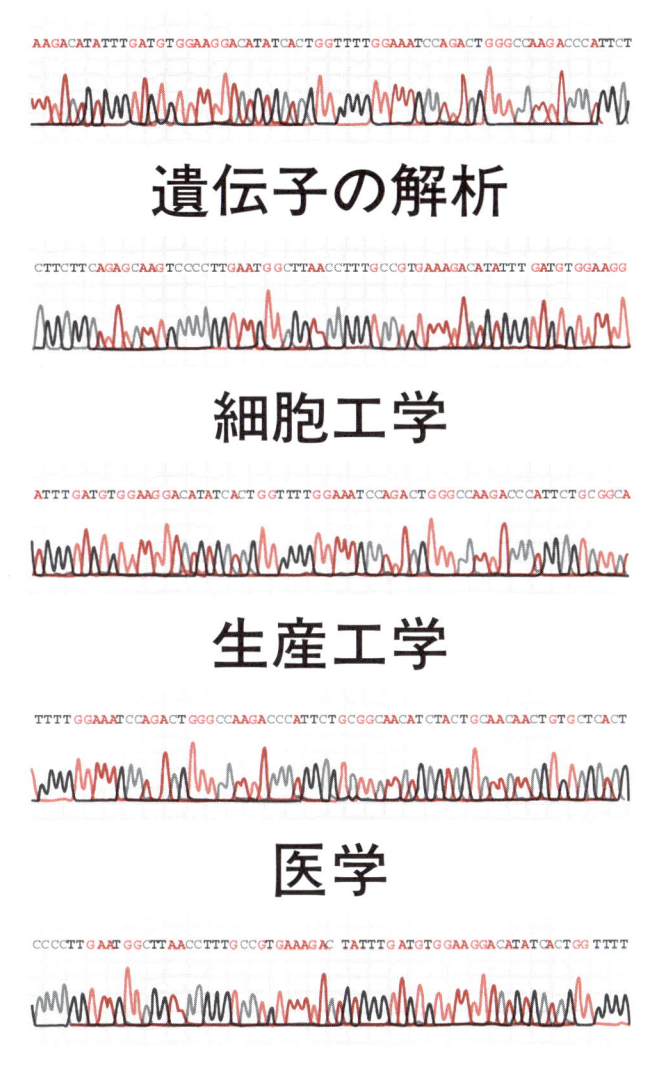

遺伝子の解析

細胞工学

生産工学

医学

3-1 制限酵素

3-1-1 制限と修飾

細菌類は侵入してきた外来のDNAを自分自身のDNAと区別し，分解してしまうような自己防衛システムをもっている．これは**制限修飾系** restriction-modification system とよばれ，ある大腸菌株で増殖してその株に特有の修飾を受けたバクテリオファージが，他の大腸菌株ではその感染が制限される（増殖が抑制される）という現象から発見された（図3.1.1）．この系は，DNAの特殊な配列を認識して切断する**エンドヌクレアーゼ** endonuclease と，同じ塩基配列を認識してメチル化する酵素の**メチラーゼ** methylase からなり，前者を**制限酵素** restriction enzyme，後者を**修飾酵素** modification enzyme とよぶ．制限酵素の認識部位がメチル化されると，その制限酵素はDNAを切断できなくなる．

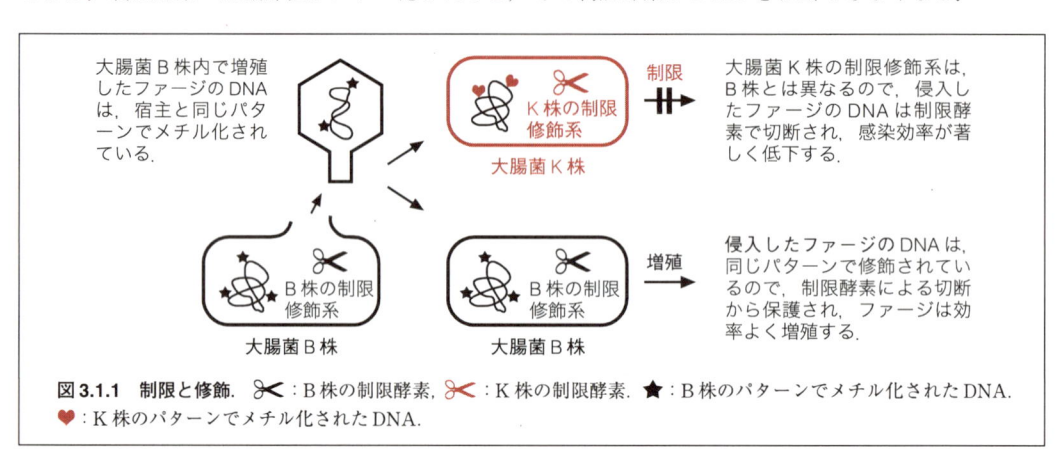

図3.1.1 制限と修飾． ✂：B株の制限酵素，✂：K株の制限酵素．★：B株のパターンでメチル化されたDNA．♥：K株のパターンでメチル化されたDNA．

3-1-2 制限酵素の3つの型

制限酵素は大きく3つの型（I～III型）に分類される．多くの制限酵素は，2本鎖DNAの4~8ヌクレオチドからなる特異的な塩基配列を認識し，2本鎖DNAを切断する．

I型とIII型の制限酵素は，それぞれ3つおよび2つのサブユニットからなり，エンドヌクレアーゼとメチラーゼ活性を併せもつ2機能酵素である．I型制限酵素の認識部位は2つに分かれた構造をもち，特異的に認識されるが，切断は認識部位から1 kb以上も離れた場所で起こる．III型制限酵素の認識部位は5~7 bpの非対称な塩基配列からなり，切断は認識部位から24~26 bp下流で起こる．なお，I型とIII型制限酵素の切断部位には，特定の塩基配列は認められない．

II型の制限酵素は単一のサブユニットで構成され，エンドヌクレアーゼ活性のみをもつ．活性の発現にはMg^{2+}を必要とし，ほとんどが4~6 bpからなる短い**パリンドローム** palindrome（回文配列）を認識し，認識配列内もしくは隣接した特異的な部位で2本鎖DNAを切断する（図3.1.2）．メチラーゼは別の遺伝子によってつくられ，制限酵素の認識部位のアデニンまたはシトシンをメチル化する．

酵素	認識および切断部位	切断された状態
(A) EcoRI	5′--GAATTC--3′ 3′--CTTAAG--5′	5′--G　　　AATTC--3′ 3′--CTTAA　　　G--5′
(B) KpnI	5′--GGTACC--3′ 3′--CCATGG--5′	5′--GGTAC　　　C--3′ 3′--C　　　CATGG--5′
(C) SmaI	5′--CCCGGG--3′ 3′--GGGCCC--5′	5′--CCC　　　GGG--3′ 3′--GGG　　　CCC--5′

図3.1.2 代表的なII型制限酵素の認識および切断部位．（A）コヘシブエンド型（5′末端突出型），（B）コヘシブエンド型（3′末端突出型），（C）ブラントエンド型．

3-1-3 遺伝子操作に汎用されるⅡ型制限酵素

Ⅱ型制限酵素は多くの菌株に見出され，その認識および切断部位が極めて特異的であり，かつ多種多様であることから（表3.1.1，表3.1.2），遺伝子操作で広く用いられている．切断の様式には**コヘシブエンド** cohesive end（粘着末端ともいう）型と，**ブラントエンド** blunt end（平滑末端 flush end ともいう）型の大きく2通りがある．前者はさらに5′末端突出型と3′末端突出型に二大別できる（図3.1.2）．

表3.1.1 代表的な制限酵素の認識配列

酵素	認識配列*	起源	酵素	認識配列*	起源
*Afa*I	GT/AC	*Acidiphilum facilis*	*Pst*I	CTGCA/G	*Providencia stuartii* 164
*Alu*I	AG/CT	*Arthrobacter luteus*	*Pvu*I	CGAT/CG	*Proteus vulgaris*
*Bam*HI	G/GATCC	*Bacillus amyloliquefaciens* H	*Pvu*II	CAG/CTG	*Proteus vulgaris*
*Bgl*II	A/GATCT	*Bacillus globigii*	*Sac*I	GAGCT/C	*Streptomyces achromogenes*
*Cla*I	AT/CGAT	*Caryophanon latum* L	*Sal*I	G/TCGAC	*Streptomyces albus* G
*Eco*RI	G/AATTC	*Escherichia coli* RY 13	*Sma*I	CCC/GGG	*Serratia marcescens* Sb
*Hae*III	GG/CC	*Haemophilus aegyptius*	*Sph*I	GCATG/C	*Streptomyces phaeochromogenes*
*Hin*dIII	A/AGCTT	*Haemophilus influenzae* Rd	*Xho*I	C/TCGAG	*Xanthomonas holcicola*
*Kpn*I	GGTAC/C	*Klebsiella pneumoniae*	*Xma*I	C/CCGGG	*Xanthomonas malvacearum*

*認識配列は片方のDNA鎖のみを記した．また，認識配列中の / は切断箇所を示す．

表3.1.2 認識配列による制限酵素の分類

	****	A****T	C****G	G****C	T****A
AATT			*Mfe*I	*Eco*RI	
ACGT			*Pml*I	*Aat*II	*Sna*BI
AGCT	*Alu*I	*Hin*dIII	*Pvu*II	*Sac*I	
ATAT		*Ssp*I	*Nde*I	*Eco*RV	
CATG		*Pci*I	*Nco*I	*Sph*I	*Bsp*HI
CCGG	*Msp*I	*Age*I	*Sma*I, *Xma*I	*Nae*I	*Acc*III
CGCG	*Acc*II	*Mlu*I	*Sac*II	*Bss*HII	*Nru*I
CTAG		*Spe*I	*Avr*II	*Nhe*I	*Xba*I
GATC	*Mbo*I, *Dpn*I	*Bgl*II	*Pvu*I	*Bam*HI	*Bcl*I
GCGC		*Hae*II		*Bbe*I	*Avi*II
GGCC	*Hae*III	*Stu*I	*Eag*I	*Apa*I	*Bal*I
GTAC	*Afa*I (*Rsa*I)	*Sca*I		*Kpn*I	*Bsr*GI
TATA					*Psi*I
TCGA		*Cla*I	*Xho*I	*Sal*I	*Nsp*V
TGCA		*Nsi*I	*Pst*I	*Apa*LI	
TTAA	*Mse*I	*Ase*I	*Afl*II	*Hpa*I	*Dra*I

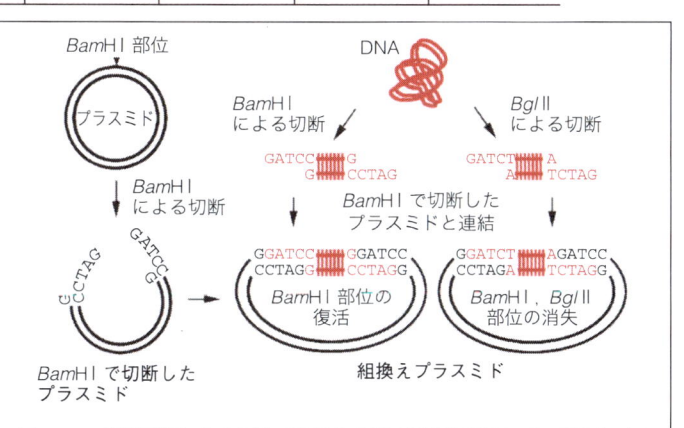

異なる菌株から単離された制限酵素でも，認識配列が互いに同じものを**アイソシゾマー** isoschizomer とよぶ．なかには，*Sma*Iと*Xma*Iのように認識配列が同じで，切断部位が異なるものもある．図3.1.3に示すように，ある制限酵素で切断される部位がプラスミド上に1カ所だけ存在する場合，その部位を用いて**クローニング** cloning できる（3-3参照）．

図3.1.3 制限酵素による切断で生じた末端の配列を利用して，組換えプラスミドを作成する．*Bam*HIで切断したプラスミドDNAは，同じ制限酵素で切断したDNA断片と混合して連結できる．また，別の制限酵素*Bgl*IIで切断したDNA断片でも，切断部位における突出した配列が同じなので，混合して連結できる．

3-2 プラスミド

3-2-1 プラスミドとは

プラスミド plasmid は細菌や酵母の細胞質に存在し，細胞内の染色体 DNA とは独立に自律的複製を行う DNA 分子である(図 3.2.1)．その環状 2 本鎖 DNA は独自の複製開始点(ori)を有し，単一のレプリコンである(1-5 参照)．プラスミドの多くは細菌の細胞から見つかっており，真核細胞の酵母にもプラスミドは存在するが，高等動植物の細胞からは未だ発見されていない．

細菌の細胞内で，異なる種類のプラスミドが共存できる場合は，それらのプラスミド間には**和合性** compatibility があり，共存できない場合，それらは**不和合性** incompatibility であるという．

一方，同一のプラスミドが細胞内に複数存在することは可能である．1 細胞当たりのプラスミドの分子数を**コピー数** copy number とよび，細胞当たり 1 コピーのものから，多い場合は千コピーを越えるものまである．表 3.2.1 に自然界から発見された多種多様のプラスミドを示した．

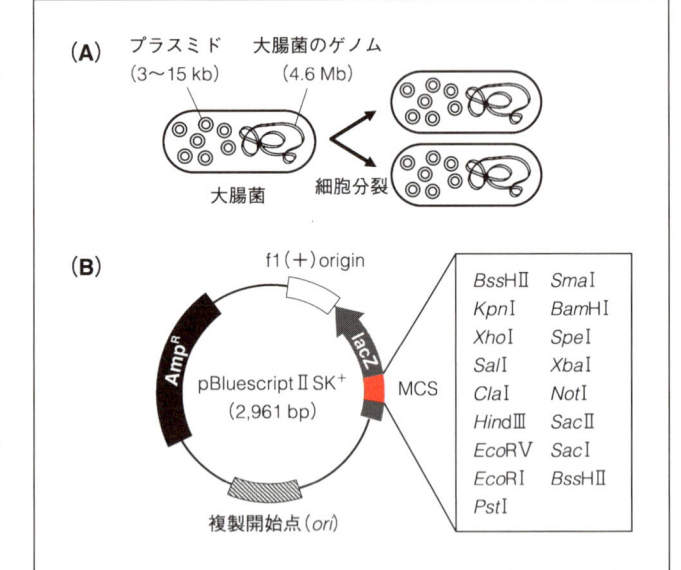

図 3.2.1 大腸菌の細胞内で複製するプラスミド．(A)細胞内で自律的に複製するプラスミドは，細胞分裂によって娘細胞へと受け継がれる．(B)遺伝子クローニング用の代表的なプラスミド pBluescript II SK$^+$ の構造．Amp^R：アンピシリン耐性遺伝子，MCS：クローニング用につくられた多数の制限酵素部位．

表 3.2.1 自然界に存在するプラスミドの代表例

プラスミド	特性	大きさ (kb)	最初に発見された宿主
F	F 因子，接合伝達性，稔性	94.5	*Escherichia coli*
RP 4	R 因子，接合伝達性，稔性，広宿主域，薬剤耐性(Amp^R, Km^R, Tet^R)，1 箇所の *Eco*R I 部位	60	*Pseudomonas aeruginosa*
FP 2	接合伝達性，稔性，広宿主域，重金属耐性	93	*Pseudomonas aeruginosa*
TOL	接合伝達性，代謝(トルエンの資化)，広宿主域	117	*Pseudomonas putida*
CAM	接合伝達性，代謝(カンフルの資化)，広宿主域	237	*Pseudomonas putida*
ColE 1	バクテリオシン産生	6.6	*Escherichia coli*
Ti	植物にクラウンゴールを誘起する病原性(例；pTiC58)	214	*Agrobacterium tumefaciens*
Ri	植物に毛状根を誘起する病原性(例；pRiA4b)	250	*Agrobacterium rhizogenes*
Sym	根粒形成と窒素固定，植物との共生(例；pNGR234a)	536	*Rhizobium* sp.

Amp^R；アンピシリン耐性，Km^R；カナマイシン耐性，Tet^R；テトラサイクリン耐性．

3-2-2 プラスミドの構造

プラスミドは，通常，細胞内では 2 本鎖の DNA が完全に閉じた**閉環状** covalently closed circular (CCC)で，スーパーコイル状の分子として存在している．このスーパーコイルのねじれを調節する酵素が**トポイソメラーゼ** topoisomerase である．2 本鎖 DNA の一方の鎖に切れ目が入ったものを**開環状** open circular(OC)分子，両方の鎖に切れ目が入ったものを**直鎖状** linear 分子という．これら 3 種類

（CCC，OC および linear）の分子をアガロースゲル電気泳動すると，同じ塩基数の場合でも泳動距離が異なる（図 3.2.2）．

3-2-3 遺伝子のクローニングと発現用のベクター

遺伝子の機能を解析するためには，まず，遺伝子を単離して均一な DNA の集団を得る（これを**遺伝子クローニング** gene cloning という）必要がある．しかし，遺伝子断片そのものには自律的複製能力はない．そこで，自然界に存在するプラスミドを改良して，複製開始点や薬剤耐性遺伝子などをもつ人工的なプラスミドがつくられた．この人工のプラスミドに遺伝子断片を連結したものを大腸菌に導入すれば，大腸菌の細胞内でプラスミドが自律的に複製し，その結果，均一な遺伝子断片が多量に得られる（図 3.3.1 参照）．このような働きをするプラスミドは，遺伝子を「運ぶもの」という意味から**ベクター** vector（**プラスミドベクター**ともいう）とよばれる．

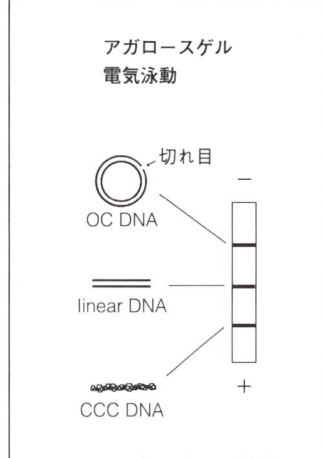

図 3.2.2 **プラスミドの構造と物性**．3 種類の形態をとるプラスミド DNA のアガロースゲル電気泳動による分離．

遺伝子クローニング用のベクターとしては，初期につくられた **pBR 322** というプラスミドが有名である．それをもとにして，**pBluescript II SK$^+$** がつくられた（図 3.2.1B）．pBluescript II SK$^+$ は ColE 1 の複製開始点をもつ多コピー型のプラスミドである．抗生物質のアンピシリンを無毒化する酵素の遺伝子（**アンピシリン耐性遺伝子；Amp^R**）のほか，外来遺伝子をクローニングするための制限酵素部位を多数有している．この**クローニング部位** cloning site に外来遺伝子を挿入したのち（できあがったものを**組換えプラスミド** recombinant plasmid という）大腸菌の細胞内に導入する．通常の大腸菌は，アンピシリンを含む培地上では生育できないが，組換えプラスミドが導入された大腸菌は生育可能となる．このような大腸菌の**形質転換体** transformant を選抜すれば，組換えプラスミドをもつ大腸菌の**クローン** clone を単離できる．それを培養して組換えプラスミドを抽出すれば，クローニングした均一な遺伝子断片が多量に得られる（図 3.3.1 参照）．近年，遺伝子クローニングの効率を向上させるために改良されたベクターや，宿主細胞内で遺伝子を発現させることを目的とした**発現ベクター** expression vector も開発されている（表 3.2.2）．発現ベクターとは，遺伝子発現に必要なプロモーターをもつプラスミドである．

表 3.2.2　遺伝子クローニングおよび遺伝子機能解析用ベクターの代表例

目的	ベクター	主な特徴	対象生物
遺伝子クローニング	pGEM®-T Easy pCR®-Blunt II TOPO®	PCR 産物の TA-クローニング DNA リガーゼのかわりにトポイソメラーゼを用いる 致死遺伝子 ccdB によるポジティブスクリーニング	大腸菌 大腸菌
タンパク質合成	pGEX シリーズ pAUR123	グルタチオン S-トランスフェラーゼとの融合タンパク質合成 IPTG による融合タンパク質の発現誘導 出芽酵母内でタンパク質合成（ADH1 遺伝子のプロモーター）	大腸菌 出芽酵母
遺伝子導入 および 遺伝子発現	pcDNA™ 3.1 pBI121	広範な哺乳動物細胞における遺伝子発現ベクター サイトメガロウイルス由来の強力なプロモーターをもつ 植物病原菌アグロバクテリウム由来のバイナリーベクター 使用されている多くのバイナリーベクターの基本型	動物細胞 植物

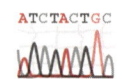

3-3 遺伝子のクローニング

3-3-1 クローニングの概要

　特定の遺伝子領域を単離して均一なDNAの集団を得ることを**遺伝子クローニング** gene cloningという．単に**クローニング** cloningということもある（図3.3.1）（3-2参照）．

　クローニングの第一段階はDNAの調製であり，それには，次のようないくつかの方法がある：(1) 巨大なゲノムDNAを制限酵素処理して断片を得る，(2) 転写産物のRNAから**逆転写酵素** reverse transcriptaseを用いて相補的なDNA（**complementary DNA；cDNA**）を調製する（図3.3.2），(3) ゲノムDNAあるいはcDNAを鋳型にして，**ポリメラーゼ連鎖反応** polymerase chain reaction（**PCR**）（3-6参照）によって特定領域を増幅し，DNA断片を調製する（図3.3.3）．

　第二段階は，このようにして得られたDNA断片をベクターに連結したのち，大腸菌の細胞内に導入する．第三段階は，プラスミドをもつ大腸菌から，目的の遺伝子が連結された組換えプラスミド（3-2参照）をもつ大腸菌の**クローン** cloneを選抜する．このような段階を経て，遺伝子のクローニングが行われる（図3.3.1）．

　この操作は遺伝子解析を行うための第一歩であり，生命現象を解明するために欠くことのできない重要な技術の1つである．ここでは，代表的なクローニングの方法について述べる．

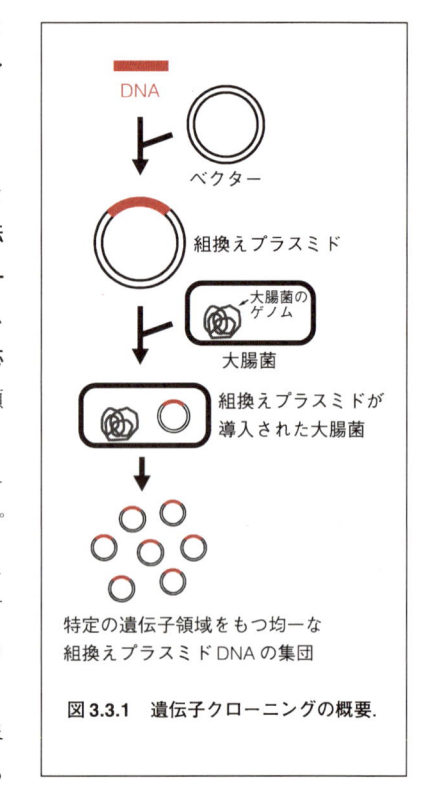

図3.3.1 遺伝子クローニングの概要．

3-3-2 DNAライブラリーを用いた遺伝子クローニング

　DNAライブラリー DNA libraryとは，DNA断片をランダムにベクター（プラスミドベクター，ファージベクター等）に挿入したものである．それを大腸菌の細胞内に導入したものをいう場合もある．細胞の全ゲノムを基に作成したものを**ゲノムDNAライブラリー** genomic DNA library，真核細胞で発現している全mRNAを基に作成したものを**cDNAライブラリー** cDNA libraryとよぶ（図3.3.2）．

　ゲノムライブラリーは，細胞から抽出した全ゲノムを制限酵素で切断したのち，ベクターに挿入する．しかし，真核細胞のゲノムにはイントロンなどの非翻訳領域が存在するので，遺伝子の翻訳領域のみを得ることはできない．そこで，mRNAを鋳型にして逆転写酵素を用いてcDNAを合成し（図3.3.2），それをランダムにベクターに挿入する．これがcDNAライブラリーである．作製したこれらのDNAライブラリーの中から，目的遺伝子のクローンを選択する．

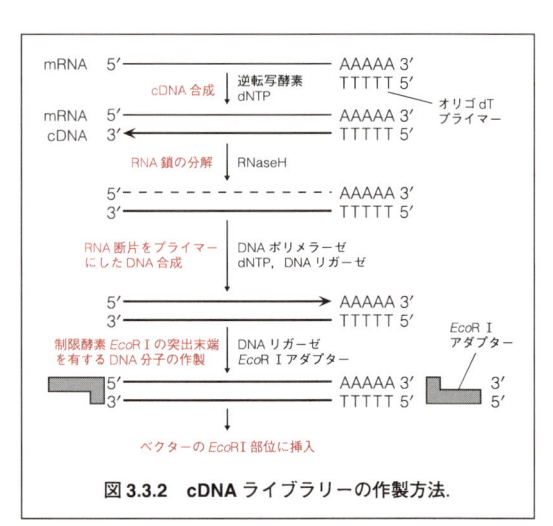

図3.3.2 cDNAライブラリーの作製方法．

3-3-3 PCRを用いた遺伝子クローニング

　PCRによって目的遺伝子のみを増幅し，それ

をクローニングする方法が近年用いられるようになった.

ヒトを含むいくつかの生物において，ゲノムの塩基配列が解読され，その情報はデータベースに登録されている．さらに，cDNAライブラリーによる網羅的な遺伝子解析によって得られた大量の情報もデータベースに登録されている．そこで，データベースの中から目的の遺伝子に関する情報を検索し，得られた遺伝子配列情報をもとにプライマーを設計し，PCRによって遺伝子を増幅する．

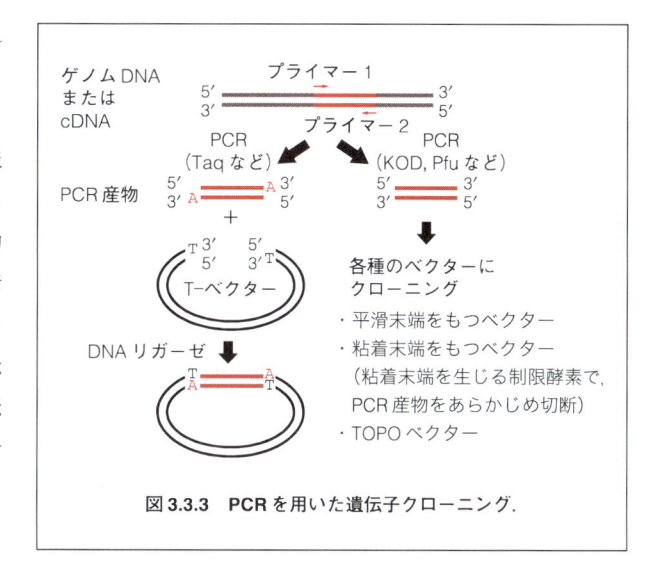

PCRで増幅したDNAを，効率よくクローニングするための方法がいくつか考案されている．その中でも，T-ベクターによるクローニング法がよく用いられる（図3.3.3）．PCRに用いられる一般的なTaqポリメラーゼは，増幅したDNAの3'末端にアデニン（A）を一塩基余分に付加する性質をもっている（3-6参照）．このような酵素の性質を利用し，Aと相補的なチミン（T）が3'末端に一塩基突出した直鎖状のT-ベクターを用いることによって，効率よくDNAリガーゼを用いて連結できる（図3.3.3）．このような方法を，**TAクローニング** TA cloning という．

図3.3.3 PCRを用いた遺伝子クローニング．

3-3-4 目的遺伝子をもつクローンの効率的な選択方法

遺伝子産物が細胞に致命的な影響を与えるような遺伝子（致死遺伝子）を用いて，目的遺伝子が挿入された組換えプラスミドのみを効率よく選択する方法がある（図3.3.4）．

ccdB遺伝子は毒素タンパク質をコードしており，このタンパク質はDNA複製時に必須の酵素DNAジャイレース（1-5参照）を阻害する．このような致死遺伝子 ccdB をもつベクター（表3.2.2参照）を用いて，致死遺伝子上の制限酵素部位に目的遺伝子を挿入したのち大腸菌に導入する．

ベクターが再結合したプラスミドをもつ大腸菌は，致死遺伝子が発現することによって死滅する．一方，組換えプラスミドをもつ大腸菌は，目的遺伝子が挿入されることによって致死遺伝子の機能が失われるので，生育可能となる．このように，目的の組換えプラスミドをもつ大腸菌のみが生き残れることを利用して，目的のクローンを**ポジティブセレクション** positive selection する．

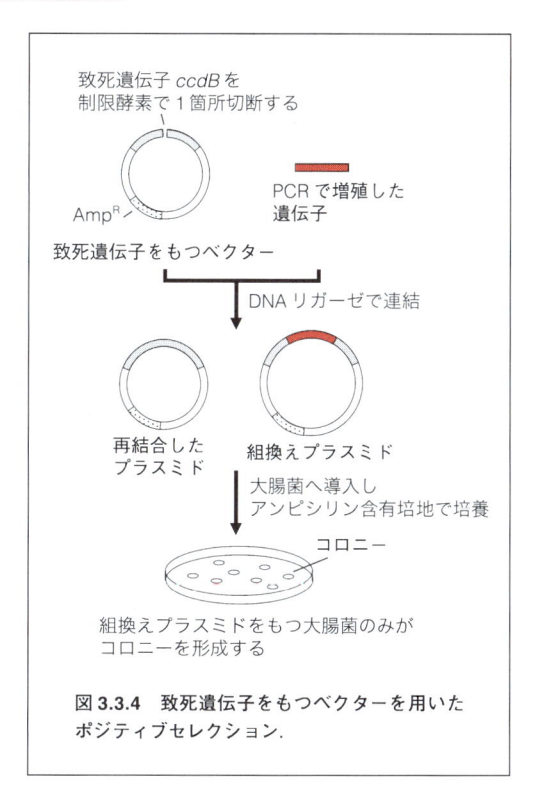

図3.3.4 致死遺伝子をもつベクターを用いたポジティブセレクション．

3-4　遺伝子導入

3-4-1　細菌細胞への遺伝子導入

塩化カルシウム法やエレクトロポレーション法を用いると，容易に細菌細胞に組換えDNA（図3.4.1）を導入することができる．このような方法で，例えば，大腸菌に組換えDNAを取り込ませた後，**アンピシリン** ampicillinや**テトラサイクリン** tetracycline等の抗生物質を含む寒天培地上に塗布し，一昼夜培養すると，組換えDNAが導入された大腸菌がコロニーとして得られる．

3-4-2　組換えファージDNAの細菌細胞への導入

ファージベクター phage vectorによって構築された組換えDNA分子を細胞内へ導入するには，**トランスフェクション** transfectionと**試験管内パッケージング** in vitro packaging法がある．

（1）**トランスフェクション**　トランスフェクション法においては，ファージベクターを用いて作成された組換えDNAを前項で述べた塩化カルシウム処理した細胞に導入し，組換えファージをプラークとして検出する．

（2）**試験管内パッケージング**　トランスフェクション法は成熟したファージ粒子を感染させるのと比べると，あまり効率がよい方法ではない．高い感染効率が望まれるときは，組換えDNAを in vitro で，ファージの頭部，尾部タンパク質と一緒にして組換えファージを再構成し，大腸菌に感染させ，プラークとして検出する．

図3.4.1　プラスミドのベクターとしての利用．松橋通生 他 監訳："ワトソン組換えDNAの分子生物学 第2版"，丸善（1993）から引用

3-4-3　酵母への遺伝子導入

酵母 yeastへの遺伝子導入には酢酸リチウム法とエレクトロポレーション法を用いるのが一般的である．大腸菌と酵母の両方で複製できる**シャトルベクター** shuttle vectorを使用し，まずは大腸菌内で**プラスミド** plasmidを構築する．出芽酵母でよく使われる pYES 2 ベクター（図3.4.2）では，大腸菌の複製起点（ori），1本鎖型で複製するファージ由来の複製起点（f1 origin）と出芽酵母の複製起点（2μ origin）を有している．大腸菌でプラスミドを維持するために選択マーカーとしてアンピシリン耐性遺伝子がある．出芽酵母での選択マーカーとして URA3 遺伝子があり，出芽酵母の ura3 欠損株を相補させることでプラスミ

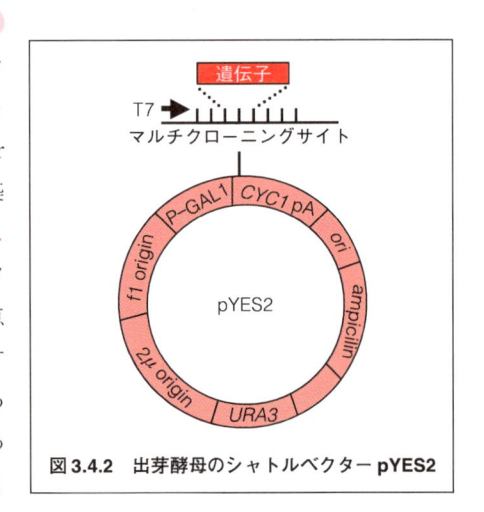

図3.4.2　出芽酵母のシャトルベクター pYES2

ド保持株を選択する．ガラクトースで誘導されるプロモーターが発現させる遺伝子の前にあり，下流に *CYC1* 由来の転写終結シグナル配列を含む．分裂酵母でよく使われる pREP1(図 3.4.3)ベクターは，大腸菌の複製起点(*ori*)と分裂酵母の複製起点(*ars*)を有しているシャトルベクターである．大腸菌での選択マーカーとしてアンピシリン耐性遺伝子が，分裂酵母での選択マーカーとして *LEU2* 遺伝子が含まれる．チアミンで発現抑制されるプロモーターと転写終結シグナルを有している．

Gap repair 法は，遺伝子をクローン化する際に制限酵素を使わず，酵母内で相同 DNA 配列間の組換えを利用した簡便なプラスミド構築法である(図 3.4.3)．この方法では，クローン化したい遺伝子を PCR 法で増幅させ，組み込みたいベクターをあらかじめ切断しておいて，同時に酵母内に導入すると，完成した組換え体プラスミドが構築される．

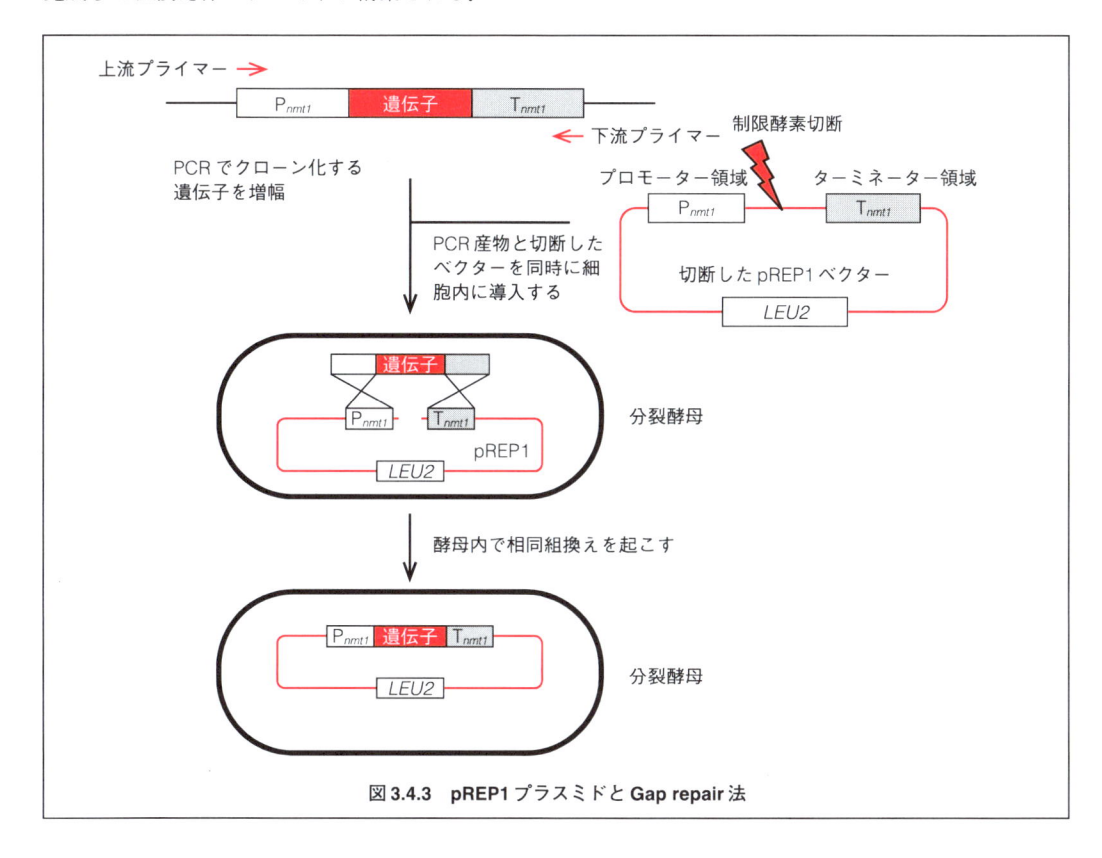

図 3.4.3 pREP1 プラスミドと Gap repair 法

3-4-4 動物細胞への遺伝子導入

(1) **リン酸カルシウム法**　リン酸カルシウムと DNA の複合体を形成させ，エンドサイトーシスで細胞内に取り込ませる方法である．DNA はその後，核へ移行する．

(2) **リポフェクション**　陽性荷電脂質などからなる脂質二重膜小胞(リポソーム)と導入する DNA で電気的な相互作用により複合体を形成させ，負に荷電している細胞に高い親和力でエンドサイトーシスにより DNA を取り込ませる方法である．

3-4-5 植物細胞への遺伝子導入

植物細胞においては，Ti プラスミドを有するアグロバクテリウムを感染させることにより，遺伝子を導入する方法が広く用いられている．パーティクルガンを用い直接 DNA を導入する方法もよく用いられる(3-13 参照)．

3-5 DNA塩基配列決定法

3-5-1 暗号化された遺伝情報を解読する

遺伝情報は核酸分子に暗号化して蓄えられている．DNAは，糖とリン酸，および4種類の塩基[アデニン(A)，チミン(T)，グアニン(G)，シトシン(C)]から構成される直鎖状の分子であり，それらの並び方，すなわち塩基の配列が複雑な生命現象を支配している．したがって，遺伝子の高次構造や機能を明らかにするためには，まず，その塩基配列を決定することが重要である．その方法の代表的なものが**ダイデオキシ**dideoxy法(別名：サンガー Sanger 法)である．なお，かつては原理の異なるマクサム・ギルバート Maxam-Gilbert 法も用いられた．

3-5-2 ダイデオキシ法(サンガー法)

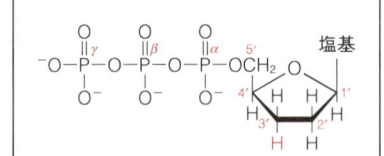

酵素を用いた *in vitro* でのDNA合成(3-6参照)を，特殊なヌクレオチド(図3.5.1)の存在下で行うことによって塩基配列を決定する方法(図3.5.2)であり，1970年代中期にFrederick Sangerらによって開発され，1977年に発表された．この方法によって最初に決定された完全長のゲノム配列は，バクテリオファージ φX174 の 5,386 塩基のDNAである．この方法の原理は，近年，ゲノム解析等に用いられる**オートシークエンサー** autosequencer(**DNAシークエンサー**ともいう)にも応用されている．

図3.5.1 ダイデオキシリボヌクレオチドの構造．ダイデオキシリボヌクレオシド三リン酸(ddNTP)は，3′ 位の炭素に水素(H)が結合している．dNTPではその部分は水酸基(OH)である．

3-5-3 ダイデオキシリボヌクレオチドを用いた塩基配列決定法の原理

ダイデオキシリボヌクレオシド三リン酸 dideoxyribonucleoside triphosphate(**ddNTP**)は，デオキシリボースの 3′ 位の炭素に水素(H)が結合した化合物である(図3.5.1)．DNAポリメラーゼによるDNA鎖の伸長反応において，ddNTPはdNTPと同じように取り込まれるが(図1.4.4参照)，3′ 位の炭素に水酸基(OH)がないため，次の伸長反応が起こらない．すなわち，ddNTPが取り込まれた時点でDNA鎖の伸長はストップする．ダイデオキシ法では，ddNTPのこのような特性を活かして塩基配列の決定を行う(図3.5.2)．

in vitro でのDNA合成は，Mg^{2+} 等を含む反応溶液中に鋳型の1本鎖DNA，プライマー，4種類のdNTP，DNAポリメラーゼを加えておこなう．この反応溶液中にddNTPを混ぜておくと，ある確率でそれが伸長するDNA鎖に取り込まれたところでDNA合成がストップする．その結果，3′ 末端にddNTPが取り込まれた様々な長さのDNA断片が生じる．なお，この反応において，放射性同位元素で標識したプライマーを用いるか，あるいは，放射性同位元素で標識したdNTPを用いると，合成されたDNA鎖は放射性のDNA断片となる．

4種類のddNTPをそれぞれ1種類ずつ含む4本の試験管(実際には，ポリプロピレン製の反応チューブを用いる)内で反応を行ったのち，**ポリアクリルアミドゲル電気泳動** polyacrylamide gel electrophoresis によって，塩基1個分の長さの差で分離する．そのゲルを写真フィルムに密着させて得た**オートラジオグラム** autoradiogram を読み取って塩基配列を決定する(図3.5.2)．

3-5-4 4種類の蛍光色素で標識した ddNTP を用いて塩基配列を決定する

オートシークエンサーによる塩基配列の解析においては，放射性同位元素ではなく蛍光色素で標識したプライマーやddNTPが用いられる．ここでは，ddNTPを蛍光標識した **dye terminator 法**につい

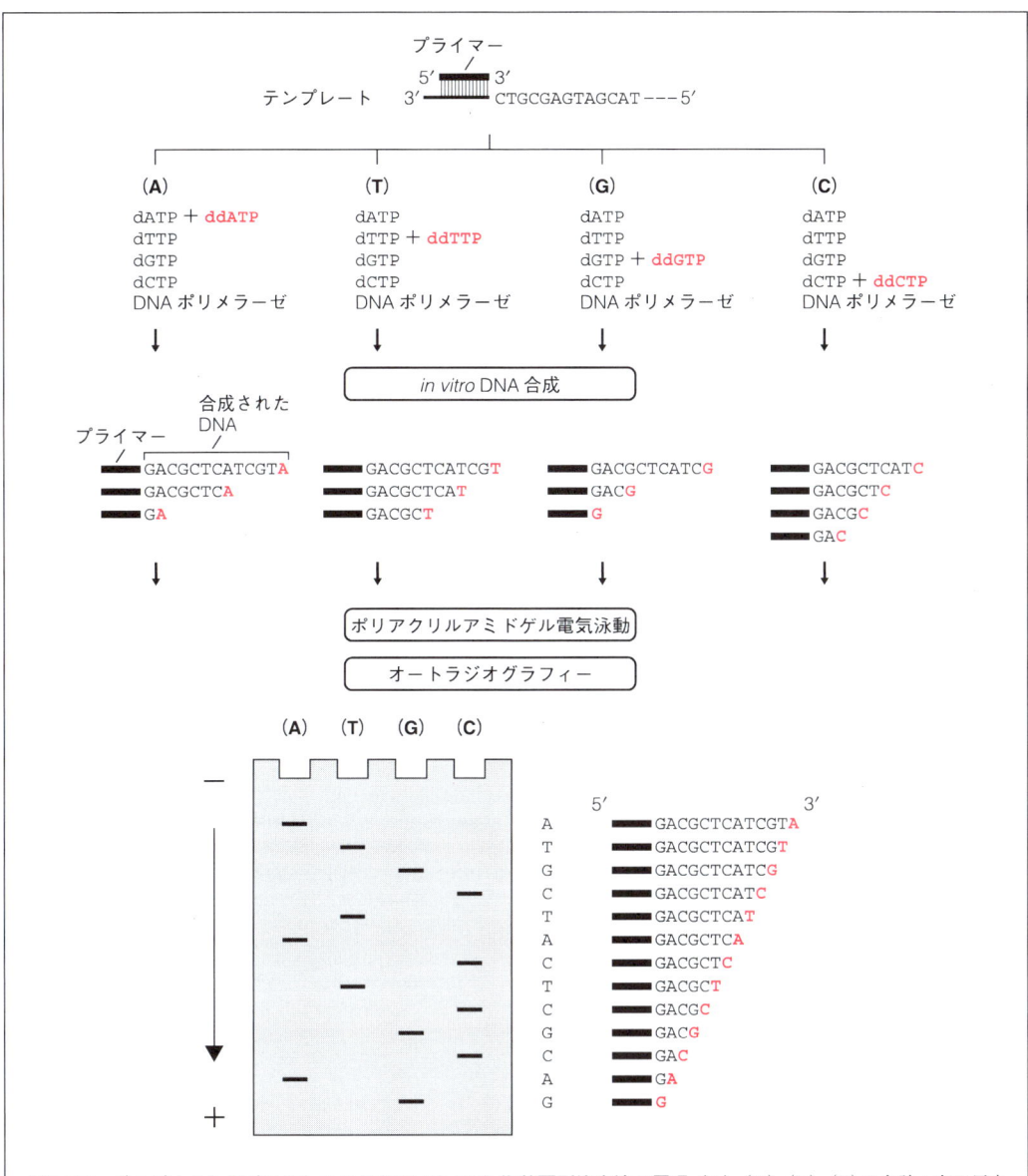

図3.5.2 ダイデオキシリボヌクレオチドを用いたDNA塩基配列決定法の原理. (A), (T), (G), (C)の合計4本の反応チューブを用いて, ddNTP存在下で *in vitro* DNA合成を行ったのち, それぞれのサンプルをポリアクリルアミドゲル電気泳動によって長さの違いで分離し, オートラジオグラフィーで解析する.

て述べる.

A, T, G, Cをそれぞれ波長の異なる4種類の蛍光物質で標識したddNTPを用いて, 1本の反応チューブ内で *in vitro* DNA合成を行う. 生成したDNA断片を, キャピラリー(毛細管)内で電気泳動し, A, T, G, Cそれぞれの蛍光を検出器で自動的に読み取ることによって塩基配列を決定する(図3.5.3).

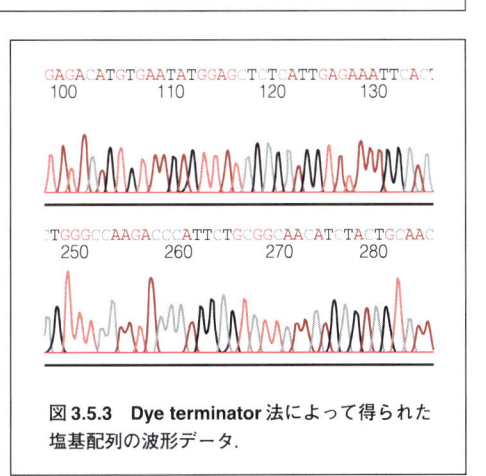

図3.5.3 Dye terminator法によって得られた塩基配列の波形データ.

3-6 PCR

3-6-1 DNAの熱変性とアニーリング

2本鎖DNAの溶液をある一定温度以上に温めると，2重らせん構造が壊れて1本鎖DNAとなる．これをDNAの熱による**変性** denaturation（熱変性），そして，変性の中間点の温度を**融解温度** melting temperature という．2本鎖DNAの融解温度は生理的な条件下では，おおよそ85〜95℃であり，GC含量が増加すると上昇する．融解温度の簡単な算出方法を表3.6.1に示した．DNAの熱による変性は可逆的であり，温度を下げることによって，本来のnative状態に戻すことができる．これを**アニーリング** annealing（やきなましの意味），あるいは，**再生** renaturation とよぶ（図3.6.1）．

表3.6.1　融解温度の簡単な算出方式

オリゴヌクレオチドの長さ	融解温度の計算式
(1) 18塩基より短い場合	$T_m = 2°C \times (A+T) + 4°C \times (G+C)$
(2) 18塩基より長い場合	$T_m = 81.5 - 16.6 \times \log_{10}[Na] + 0.41 \times [\%GC] - (600/n)$

(A+T), (G+C)：オリゴヌクレオチド中の各々の塩基の数，[Na]：溶液中のナトリウムイオンのモル濃度(M)，[%GC]：オリゴヌクレオチド中のGC含量(%)，n：オリゴヌクレオチドの長さ（塩基の数）

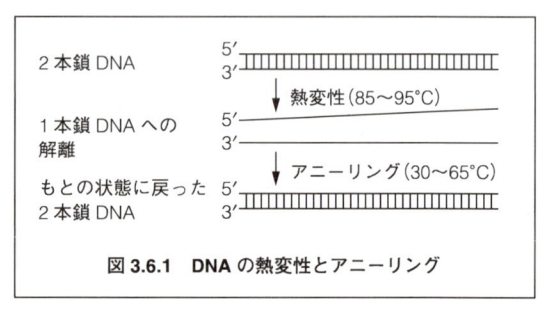

3-6-2　in vitro DNA合成

試験管の中に4種類のデオキシリボヌクレオシド三リン酸(dNTP)やMg^{2+}等を含む反応混合液を加え，それに，**プライマー** primer と1本鎖DNAおよび**DNAポリメラーゼ**を加えると，DNA鎖の伸長反応が起こる（図3.6.2）．これを in vitro（「試験管内での」の意味）DNA合成とよび，1本鎖DNAを鋳型として，その相補鎖を人工的に合成できる（3-5参照）．

この人工的なDNA合成系で，2本鎖DNAを用いた場合には，熱変性によって1本鎖DNAを得る．これに，各々のDNA鎖に相補的な2種類のプライマーを加え，温度を下げることによってアニーリングさせると，プライマーは各々のDNA鎖に結合する．次に，DNAポリメラーゼを加えると，プライマーの結合した1本鎖DNAを鋳型として，相補鎖の伸長反応が起こる．

図3.6.1　DNAの熱変性とアニーリング

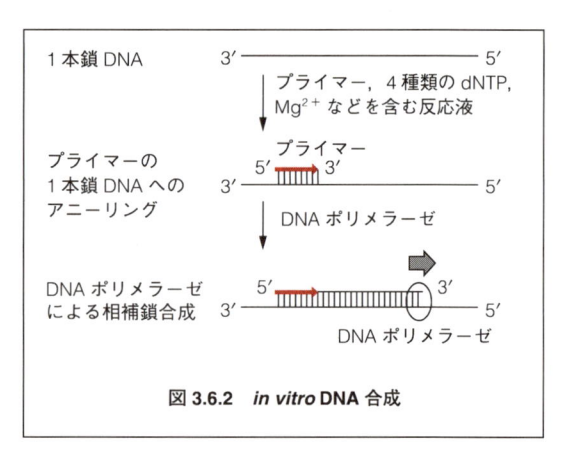

図3.6.2　in vitro DNA合成

3-6-3　PCRの原理

ポリメラーゼ連鎖反応 polymerase chain reaction (**PCR**) は，1984年にKary Mullisによって考案された in vitro DNA合成反応であり，この反応を用いると遺伝子の増幅が可能となる．この方法について図3.6.3にまとめた．

PCRは，上に述べた「DNAの熱変性とアニーリング」および「in vitro DNA合成」の知見をもとに考案された方法である．当初は大腸菌のDNAポリメラーゼIを用いていたが，この酵素では熱変性時に失活するため，伸長反応ごとに追加する必要があった．しかし，温泉から分離した**高度好熱菌**の

Thermus aquaticus の DNA ポリメラーゼ(これを ***Taq* DNA ポリメラーゼ**という)は,95°C でも失活しないので,この耐熱性酵素を用いることによって,「DNA の熱変性→アニーリング→DNA 合成」のサイクルを連続的に行うことが可能となった.その結果,1 分子の DNA 断片は理論的には 2^n 倍に増幅でき,例えば,この反応を 20 回繰り返すと $2^{20}=1,048,576$ 倍になる.

3-6-4 PCR における DNA 合成の忠実度

1-7 および 1-8 で述べたように,DNA ポリメラーゼは間違ったヌクレオチドを DNA 鎖に取り込んでしまうことがあるが,細胞内では修復機構が働いているので,DNA 合成の**忠実度** fidelity は極めて高く保たれている.しかし,*Taq* DNA ポリメラーゼには 3′→5′ エキソヌクレアーゼ活性による**校正** proofreading(プルーフリーディングともいう)機能がなく,通常の PCR 反応条件では 10^4〜10^5 塩基に 1 回の高い頻度で間違いを起こす(すなわち,忠実度が低い)といわれている.この問題を解決するために,校正機能を有し,さらに熱安定性が高い DNA ポリメラーゼ(例えば *Pfu* や KOD)が単離された.近年,それらをもとに組換え DNA 技術によって改良された酵素が広く用いられている(**表 3.6.2**).

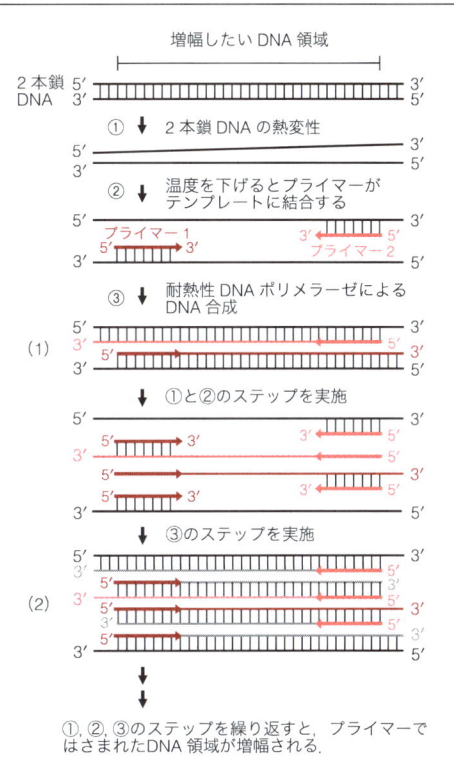

図 3.6.3 ポリメラーゼ連鎖反応. 例えば,① 熱変性(95°C) → ② アニーリング(60°C) → ③ DNA 合成(72°C)の反応を繰り返す.

表 3.6.2 各種耐熱性 DNA ポリメラーゼの特性

DNA ポリメラーゼ (メーカー)	起源	3′→5′ exo 活性	忠実度 (*Taq* を 1 と した相対値)	増幅される ゲノム DNA の長さ (kb)	生成する DNA 末端
Taq (New England Biolabs)	*Thermus aquaticus* YT1 株(高度好熱菌) *Taq* の改良型(*E.coli* 組換え体)	−	1	5	3′-A 付加
PfuTurbo (Stratagene)	*Pyrococcus furiosus*(超好熱始原菌) *Pfu* の改良型(組換え体)	+	8	19	平滑
PrimeSTAR HS (TaKaRa)	?	+	10	8.5	平滑
Pfu Ultra High-Fidelity (Stratagene)	*Pfu* の改良型	+	18	17	平滑
Platinum *Pfx* (Invitrogen)	KOD の改良型(組換え体)	+	26	12.3	平滑
KOD (Toyobo)	*Thermococcus kodakaraensis* KOD1 株(超好熱始原菌)	+	50	?	平滑
Phusion™ High-Fidelity (New England Biolabs)	*Pyrococcus* タイプの改良型	+	50	7.5	平滑
KOD Plus (Toyobo)	KOD の改良型(*E.coli* 組換え体)	+	80	3.6	平滑

＋;活性あり,−;活性なし.

3-7 PCRの応用

3-7-1 インバースPCR

インバースPCR inverse PCR は，塩基配列が既にわかっている領域のDNA配列をもとにして，隣接するゲノムDNA上の未知領域をPCRによって増幅する方法である（図3.7.1）．

通常のPCRは，増幅する領域を挟み込むようにしてプライマーを設計するが，インバースPCRでは，「逆方向」へとDNA合成が進むようにプライマーを設計する．また，ゲノムDNAを任意の制限酵素で切断したのち，DNAリガーゼで環状化した（これを**セルフライゲーション** self-ligation という）DNAを鋳型として用いるのが特徴である．

まず，既知領域上に1カ所存在する制限酵素部位を選び，未知領域上にも同じ制限酵素部位があることを期待して，制限酵素で切断する．次いで，これをセルフライゲーションする．「逆方向」のプライマーを用いるが，鋳型が環状化されていればPCR産物が得られる（図3.7.1）．ただし，鋳型として機能する環状DNAが得られるかどうかは不確実なので，数種類の制限酵素を用いて切断し，それに続く環状化を何度か試みるしかない．この方法によって，既知領域の上流あるいは下流に存在する未知領域を単離し，その塩基配列を明らかにできる．

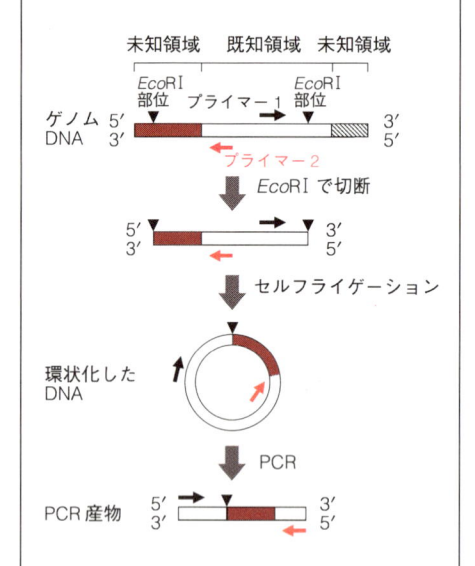

図3.7.1 インバースPCR． 既知領域の上流に存在する未知領域の塩基配列を明らかにする場合．既知領域に*Eco*RIの制限酵素部位がわかっていたとする．仮に，未知領域にも*Eco*RIの制限酵素部位があった場合，ゲノムDNAを制限酵素*Eco*RIで切断し，セルフライゲーションすると，環状化したDNAが得られる．これを鋳型として，プライマー1とプライマー2を用いてPCRすると，未知領域を含むPCR産物が得られる．

3-7-2 RT-PCR

RT-PCR（<u>r</u>everse <u>t</u>ranscriptase-<u>p</u>olymerase <u>c</u>hain <u>r</u>eaction，または reverse transcription polymerase chain reaction ともいう）とは，RNAを鋳型にして逆転写酵素でcDNAを合成し（図3.3.2参照），生じた1本鎖のcDNAをもとにPCRを行う方法である．

真核細胞の成熟型mRNAにはイントロンが含まれていない．従って，それを鋳型にすれば，合成されたcDNAをもとに増幅したPCR産物を，発現ベクター（3-2参照）に組み込んで大腸菌に導入すると，真核細胞遺伝子がコードするタンパク質を大腸菌細胞内で合成できる．すなわち，大腸菌の細胞内でスプライシングを経ずに真核細胞の遺伝子を発現させることが可能となる．

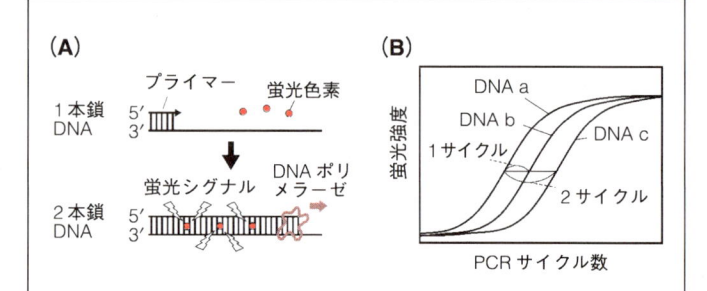

図3.7.2 リアルタイムPCRによる遺伝子発現量の定量． （A）PCRで増幅された2本鎖DNAの隙間に蛍光色素が挿入され，蛍光シグナルを発する．（B）発したシグナルをPCRサイクルごとにリアルタイムに計測し，PCRサイクル（横軸）と蛍光強度（縦軸）との関係をグラフ化する．DNA b は DNA a よりも1サイクル分遅く増幅されていることから，DNA b は DNA a の1/2量の鋳型が最初に存在していたことになる．同様に，DNA c の最初の鋳型の量は，DNA a の1/4量であると推定される．

また，cDNA をもとに増幅した PCR 産物を，網羅的に遺伝子クローニング用のベクターに組み込めば，cDNA ライブラリーを作製できる（図 3.3.2 参照）．

3-7-3　PCR を用いた遺伝子発現の解析

秩序立った生命活動を行うために，遺伝子の発現は時間的・空間的に正しく制御されている．したがって，遺伝子の発現時期や部位を検出し，その発現量を定量することは，遺伝子の機能を解明するうえで極めて重要である．

RT-PCR 法によって目的遺伝子由来の mRNA を増幅し，その PCR 産物をアガロースゲル電気泳動によって分離すれば，遺伝子の発現量を半定量的に測定できる．

また，**リアルタイム PCR**（real-time polymerase chain reaction）法によって，遺伝子の発現量を測定することも可能である（図 3.7.2）．この方法は，1 サイクルの PCR で DNA が 2 倍に増幅されることをもとにして，ある DNA 量に達するまでの PCR サイクル数を求め，鋳型に用いた DNA の初期量を算出する方法である．2 本鎖 DNA に特異的に挿入される蛍光色素などを加えて PCR を行い，DNA の増幅に伴う蛍光強度をリアルタイムにモニタリングすることから命名された．

3-7-4　PCR による遺伝子の部位特異的変異導入法

部位特異的変異導入法 site-directed mutagenesis とは，DNA の塩基配列の一部を特異的に置換，挿入，または欠失させる方法である．

図 3.7.3 では，その 1 例として，解析の対象となるタンパク質の C 末端側の終止コドンをアミノ酸のコドンに置換する方法について示した．また，PCR で増幅した DNA を効率よくベクターにクローニングするために，PCR 産物の両末端に新たな制限酵素部位を付加する方法も併せて示した．このようにして作製した組換えプラスミドを用いて，タンパク質が機能している組織や細胞内での局在部位を解明することが可能となる．

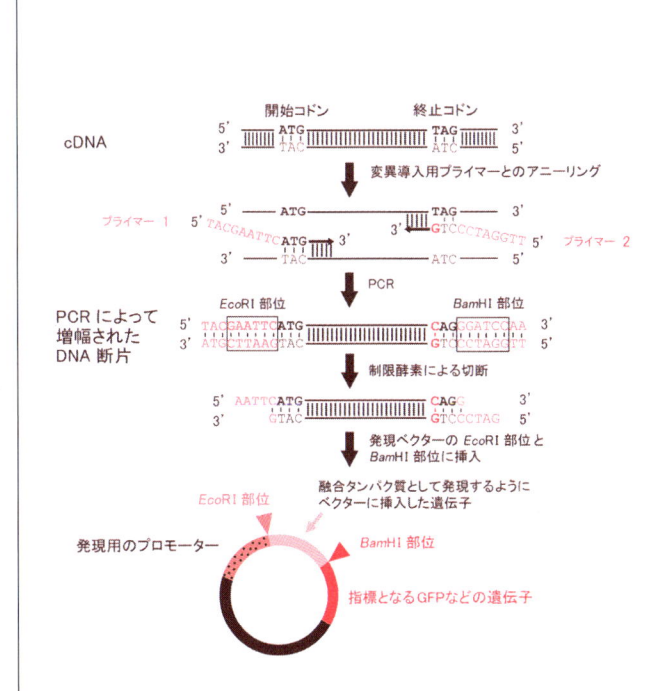

図 3.7.3　**PCR による遺伝子の部位特異的変異導入法を用いた融合タンパク質の作製．** cDNA を鋳型として，変異導入用のプライマーを用いて PCR する．プライマー 1 では，開始コドンよりも 3′ 側の配列は，2 本鎖 cDNA のセンス鎖と同じだが，5′ 側には *Eco*RI の制限酵素部位が生じるような配列になっている．一方，プライマー 2 でも 3′ 側の配列は 2 本鎖 cDNA のアンチセンス鎖と同じだが，終止コドンの「TAG」を 1 塩基置換して「CAG」になるような配列になっている．また，5′ 側には *Bam*HI の制限酵素部位が生じるような配列になっている．増幅された DNA 断片は *Eco*RI と *Bam*HI の制限酵素部位をもち，終止コドンがグルタミン（Gln）に変異したものとなる．これを *Eco*RI と *Bam*HI で切断し，同じ制限酵素で切断した発現ベクターに連結すれば，解析の対象となる遺伝子の 5′ 側は必ずプロモーターの下流に組み込まれる．終止コドンがアミノ酸に置き換わっているので，読み枠が合うように下流の遺伝子に連結され，指標となる GFP などとの融合タンパク質がつくられる．

3-8 マイクロアレイ

3-8-1 マイクロアレイ

マイクロアレイ microarray とは DNA あるいはタンパク質を多数，ガラス板に固定化したもので，目的とするサンプルを標識したあとに，マイクロアレイ上で結合させ，その結合量からもともとのサンプルの相対量を推定する．異なった細胞の遺伝子発現量やタンパク質量を網羅的に解析するのに役立ち，一度に膨大な数の対象を網羅的に解析することができる．マイクロアレイは遺伝子発現の量を調べることに主に使われることから，DNA やオリゴヌクレオチドを固定化することが多い．25～50個くらいの核酸塩基からなるオリゴ DNA とよばれるものを用いる方法と cDNA を用いる方法があり，導入の簡便性からオリゴ DNA を用いる方法が一般的である．代表的な生物種(ヒト，マウス，シロイヌナズナ，線虫，酵母，大腸菌など)の DNA はガラス板に固定化されたものが市販されている．

3-8-2 1色法と2色法マイクロアレイ

1色法マイクロアレイでは，1種類の目的サンプルを蛍光色素で標識して，実験を行う．この方法では目的サンプルの RNA(DNA)を標識し，その遺伝子の発現量に関する情報をシグナル強度から得ることができる．2色法マイクロアレイでは，2つのサンプル(目的サンプルと対照サンプル)を2種類の蛍光色素(例えば Cy 3 と Cy 5)で標識し，同時に1枚の DNA マイクロアレイ上のプローブ DNA と**ハイブリダイゼーション** hybridization させ，蛍光の比較で発現量を相対的に定量する方法である(図 3.8.1)．この方法では，1つのスポットで遺伝子の発現比を直接比較できるため，こちらの方がよく使われている．目的サンプルが対照サンプルよりも高発現しているスポットを緑色で，逆に低発現レベルのものを赤色で，擬似的に示して，結果を表現している事例が多い．図 3.8.1 は緑色の代わりに黒色で示してある．

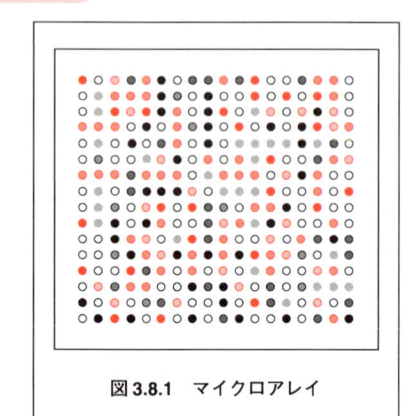

図 3.8.1 マイクロアレイ

3-8-3 マイクロアレイの利用例

マイクロアレイは一度に大量の遺伝子の発現情報を得ることができることから，例えば，病気の原因を類推することができる．自身の各組織の細胞から RNA を抽出し，人の個々の遺伝子に対応する DNA がスポットされているマイクロアレイを用いて，自身の遺伝子の発現量を調べる．あらかじめ正常な人で発現している遺伝子と，例えば糖尿病患者やガン患者で発現している遺伝子の差異の結果と自身のデータを比較する．自身のデータがどの病気の患者の遺伝子発現のパターンに近いかを比較することによって，病気の原因を類推することができる．

3-8-4 定量的 PCR

マイクロアレイで解析した遺伝子の発現量を個別に確かめる手法の1つとして**定量的** quantitative **PCR 法**がある．定量的 PCR は PCR 法の応用の1つで，増幅させた DNA を電気泳動することなく，蛍光標識色素を用いて PCR 産物の量比を定量していく．代表的な方法として，TaqMan プローブ法やインターカレーター法がある(図 3.8.2)．TaqMan プローブ法では 5′ 側をレポーターで，3′ 側をクエンチャーで修飾したオリゴヌクレオチドを PCR 反応液に加える．レポーター(R)とクエンチャー(Q)はともに蛍光物質であるが，クエンチャーはレポーターから発する蛍光を消光させる働きがある．

図 3.8.2　定量的 PCR

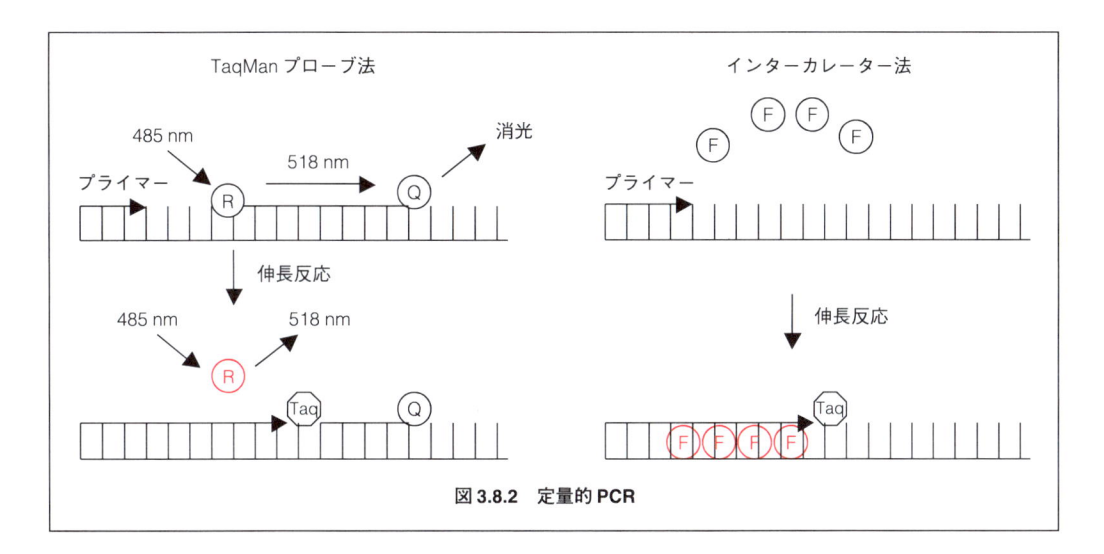

DNA ポリメラーゼのもつエキソヌクレアーゼ活性により鋳型 DNA にハイブリダイズしたプローブが分解されると，レポーター側の蛍光色素がプローブから遊離し，蛍光を発するのでそれを定量する．インターカレーター法では，サイバーグリーン（F）など 2 本鎖 DNA に結合することで蛍光を発する試薬を PCR 反応系に加える方法で，生成した 2 本鎖の量に比例した蛍光を測定することによって増幅された DNA を定量する．マイクロアレイ解析では多数の遺伝子の発現量を同時に比較し，定量的 PCR 解析では，個別の遺伝子の発現の比較を行う．

オミックス Omics

　ゲノミックス genomics，トランスクリプトミックス transcriptomics，プロテオミックス proteomics など，遺伝子，mRNA，タンパク質などの生体のもつあらゆる分子情報を網羅的に解析する研究領域やその学問体系を総称して「オミックス」とよぶ．ゲノム DNA 配列の解析が容易になったことやマイクロアレイ技術が発達したことが DNA や mRNA そしてタンパク質の網羅的な情報を得ることを可能にさせた．さらに質量分析法の発達がタンパク質や代謝産物の網羅的な解析を可能にさせた．オミックスの考え方はさらに広がりをみせ，網羅的情報 - ome を接尾語として，ゲノム（DNA），トランスクリプトーム（RNA），プロテオーム（タンパク質），メタボローム（代謝産物），リピドーム（脂質），グリコーム（糖質）とよばれ，生体内成分の各階層における網羅的情報の集合体として理解するのがオミックスである．1 つの細胞に含まれる遺伝子の機能，mRNA の発現レベル，タンパク質や代謝産物の構造，機能，種類や量を総合的に捉え，全体像を浮かびあがらせることがオミックスの考え方である．最近ではインタラクトーム（タンパク質の相互作用），フェノーム（表現型），フィジオーム（生理）など，単に物質レベルではなく，より高次なレベルでの網羅的解析からくる情報の総体を捉える学問体系に発展してきている．これらのオミックスは，細胞を 1 つのシステムとして細胞内の生体分子のネットワークをコンピュータ上に再現させるシステム生物学の考え方へと発展する．

3-9 ゲノム解析

3-9-1 ゲノムプロジェクトとは

ゲノム genome とは，遺伝子 gene と総体 -ome，あるいは**染色体** chromos-ome からなる造語である．ゲノムは，生物のもつ遺伝情報の全体を意味する．われわれヒトを含む**二倍体生物** diploid の場合，両親からそれぞれ1つずつ，合計2セットの遺伝情報を受け継いでいる．様々な生物間で配列の共通性を比較することで，生物の生存に必要な遺伝子を推測することができる．逆に，その生物種に特有の遺伝子をみつけることもできる．また，遺伝病の研究にも役立つ．そのため，様々な生物種の全染色体を構成するDNAの全塩基配列の解読を目指すゲノムプロジェクトが発足した．現在，1,000を超える生物種のゲノムプロジェクトが進行あるいは完了している．

ヒトゲノムプロジェクト Human Genome Project は，生物学において国際的な協力体制のもと初めて遂行された研究である．約30億塩基対と長大な塩基配列の解読を効率よく進めるために用いられたのが，**ゲノムDNAライブラリー** genomic DNA library である．いったん短い配列に分断されたDNA配列は，**シークエンシング** sequencing による塩基配列決定後，重複した塩基配列部分で連結してもとの長いゲノム配列を再構築した(図3.9.1)．この結果，ヒトゲノムにおける遺伝子数は，当初の予想を大幅に下回る2万数千個であることが判明した．この過程で，タンパク質をコードするmRNAに相当する塩基配列のみの解読を目指したcDNAプロジェクトやバイオインフォマティクス(1-22参照)が大きな役割を果たした．また，シトシンとグアニンがホスホジエステル結合でつながっているCpGが高密度に存在する**CpGアイランド** CpG island とよばれる場所や，多くの反復配列がみつかった．CpGアイランドは遺伝子発現の調節に関与する．また，CpGアイランドの**メチル化** methylation は遺伝子不活化と相関する．

ヒトに加えて，生物学の研究において頻繁に使用されるマウス，ショウジョウバエ，シロイヌナズナ，イネ，ゼブラフィッシュ，酵母，線虫，それら以外でも大腸菌やマラリア原虫といった微生物や寄生虫の全塩基配列が解読された．それらは，NCBI(米国国立生物工学情報センター)，EMBL(欧州分子生物学研究所)，DDBJ(日本DNAデータバンク)などのデータベースに収集され，インターネットで公開されている(表3.9.1)．現在，超高速塩基配列解読装置の出現により，個々人のゲノム解読も廉価かつ短時間で可能である．

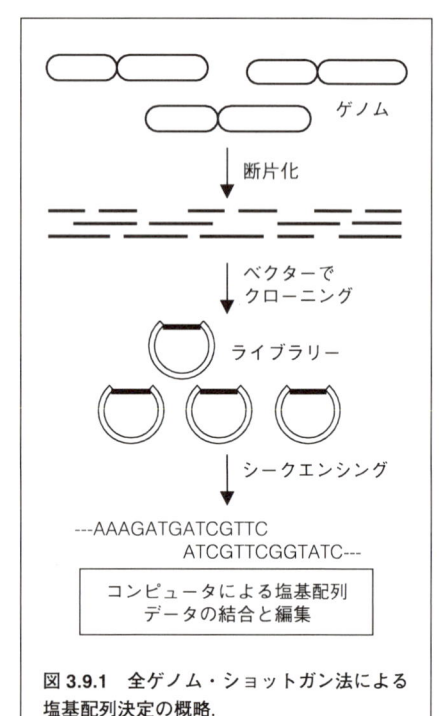

図3.9.1 全ゲノム・ショットガン法による塩基配列決定の概略．

表3.9.1 本文中で取り上げたホームページのアドレス

NCBI	http://www.ncbi.nlm.nih.gov/
EMBL	http://www.ebi.ac.uk/embl/
DDBJ	http://www.ddbj.nig.ac.jp/
UCSC	http://genome.ucsc.edu/ENCODE/

3-9-2 個々人で異なる塩基の解析

塩基配列が異なることで，個体差(みた目や体質の違い)が生まれる．ヒトゲノムは99.9％が共通で，0.1％が異なる．ゲノムの差異のうち，1塩基が異なっている場合が顕著に多く，これを**1塩基多型** single nucleotide polymorphism(SNP，スニップと発音)とよぶ．一般的に，SNPとSNPの距離が離

れれば離れるほど，減数分裂において，その間の**組換え** recombination（厳密には**乗換え** crossover）が起こる確率は高まる．この結果，2つのSNP間の連鎖関係は弱くなる（図 3.9.2，XとZあるいはYとZの関係）．一方，2つ以上のSNPが，減数分裂を経ても連鎖関係を維持する場合がある（図 3.9.2，XとYの関係）．このようなSNP間の連鎖関係を，ある特定の人種や病気の罹患者などについて網羅的に解析しているのが，国際 HapMap プロジェクトである．連鎖関係を示すSNPの領域は，数千から数十万塩基長に及ぶ場合もある．このような情報は，個々人における生活習慣病などの発症リスク予測，治療薬の有効性や副作用の予測といったオーダーメイド（個別化）医療の実現に重要である．

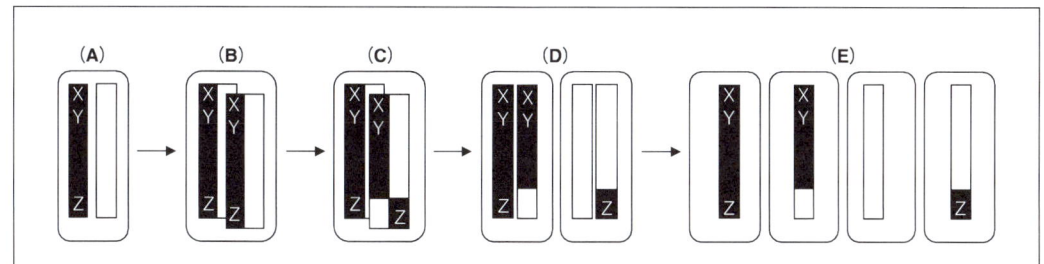

図 3.9.2 減数分裂組換えと SNP 間の連鎖関係． 父親由来（黒）と母親由来（白）の相同染色体（A）は複製後，対合により二価染色体となる（B）．相同組換えにより染色体の一部は乗換えを起こし（C），相同染色体の分離（D），染色分体の分離（E）を経て，4つの配偶子（精子など）ができる．ここでは簡略化のため，1組の相同染色体の一部と父親由来のSNP（X，YおよびZ）のみ示した．減数分裂後，XY 間に対して，XZ 間および YZ 間の連鎖関係は弱まった．

3-9-3 ポストゲノム

DNAの全塩基配列が決定した後，配列情報をいかにして疾病の予防や生命現象の理解に直結させるかが大きな課題となっている．この課題を克服するため，Encyclopedia of DNA Elements（ENCODE）プロジェクトでは，ヒトゲノムにおいて機能的に意味のある配列のカタログ化を目指している．その成果はカリフォルニア大学サンタクルズ校（UCSC）のデータベースにおいて公開されている．

かつては機能的に意味のある配列として，mRNAが注目されていた．しかし，近年，タンパク質をコードしていない non-coding RNA にも遺伝子発現調節などの機能をもつものがあることがわかった．そこで，mRNA はもとより，**non-coding RNA** の配列や機能についての研究もさかんに行われるようになってきた．なお RNA 全体において mRNA の占める割合は数パーセントに過ぎず，残りの大部分は non-coding RNA である．

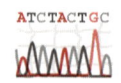

3-10 ブロッティング〈サザン,ノーザン,ウエスタン〉

3-10-1 核酸のハイブリダイゼーション

2本鎖DNAは，熱やアルカリ処理により**変性** denaturation し，塩基対間の相補的結合が壊れて1本鎖に解離する．こうしてできた1本鎖DNAを適当な条件下におくと，相補的な1本鎖DNAと再結合し，もとと同じ2本鎖DNAを**再生** renaturation することができる．この再生の過程は，起源の異なる1本鎖DNAどうしの間でも，互いに相補的な塩基配列が含まれていれば起こりうるし，また，1本鎖DNAと1本鎖RNAの間でも可能である．このように任意の核酸分子間で，相補的な結合により安定な2本鎖構造を形成することを，**ハイブリダイゼーション** hybridization とよんでいる．このハイブリダイゼーションの結果を解析することにより，多種類の核酸分子の集団の中からある特異的な塩基配列をもつ核酸分子を検出することができ，ゲノム遺伝子の構造や遺伝子の転写産物を調べたりする上で重要な手法となっている．

3-10-2 ブロッティング法

核酸分子のハイブリダイゼーションを実際的に解析する手段として広く使われるのが**ブロッティング法** blotting である．この方法では，あらかじめ解析しようとするDNA（またはRNA）分子の集団を1本鎖に変性させたのちに，メンブラン（ニトロセルロース膜など）に固定しておく．次に，分析対象となる遺伝子領域に相補的なDNA断片を変性させたものを加えて，先にメンブランに固定した1本鎖核酸との間でハイブリダイゼーションを行わせる．通常，あとから加えるDNA分子には放射性同位元素（^{32}P）で標識が付けられ，これを**プローブ** probe とよんでいる．ハイブリダイゼーション後のメンブランを，X線フィルムを用いた**オートラジオグラフィー** autoradiography にかけることによって，ハイ

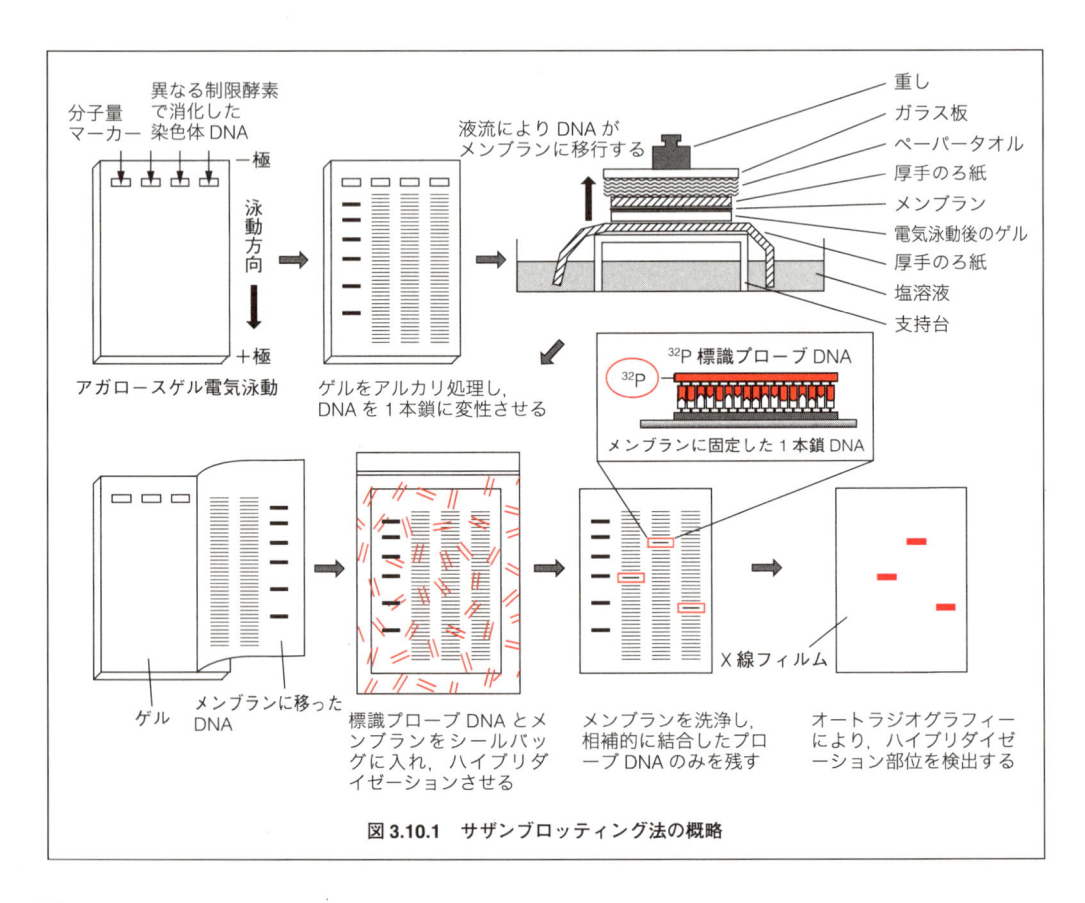

図 3.10.1　サザンブロッティング法の概略

ブリダイゼーションが起こった位置を視覚化することができる．なお，プローブの ^{32}P 標識に換えて，蛍光色素や発色物質を用いる方法もあり，近年はそれらを使用することも増えてきている．

3-10-3 サザンブロッティング法

E. M. Southern によって開発された方法であり，アガロースゲル電気泳動を用いて分子量の違いによって分画した DNA 断片を，ゲル中からメンブラン上に固定するものである（図 3.10.1）．本法を用いれば，ゲノム DNA 中に含まれるプローブに相補的な DNA 断片の種類と分子量を知ることができ，遺伝子構造解析の有効な手段となる．実際には，ハイブリッド形成の条件をゆるくすることによって，同一ではないものの類似性の高い配列を検出することも可能である．これにより，同種の生物が保持する配列類似遺伝子や，異種の生物が保持する**相同的** homologous な遺伝子を検出することができる．また，本法は，ゲノム DNA 上に生じた塩基の**欠失** deletion や**転移** transposition を検出するのにも有効な手段である．

3-10-4 ノーザンブロッティング法

ノーザンブロッティング法 northern blotting では，分析の対象が細胞の全 mRNA となる以外は，**サザンブロッティング法** southern blotting とほぼ同じ方法である．細胞内において，タンパク質が合成される際には，必ずゲノム遺伝子の塩基配列情報が mRNA に転写される．したがって，細胞内の特定タンパク質の合成過程を調べるには，そのタンパク質をコードする mRNA を解析する必要がある．本法を用いることにより，ある細胞における特定タンパク質の発現量の時間変動を追跡したり，また，ある特定遺伝子がどの組織または器官で発現しているかを調べることが可能である（図 3.10.2）．

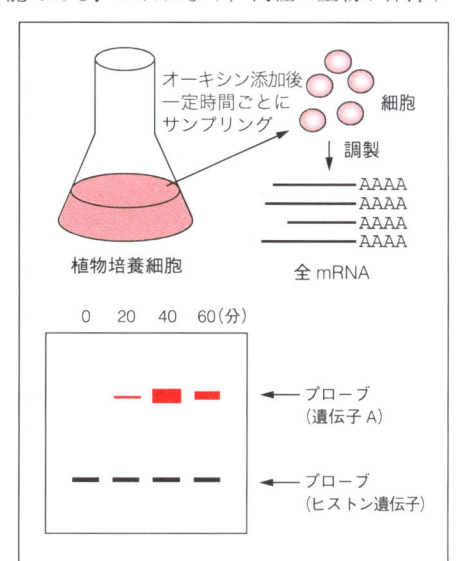

図 3.10.2 ノーザンブロッティング法による遺伝子転写量の解析．遺伝子 A の転写はオーキシン添加によって誘導され，40 分後に mRNA 量は最大に達する．対照に用いたヒストン遺伝子は構成的に発現しており，常に一定量の転写産物が観察される．

3-10-5 ウエスタンブロッティング法

ウエスタンブロッティング法 western blotting は，抗原抗体反応を利用して，多種類のタンパク質の中から特定の**抗体** antibody と結合するタンパク質を特異的に検出する方法である．細胞から調製した全タンパク質は，SDS-ポリアクリルアミドゲル電気泳動によって分子量の差によって分画したのち，ゲルからメンブランに固定する．プローブには，研究対象のタンパク質を**抗原** antigen として作製した抗体（一次抗体）を用いる．検出のためには，**一次抗体** primary antibody を認識する**二次抗体** secondary antibody に**アルカリホスファターゼ** alkaline phosphatase などの酵素で標識したものを用いる．合成基質を反応させて発色・発光させることにより，メンブラン上で抗原と一次抗体が特異的に結合した位置を視覚化することができる（図 3.10.3）．

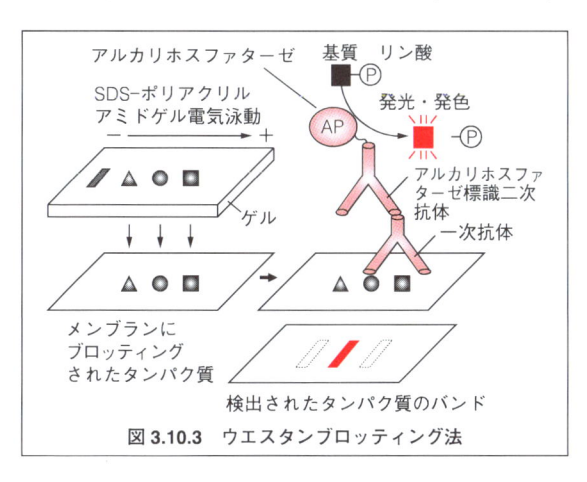

図 3.10.3 ウエスタンブロッティング法

3-11 細胞の可視化

3-11-1 蛍光観察法

蛍光物質は固有の波長の光（**励起光** excitation light）を吸収し，より長波長の光（**蛍光** fluorescence）を発する物質である．現在，細胞内のオルガネラやタンパク質などを蛍光物質で標識して観察することが盛んに行われている．蛍光観察法では，暗黒の視野の中に目的の蛍光だけが光って観察される．そのため非常に微小な構造であっても，検出することが可能である．

3-11-2 蛍光タンパク質

蛍光観察には蛍光標識された抗体や蛍光染色試薬も利用されるが，現在最も広く用いられているのは**GFP**（**緑色蛍光タンパク質** green fluorescent protein）などの**蛍光タンパク質** fluorescent protein である．2008年の下村脩博士のノーベル賞受賞により一般にも知れ渡るようになったが，GFPはオワンクラゲから単離された238個のアミノ酸からなるタンパク質であり，11本のβシートで構成される樽型の内部をαヘリックスが貫通する構造をもつ（図3.11.1）．このαヘリックスに65番目のセリン，66番目のチロシン，67番目のグリシンが位置しており，これらが環状化，酸化されて**発色団** chromophore を形成し，青色光または紫外光で励起され緑色の蛍光（508 nm）を発する（図3.11.2）．この発色団の形成には特別な因子や他の酵素などは不要であり，細胞にGFP遺伝子を導入するだけで蛍光観察を行うことができる．そのため，微生物，動物，植物などありとあらゆる生物の研究でGFPが用いられている．

蛍光タンパク質はクラゲ，サンゴ，イソギンチャクなどから，様々な種類のものがクローニングされている．サンゴからは赤色の蛍光（582 nm）を発する**RFP**（**赤色蛍光タンパク質** red fluorescent protein）も単離され，GFPと併用して緑色と赤色の蛍光を同時に検出する多色蛍光観察への道が開かれた．また，遺伝子改変によって，青，シアン，黄，橙など様々な蛍光波長を持つ蛍光タンパク質が開発さ

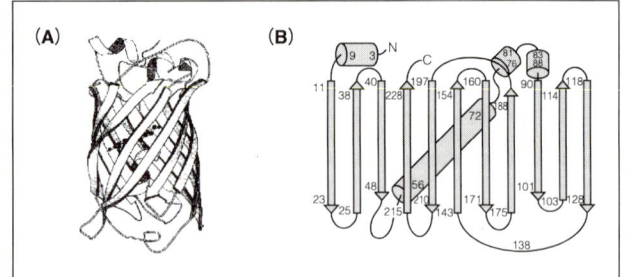

図3.11.1 GFPの構造．（A）GFPの高次構造．11本のβシート（矢印）で形成された樽型の内部に発色団が存在する．（B）GFPの2次構造．矢印がβシート，円筒はαヘリックス．Nはアミノ末端，Cはカルボキシル末端．数字はアミノ酸の番号を表す．Ormö M. et al.: *Science*, 273 : 1392-1395 (1996). から引用．

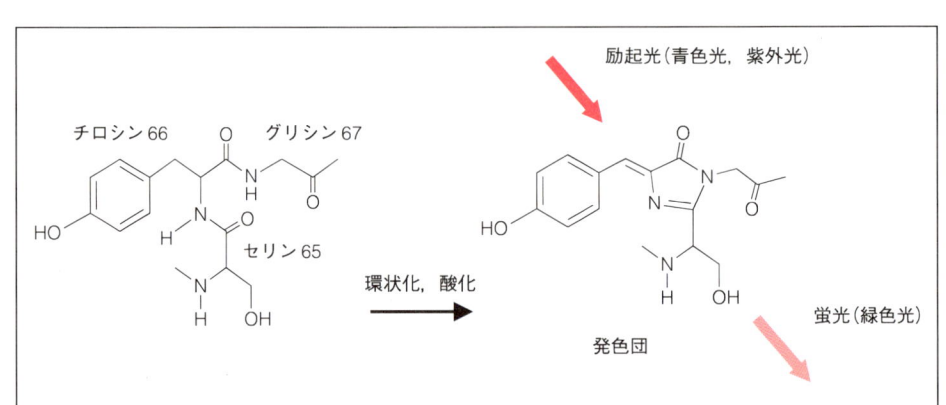

図3.11.2 GFPの発色団の形成．セリン65，チロシン66，グリシン67が環状化しさらに酸化されることで発色団が形成される．発色団では六員環と五員環をつなぐように共役二重結合ができている．

れ利用されている．単に蛍光を発するだけではなく，光照射によって蛍光が変化する特徴を備えた蛍光タンパク質も発見されている．例えば，Kaedeは通常は緑色の蛍光を発するが，紫外光照射により構造が変化し，赤色の蛍光を発するようになる．またPA-GFPのように紫外光照射により強い蛍光を発するようになるもの，Dronpaのように503 nm付近の強光照射で蛍光がoff，390 nm付近の光照射で蛍光がonといった可逆的変化が可能なものも知られている．これら光変換，光活性化が可能な蛍光タンパク質は追跡実験に有効に利用されている．細胞内の極狭い領域にレーザーを照射すると，その領域に存在する蛍光タンパク質のみが変換（蛍光色の変化や蛍光の出現）される．その後蛍光観察を続けることで，変換された特定の分子について移動の様子などを分析することができる．

3-11-3 蛍光タンパク質による細胞の可視化

蛍光タンパク質はそれ自身で蛍光を発するので，生きた細胞そのままで観察することができる（基質を細胞に取り込ませるといった処理が不要）．例えばGFPのN末端にミトコンドリア移行配列を付加して細胞内で発現させると，移行配列の指令に従ってGFPがミトコンドリアに局在する．このような細胞をそのまま蛍光顕微鏡で観察するとミトコンドリアだけが緑色に光ってみえる．他のオルガネラへの移行シグナルを用いて同様の可視化を行うことも可能であり，オルガネラ研究の重要な手法となっている．

目的タンパク質の局在解析にも蛍光タンパク質が利用される．目的タンパク質遺伝子とGFP遺伝子を融合して発現させると，GFPでタグされた（目印がつけられた）目的タンパク質が生産される．目的タンパク質が存在する部位でGFP蛍光が発せられるため，蛍光顕微鏡観察により容易に局在を調べることができる．異なる波長の蛍光タンパク質を用いて，複数の目的タンパク質の局在を同時に調べることも可能である（図3.11.3）．

現在，多くの種類の蛍光タンパク質が開発されており，遺伝子工学的手法を用いて目的タンパク質との融合体を簡単に作製することができる．これら融合体が発現した細胞はそのままで観察が可能であり，種々の刺激（ホルモン，薬品など）に対する目的タンパク質の応答をリアルタイムで解析することができる．また共焦点レーザー顕微鏡などハードウェアの進歩により，より細部にわたる観察，多色蛍光同時観察など，高度な分析が可能になってきている．

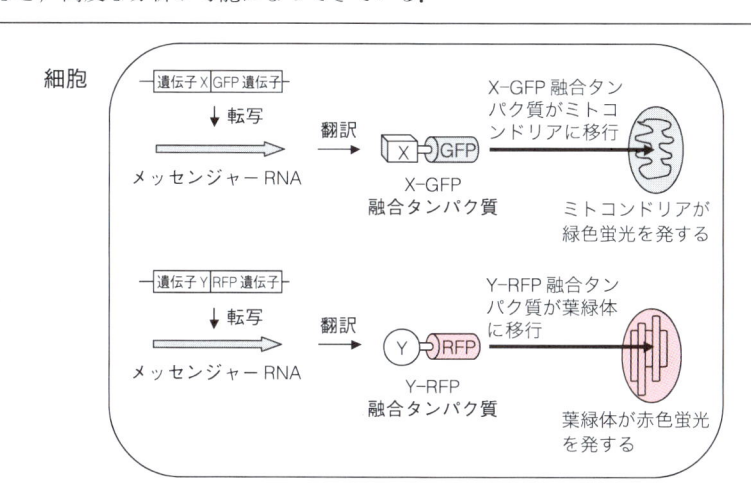

図3.11.3 蛍光タンパク質による細胞の可視化．目的タンパク質と蛍光タンパク質の融合遺伝子を構築し，細胞に導入して発現させる．ここではミトコンドリアに局在するX，葉緑体に局在するYを目的タンパク質の例として示した．Xだけの場合と同様にX-GFP融合タンパク質もミトコンドリアに局在するので，ミトコンドリアが緑色蛍光を発する．Yだけの場合と同様にY-RFP融合タンパク質も葉緑体に局在するので，葉緑体が赤色蛍光を発する．このように目的タンパク質を蛍光タンパク質と融合させることでオルガネラを可視化したり，局在部位を解析したりすることができる．

3-12　植物分子細胞育種

3-12-1　食糧生産と地球環境の保全

　地球上の動物は，植物によってその生存が保障されている．植物は独立栄養生物であり，水，二酸化炭素，無機化合物を栄養源として生育し，光合成によって太陽の光エネルギーを捕捉し，エネルギー変換産物としての有機化合物や酸素を生産する．植物は動物にとって，大事な食糧であると同時に，地球環境の保全者でもある（図 3.12.1）．

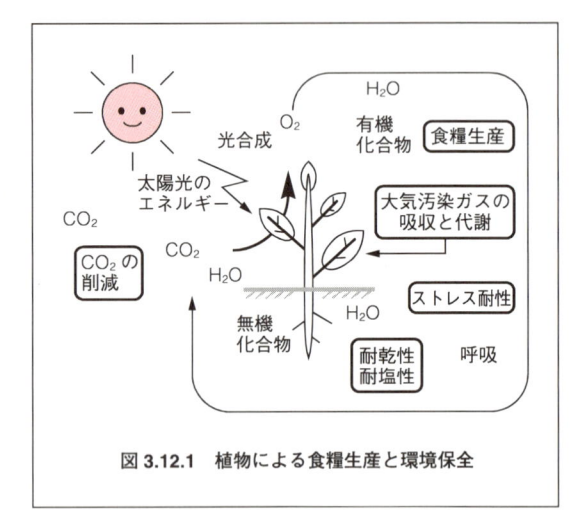

　したがって，近い将来予想される人口増加による食糧不足や地球環境の悪化に対する解決策の1つとして，生産性の高い植物や環境保全のための植物を遺伝子あるいは細胞レベルで改良し作出する植物分子細胞育種法に大きな期待が寄せられている．このような夢の植物を育種する際に，目標となる重要な形質を表 3.12.1 にまとめた．

図 3.12.1　植物による食糧生産と環境保全

3-12-2　植物分子細胞育種のストラテジー

　植物の細胞は，多くの場合，適切な栄養素や**植物ホルモン** plant hormone（phytohormone ともいう）などを含む培地で培養すると，細胞複製を開始し多細胞器官や組織への**分化** differentiation が起こり，完全な植物体を形成する能力を有している．これを**全能性** totipotency（**分化全能性**ともいう）という（図 3.12.2）．植物ホルモンには，**オーキシン** auxin，**サイトカイニン**

表 3.12.1　植物分子細胞育種上の重要な形質

生産量の増加に関する形質
[1] 発生や分化の制御に関わるもの 　光合成能力，作物の形態（草型，受光態勢，わい性），耐倒伏性，養水分吸収能力，多収・安定性，開花・成熟の早晩性
[2] ストレスに対する防御反応に関わるもの 　耐冷性，耐寒性，耐暑性，耐乾性，耐旱性，耐湿性，耐塩性，重金属耐性，耐酸性，耐アルカリ性，強光度耐性，紫外線耐性，除草剤耐性，殺菌剤耐性，抗生物質耐性，耐病性（ウイルス病，細菌病，糸状菌病，ウイロイド病），耐虫性（昆虫，線虫）
品質や成分の改良に関する形質
含有成分（タンパク質，油脂，炭水化物，ビタミン，色素，生理活性物質），外観，食味，加工適性，貯蔵性，輸送性，花色

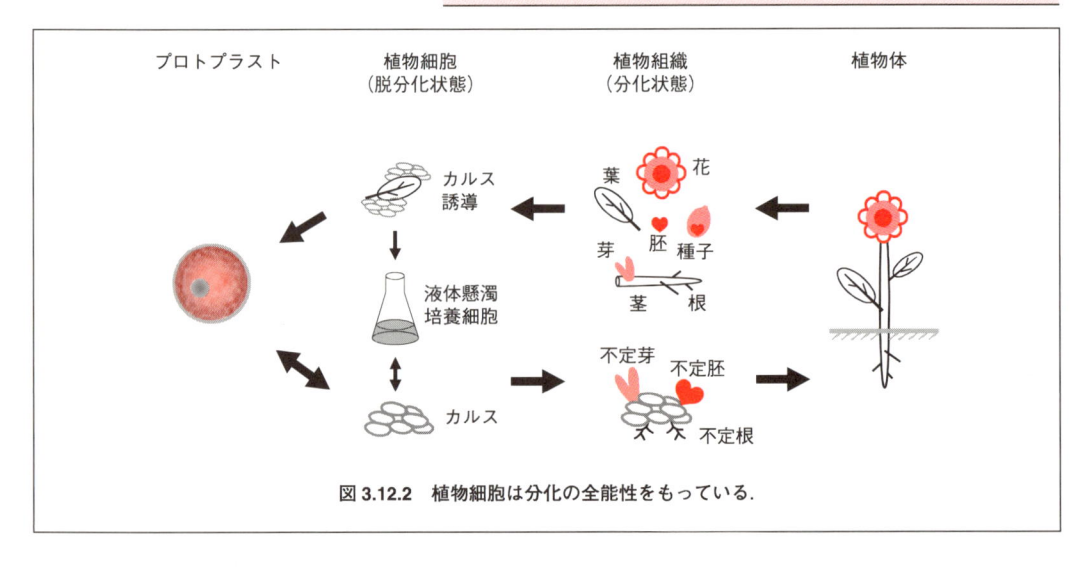

図 3.12.2　植物細胞は分化の全能性をもっている．

cytokinin, ジベレリン gibberellin など10種類程度が知られている．

　細胞から植物体を再生させるには，**器官形成** organogenesis を経由する（不定芽形成）方法と，**胚形成** embryogenesis を経由する（不定胚形成）方法の大きく2種類がある．植物細胞組織に酵素処理して細胞壁を除去すると，**プロトプラスト** protoplast とよばれる単細胞が得られる．この単細胞に，**エレクトロポレーション** electroporation 法などを用いて遺伝子を直接導入し，培養すると**形質転換植物（トランスジェニック植物** transgenic plant）をつくり出すことが可能である．

　プロトプラストはあらゆる形質転換方法に使用できるが，単細胞からの**植物体再生** plant regeneration は，植物種によっては必ずしも容易ではない．したがって，現在では，材料として植物細胞組織や植物体を用い，**アグロバクテリウム** Agrobacterium の感染能を利用する方法や，**パーティクルガン** particle gun 法で遺伝子を導入し，形質転換植物を得るのが一般的である（3-13 を参照）．

3-12-3 不思議な能力をもつ土壌細菌アグロバクテリウム

　アグロバクテリウムは植物分子生物学の進展に大きく貢献し，また，植物の分子細胞育種にも欠かせない存在である．この細菌は根粒菌と近縁であり，Rhizobium 属に含まれるグラム陰性の土壌細菌である．昔は Agrobacterium 属とよばれていたが，分類が改められて最近では Rhizobium 属とされている．しかし，現在でも「アグロバクテリウム」の呼称が一般的であり，ここでもそれを用いる．

　Agrobacterium tumefaciens や Agrobacterium rhizogenes は，菌体内に約200〜250 kb の巨大なプラスミド［それぞれ，**tumor-inducing（Ti）プラスミド**と **root-inducing（Ri）プラスミド**］を有している．これらの細菌が植物に感染すると，プラスミドの一部分で **T-DNA**（transfer DNA）とよばれる領域が植物細胞の核内に転移し，染色体に組み込まれる（図 3.12.3）．その結果，感染部位で植物細胞の形質転換がおこり，Ti プラスミドでは**クラウンゴール** crown gall とよばれる「こぶ」，Ri プラスミドでは**毛状根** hairy root とよばれる「根」が発生する．このような原核細胞から真核細胞へのDNAの転移と形質転換現象は，自然界において知られる唯一の例である．

　T-DNA にはオーキシンやサイトカイニンの生合成遺伝子を初めとして，特殊なアミノ酸であるオピン opine の生合成遺伝子など，約20個の遺伝子が存在する．これらの遺伝子はアグロバクテリウムの細胞内では発現しないが，植物の染色体に組み込まれると発現する仕組みになっている．

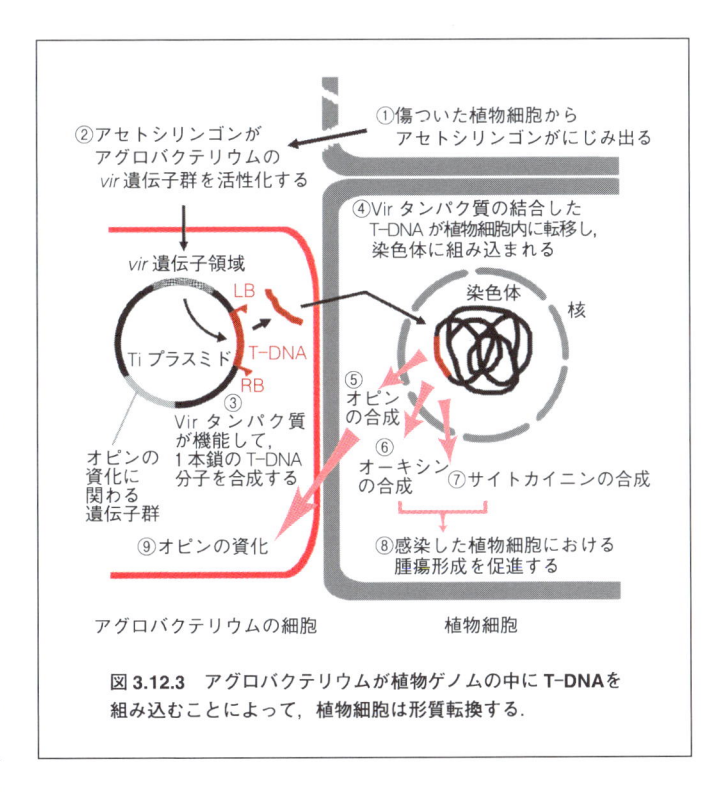

図 3.12.3　アグロバクテリウムが植物ゲノムの中に T-DNA を組み込むことによって，植物細胞は形質転換する．

3-13 植物細胞工学

3-13-1 植物細胞への遺伝子導入方法

植物細胞へ遺伝子を導入する方法のうち，現在用いられている代表的なものについて述べる．

(1) **アグロバクテリウムの感染能を利用する方法** アグロバクテリムが植物に感染すると，巨大なプラスミドの一部である T-DNA 領域が植物細胞の核内に転移し，染色体に組み込まれる(3-12 参照)．この性質を利用して，植物を形質転換する方法である．

遺伝子のクローニングなどを行うために，200 kb ものプラスミドはあまりにも巨大で取扱いが困難である．また，植物ホルモンの過剰生産に関わる遺伝子が植物に導入されると，育種上不都合なことも起こりうる．そこで，巨大なプラスミドが改良され，クローニング用のプラスミドであると同時に T-DNA としての機能を果たす**バイナリーベクター** binary vector がつくられた．また，T-DNA を転移させる機能をもち，T-DNA 領域を取り除いた ***vir* ヘルパープラスミド** *vir* helper plasmid がつくられた(図 3.13.1)．

バイナリーベクターは，アグロバクテリウムと *E. coli* の両者で複製できる *ori*(複製起点)，植物細胞へ DNA を転移するときに必須の**ボーダー配列** border sequence(LB と RB)，ボーダー配列に挟まれたクローニング部位と植物体内で発現する選択マーカー遺伝子，および，バクテリア内で発現する選択マーカー遺伝子などからできている．また，組み込まれた外来遺伝子が植物細胞内で転写されるためには，構造遺伝子の前後にそれぞれ植物用のプロモーターとターミネーターが必要である．したがって，それらに挟まれた位置にクローニング部位が設けられている．

vir ヘルパープラスミドは，*vir* 遺伝子群が T-DNA とは別のプラスミド上にコードされていても，その遺伝子産物が機能して T-DNA を転移できるという性質を利用したものである．このような作用の仕方を，「**トランス** trans に働く(trans-acting)」という．ちなみに，「**シス** cis に働く(cis-acting)」とは，例えばプロモーター配列のように，構造遺伝子の上流に位置する場合に限り機能できるような場合をいう．この例では，トランス因子が *vir* 遺伝子産物，シス因子がプロモーター配列ということになる．

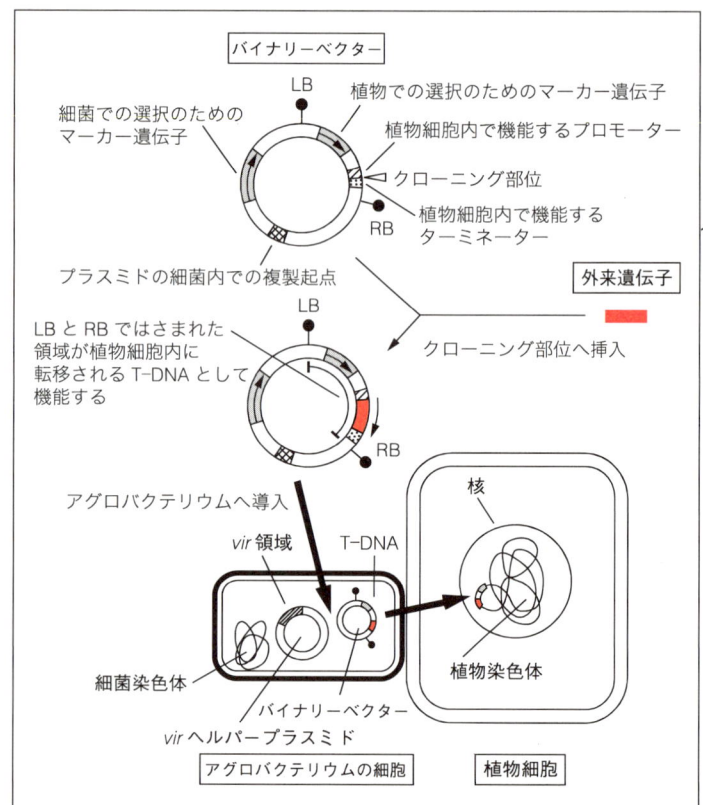

図 3.13.1 アグロバクテリウムの感染能を利用した植物細胞への遺伝子導入方法．バイナリーベクターのクローニング部位へ外来遺伝子を挿入して組換えプラスミドをつくり，エレクトロポレーション法でアグロバクテリウムの細胞に導入する．それを植物細胞組織に感染させると，LB と RB ではさまれた T-DNA 領域が植物細胞内へ転移され，植物染色体に組み込まれる．LB：左末端のボーダー配列，RB：右末端のボーダー配列．

(2) パーティクルガン法 単子葉植物にもアグロバクテリウムの感染能を利用する方法で遺伝子を導入できるが，感染が極めて困難な植物や，プロトプラスト培養が困難な植物に遺伝子を直接導入する方法として，パーティクルガンが用いられる．これは，金やタングステンの微小粒子(ミクロキャリアーとも呼ばれる)にDNAをコーティングして，**パーティクルガン** particle gun (または，**遺伝子銃**) とよばれる装置を用いて植物細胞組織に撃ち込む方法である (図 3.13.2)．

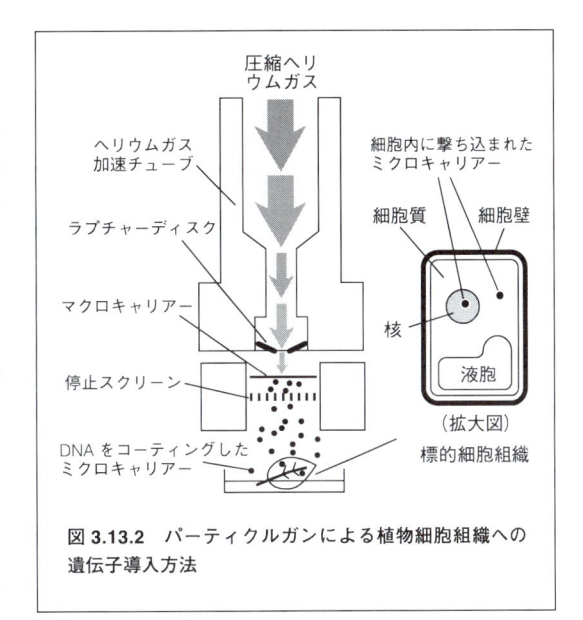

図 3.13.2 パーティクルガンによる植物細胞組織への遺伝子導入方法

3-13-2 形質転換植物の作出

分子生物学の進展によって，植物の成長や生理を遺伝子レベルで，すなわち，いつ(どのような成長段階か)，どこで(植物体のどのような細胞や組織で)，何が(どのような遺伝子が)，どうする(発現する，あるいは抑制される)のかが理解できるようになってきた．

その知見を生かして遺伝子発現を制御し，植物の機能を改良することが可能である．また，異種生物の遺伝子を単離し，植物用のプロモーターに連結して導入すれば，表 3.12.1 に示したような重要な形質を発現する夢の植物を作出することも可能である．

例えば，図 3.13.3 に示したような除草剤耐性植物のほか，ウイルス耐性植物，病害虫耐性植物，耐塩性植物，耐寒性植物，耐冷性植物，耐乾性植物，花色を改良した植物，貯蔵性に優れた植物，環境汚染物質を分解する環境浄化植物，ワクチンを生産する植物などもつくり出されている．

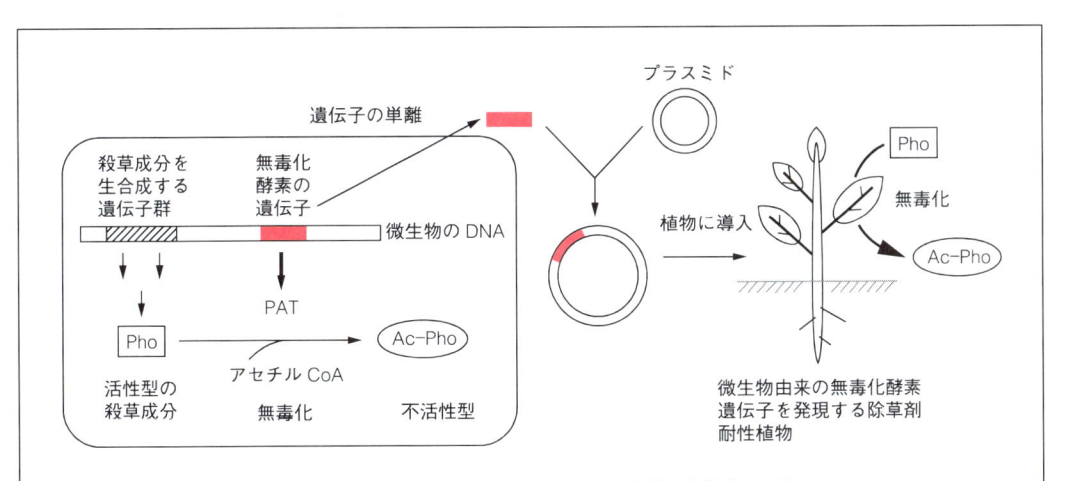

図 3.13.3 **無毒化酵素遺伝子の導入による除草剤耐性植物の分子細胞育種**．放線菌の一種 *Streptomyces hygroscopicus* は，殺草成分ホスフィノスリシン(Pho)を生合成する．また，自分自身を守るために，その物質をアセチル化して無毒化する酵素ホスフィノスリシンアセチルトランスフェラーゼ(PAT)も有している．その酵素の遺伝子を微生物から単離し，植物用のプロモーターに連結したのち植物に導入すると，除草剤耐性植物が得られる．

3-14 動物細胞工学

動物細胞に外来の遺伝子を導入し細胞内で強制的に発現させることで、細胞の性質を改変したり、動物細胞における遺伝子機能の解明が行なわれている。また個体レベルでも外来遺伝子を導入した動物や逆に特定の遺伝子を欠損した遺伝子破壊動物などのトランスジェニック動物（遺伝子改変動物）の作製が行われている。これらの細胞、動物は、遺伝子の機能の解明はもちろん、疾患モデルの作製など医療の進展にも寄与している。さらに近年では ES 細胞や iPS 細胞を用いた再生医療を目指した研究が活発に行われている。

3-14-1 動物細胞への遺伝子導入

動物細胞に遺伝子を導入する方法には、いろいろな方法が開発されている。DNA をガラスのキャピラリーにより細胞に直接注入する**マイクロインジェクション法** microinjection、DNA をリン酸カルシウムやカチオン性脂質と複合体を形成させ細胞に取り込ませる方法、細胞に電気ショックを与え一時的に細胞膜の透過性を高め DNA を導入する**エレクトロポレーション法** electroporation（電気穿孔法）、ウイルスゲノムの一部に外来遺伝子を導入しウイルス粒子として感染させる方法などがある。マイクロインジェクション法は微量の細胞にでも導入可能であり、顕微鏡下で導入細胞を経時的に観察できる長所があるが、多くの細胞に遺伝子を導入するのは困難である。リン酸カルシウム法やカチオン性脂質を用いた方法、エレクトロポレーション法は、細胞によって遺伝子導入効率が大きく異なるが、簡便で最もよく用いられている。ウイルスを用いる方法は安全性の問題から取扱いには注意が必要であるが、導入効率が高くほぼ 100% の細胞に導入可能であり、遺伝子治療（3-19 参照）などにも用いられる。

3-14-2 トランスジェニック動物

外来の遺伝子を導入、あるいは内在遺伝子の欠失・置換を人為的に起こし、永続的にゲノムを改変した動物を**トランスジェニック動物** transgenic animal と呼ぶ。トランスジェニック動物作製法として哺乳類で最初に確立し一般化した方法は、DNA 溶液をマウス受精卵の雄性前核にガラスキャピラリーを用いて直接注入する方法である。注入された DNA の一部はランダムに染色体に組み込まれる。用いるプロモーターの種類をかえれば、全身で外来遺伝子を発現させることも組織特異的に発現させることもできる。この手法は、生体内での遺伝子機能の解析だけでなく、特定のタンパク質の発現が過剰になるような疾患のモデル動物の作製にも用いられている。

3-14-3 ノックアウトマウス

受精卵への遺伝子注入法によるトランスジェニックマウスでは、内在の遺伝子をなくすことができない。また、特定の変異を内在の遺伝子に導入することもできない。しかし、2-11 で述べた **ES 細胞**を用いると、細胞レベルで**相同組換え** homologous recombination を起こさせ特定の遺伝子を破壊する（図 3.14.1）ことが可能であり、この組換え ES 細胞からキメラマウス（図 2.11.2 参照）を作出すると、遺伝子欠損（ノックアウト）マウスを作製できる。このようにして作製さ

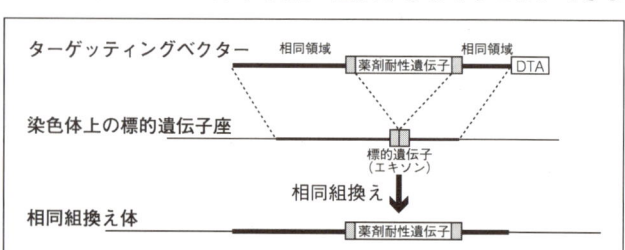

図 3.14.1 相同組換えによる遺伝子破壊．ターゲッティングベクターと標的遺伝子座が相同組換えを起こすと、標的遺伝子が破壊されるとともに薬剤耐性遺伝子が挿入される。また相同組換えによりジフテリア毒素 A（DTA）遺伝子が除去されるので、ランダムな組換えと区別できる。

れたマウスは個体レベルでの遺伝子の機能の解析に適しており，これまでに多くのノックアウトマウスが作製されている．また同様の方法を用いることで，野生型遺伝子を変異遺伝子と置換させたマウスの作製や，欠損遺伝子の代わりに GFP などの**レポーター遺伝子** reporter gene（蛍光や発色により，発現部位や量が簡便に定量できる遺伝子）を導入し遺伝子発現を解析するのに適したマウスの作製も可能となる．**Cre-*lox*P** とよばれる方法を組み合わせることで，特定の組織でだけ遺伝子破壊を誘導することもできる（図 3.14.2）．この手法は，遺伝子ノックアウトが胎生致死となる場合の成体での遺伝子機能の解析に広く用いられている．

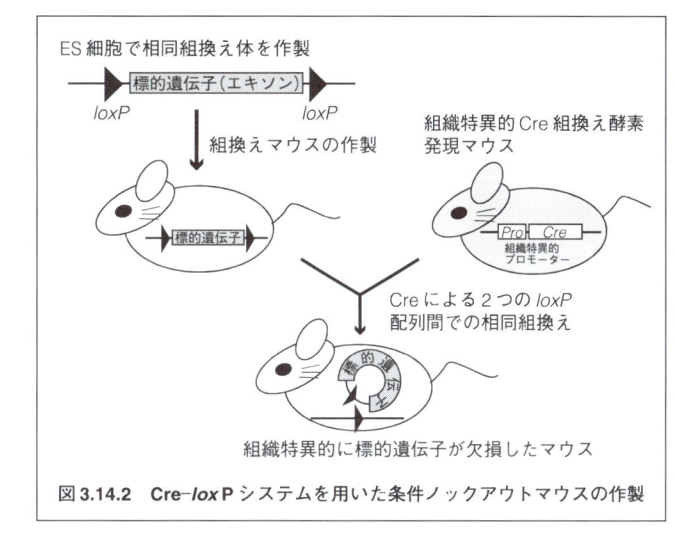

図 3.14.2 Cre-*lox*P システムを用いた条件ノックアウトマウスの作製

3-14-4 ES 細胞，iPS 細胞を用いた再生医療，疾患モデル開発

1998 年にヒト **ES 細胞**，2007 年にヒト **iPS 細胞**が作製され，これら多能性幹細胞から様々な分化細胞が作製されている．例えば，パーキンソン病への治療が考えられているドーパミン神経や心疾患治療のための心筋細胞が作製され，疾患モデル動物で有効性が検討されている．

ただし，現状ではこれらの細胞を実際の再生医療に用いるためには課題も多く残っている．ES 細胞を用いた場合は受精卵から作成するという生命倫理の問題や拒絶反応といった問題がある．自己の細胞から作成可能な iPS 細胞の場合，これらの問題を回避することができるが，導入遺伝子（形質転換能をもつ c-*myc*）や遺伝子導入方法（ウイルスベクターや染色体への組込み）による腫瘍化の可能性が残っている．また，未分化細胞は腫瘍を形成するため，分化細胞のみを確実に分離する手法も必要となる．現時点において神経や心筋などの分化細胞の作出は可能となりつつあるが，複数の種類の細胞を含み立体的な 3 次元構造をもつ組織の作製は難しい．現在この分野の研究は急速に進んでおり，これらの課題の克服が期待されている（図 3.14.3）．

一方，多能性幹細胞を用いた疾患モデルの作製も試みられている．これまでに脊髄性筋萎縮症やパーキンソン病特異的 iPS 細胞など多くの疾患特異的 iPS 細胞が作製されている．今後これら細胞から分化した疾患特異的細胞を用い，疾患原因の究明や新規薬剤の開発，薬剤の安全性評価などへの利用が期待されている．

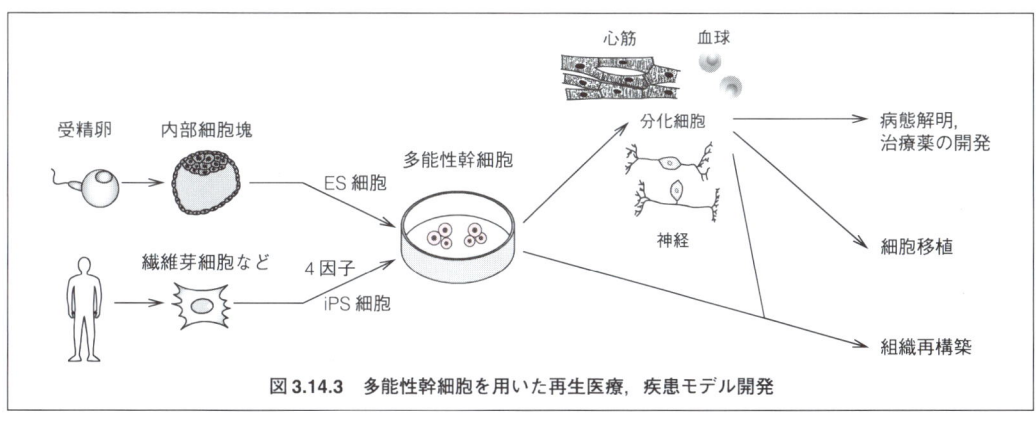

図 3.14.3 多能性幹細胞を用いた再生医療，疾患モデル開発

3-15 微生物細胞による物質生産〈農学，薬学への応用〉

3-15-1 微生物による物質生産の概要

　微生物の最大の特徴はいうまでもなくその高い増殖速度であり，物質生産においては短期間に大きな効果をもたらすことができる．実際，微生物は，アルコール発酵に始まり，アミノ酸やヌクレオチド，抗生物質，酵素などの有用物質の工業生産において中心的な役割を担ってきた．現在では，大腸菌や枯草菌等の細菌から酵母やカビ等の真核微生物に至るまで，種々の微生物において**宿主-ベクター系**が高度に確立している．その結果，微生物を宿主にして異種タンパク質を大量生産したり，**代謝工学**といわれる合理的な育種によって有用物質の生産性を極限まで高めることが可能になっている．こうした微生物バイオテクノロジーは，最近のゲノム科学の進歩を受けて遺伝子資源や育種の方法論を広げながら一段と重要性を増している．加えて，環境問題やエネルギー問題の救世主としての期待も高まっている．

3-15-2 生理活性タンパク質の生産

　インスリン，成長ホルモン，インターフェロン，顆粒球コロニー刺激因子 G-CSF，エリスロポエチンなど，生体内で微量しか存在しない**生理活性タンパク質** biologically active protein を遺伝子組換え技術を用いて大腸菌や酵母に大量につくらせることが可能になっている．基本的には，目的とするタンパク質の cDNA を強力なプロモーターの下流に配置したプラスミドを作製してこれを宿主微生物に導入し，目的のタンパク質を高発現させる．実用化に向けては宿主のコドン使用頻度に合わせた塩基配列の改変やシグナルペプチドの付加など，遺伝子の発現やタンパク質の細胞外輸送などのプロセスに種々の工夫がなされている．一方，動植物由来の生理活性タンパク質には，活性発現に糖鎖の付加などの修飾が必要なものが多い．このような修飾系は大腸菌には備わっていないので，修飾が必要なタンパク質を生産する場合には類似のタンパク質修飾系をもつ酵母やカビの宿主-ベクター系が用いられる．

3-15-3 ATP再生系との共役による有用物質生産（グルタチオンの生産を例に）

　原料から有用物質を生産する際，エネルギー源として ATP の供給が課題となる場合がある．このような場合，細胞がグルコースの代謝過程で示す ATP 再生活性を組み合わせた生産系が開発されている．たとえば，機能性食品や医薬品として有用なグルタチオンは，グルタミン酸，システイン，グリシンの3つのアミノ酸を原料に2段階の酵素的縮合によって合成されるが，両反応に ATP が必要である．両酵素（GSH-I と GSH-II）をプラスミドで高発現させた大腸菌の菌体を用いて，3種の原料アミノ酸とグルコースから効率的に**グルタチオン** glutathione を製造するプロセスが実用化されている（図 3.15.1）．

図 3.15.1　ATP 再生系との共役によるグルタチオンの生産

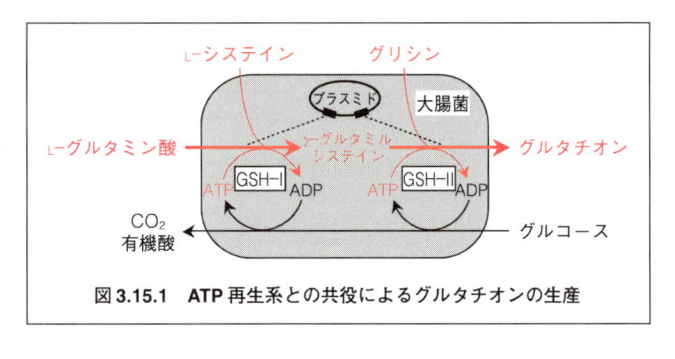

3-15-4 植物系バイオマスからのバイオ燃料の生産

　エネルギー問題や環境問題が地球規模で深刻化する中，再生可能で食糧と競合しない植物バイオマス資源からエタノールやディーゼル燃料を微生物に生産させるバイオプロセスの研究が盛んになっている．**バイオ燃料** biofuel の生産には，通常，大腸菌やコリネ型細菌，あるいは酵母等が用いられるが，これらの微生物は植物バイオマス中のセルロースやヘミセルロースを代謝できない．このため，それら

を酵素的に糖化するステップが導入されている．最近では，細胞表層工学といわれる技術を用いて，それらの多糖を分解する酵素を細胞の表層に発現させて細胞表層で多糖を発酵性糖まで分解し，これを細胞内に取り込んでバイオ燃料を一気に生産する技術も開発されつつある（図 3.15.2）．

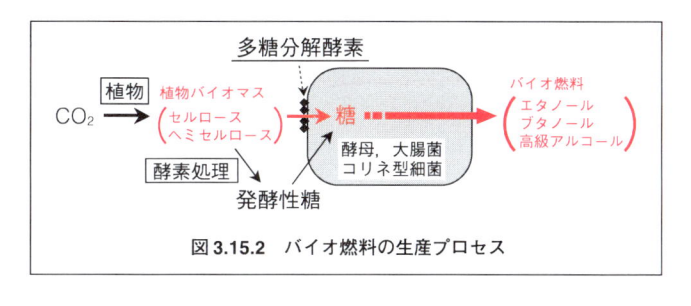

図 3.15.2　バイオ燃料の生産プロセス

3-15-5 ゲノム情報に基づいて再構築した生産菌によるアミノ酸の生産

アミノ酸は微生物バイオテクノロジーを代表する製品であり，生産量は年間で 300 万トン以上に及んでいる．工業生産に用いられるアミノ酸生産菌は，コリネ型細菌あるいは大腸菌からランダム変異と選択を繰り返す古典的な方法で育種された変異株である．しかし，昨今のゲノム科学の急速な進歩と次世代シーケンサーの登場は，これまでの育種の方法論を大きく変えている．新しい育種法では，工業生産菌のゲノム情報を解析してアミノ酸生産に関わる変異を特定し，それら有効変異を野生株ゲノム上で組み合わせる（図 3.15.3）．たとえば，リジン発酵の場合，工業生産菌のゲノムには千を超える変異点が同定されているが，リジンの生産に関わる有効変異はその内の 10 個程度にすぎない．他は有効変異に付随して導入された，発酵とは無関係な変異か，発酵性能にマイナスとなる有害変異である．現在では有効変異のみからなるリジン生産菌が育種されており，効率的な発酵プロセスが実現している．

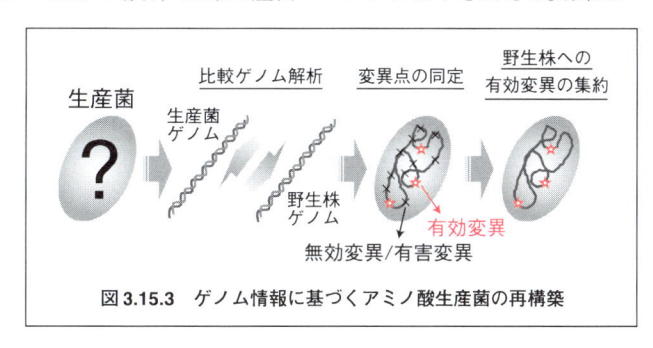

図 3.15.3　ゲノム情報に基づくアミノ酸生産菌の再構築

3-15-6 コンピュータ検索により見出した新規酵素によるジペプチドの生産

新素材の生産系を開発する場合，その成否は目的の反応を触媒する酵素を見出せるか否かにかかっている．アミノ酸にはない有用な特性や生理的機能を有するジペプチドの工業的製法の開発はまさにそのケースで，非修飾の L-アミノ酸 2 分子を α ペプチド結合する新規なジペプチド合成酵素が *in silico* 検索と呼ばれるコンピュータ検索を活用した新しい探索方法により見出されている．

検索の鍵は，ATP 結合モチーフをもつ，機能未知に分類されている，そして D-アラニンどうしを α ペプチド結合する既知遺伝子と類似性を有する，の 3 点で，この探索戦略が決め手になっている．発見された遺伝子は枯草菌の *ywfE* という遺伝子である．ジペプチドの分解と取込み系を弱め，かつアラニンとグルタミンを過剰生成するように改良した大腸菌でこの酵素（YwfE）を発現させることにより，工業レベルの**アラニルグルタミン** alanyl glutamine の発酵生産が可能になっている（図 3.15.4）．

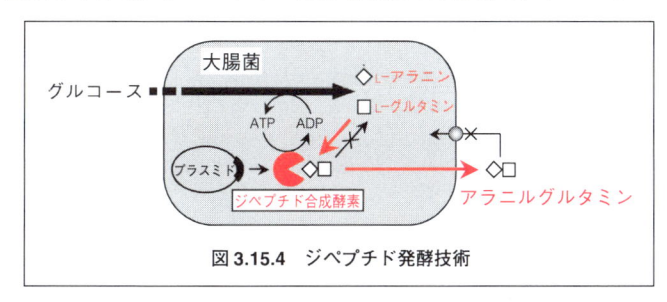

図 3.15.4　ジペプチド発酵技術

3-16 植物細胞による物質生産〈農学,薬学への応用〉

3-16-1 なぜ植物細胞による物質生産を行うのか

高等植物の生産する代謝産物は20万種を超え，動物のそれをはるかにしのぐ数と構造多様性を示す．植物は種々のストレス(微生物，昆虫，捕食者などの生物学的ストレス，紫外線，乾燥，塩などの非生物学的ストレス)に対抗するために，あるいは，受粉のため昆虫などを誘引するために，二次代謝産物(一次代謝経路からさらなる多段階の酵素反応により生成される物質群)の生合成経路を進化させたと考えられている．

こういった**二次代謝物** secondary metabolite は，生理活性を有するものが多く，古くから，嗜好品・香料・スパイス等の機能成分，医薬品原料，色素，農業利用される植物成長調節物質などとして利用されてきた．さらに近年では機能性食品やサプリメントなどでも利用され，健康維持や人間生活の質の向上に役立つ物質として重要な位置を占めている．

これらの化合物は立体特異性があり，化学合成法では困難あるいは高コストであるため，野生植物の採取に頼っている場合が多い．そのため，乱獲により絶滅の危惧に瀕している植物も多く，植物組織培養による有用物質生産に期待が寄せられている．

3-16-2 植物細胞培養

植物組織培養 plant tissue culture 用の基本培地は，ミネラル，ビタミン，スクロースなどで構成されている．植物の葉や胚軸等の組織を切り出し，植物組織培養用基本培地に**オーキシン** auxin, **サイトカイニン** cytokinin などの植物ホルモンを添加した寒天培地に置床すると，**カルス** callus とよばれる脱分化した細胞の塊が得られる(3-12参照)．カルスを分割し，植物組織培養用の液体培地で通気しながら培養することにより，大量に植物細胞を培養することが可能である．

ムラサキ *Lithospermum erythrorhizon* は，根に紫色の色素シコニンを蓄積する．ムラサキの培養細胞では当初全く**シコニン** shikonin を生産しなかったが，細胞増殖に適した培地(増殖培地)とシコニン生産に適した培地(生産培地)とを開発し，増殖培地で十分細胞量を増やした後，生産培地に移してシコニンを生産させる二段階培養法(図3.16.1)により，乾燥重量の20%ものシコニン生産を達成した．この方法により工業生産が行われ，化粧品や染料として利用された．

その他，薬用ニンジン *Panax ginseng* や抗がん剤**タキソール** taxol を

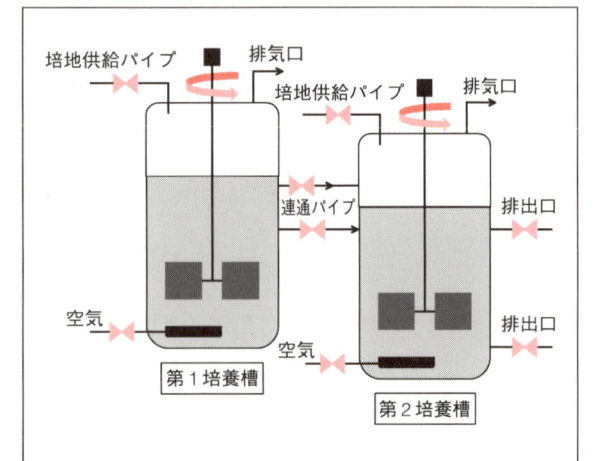

図 3.16.1 二連式培養装置による二段階培養法．第1培養槽で細胞を増殖させ，その後，連通パイプで培養物を第2培養槽に移し物質(シコニン)生産を行う．特許掲載公報第2509630号(1996)の第1図を改変．

表 3.16.1 植物細胞培養による二次代謝産物生産

植物名	学名	二次代謝産物
イチイ	*Taxus* spp.	パクリタキセル
インドジャボク	*Rauwolfia serpentina*	レセルピン
オウレン	*Coptis japonicus*	ベルベリン
コーヒー	*Cofea arabica*	カフェイン
タバコ	*Nicotiana tabacum*	ユビキノン-10
ニチニチソウ	*Catharanthus roseus*	アジマリシン
ニンジン	*Panax ginseng*	ジンセノサイド
ハナキリン	*Euphorbia milli*	アントシアニン
ムラサキ	*Lithospermum erythrorhizon*	シコニン
ヤマイモ	*Dioscorea deltoidea*	ジオスゲニン

蓄積するイチイ *Taxus* spp. の大規模細胞培養も行われている．細胞培養による二次代謝産物生産の例を**表3.16.1**に示す．

3-16-3 毛状根培養

土壌細菌 ***Agrobacterium rhizogenes*** (現在の正式な学名は ***Rhizobium rhizogenes***) が植物に感染すると，感染部位から**毛状根** hairy root とよばれる不定根が誘導される(**図3.16.2**，3-12および3-13参照)．これは，感染により，菌がもつ Ri プラスミドの一部(**T-DNA**)が植物のゲノムDNAに挿入され，T-DNA 上の植物ホルモンを生成する遺伝子産物の働きによるものである．誘導された根は，無菌的に培養することができる．

二次代謝産物は，根で生合成・蓄積するものが多い．すなわち生合成遺伝子が，根特異的に発現している場合，培養細胞では遺伝子発現が抑制され，目的とする二次代謝産物が生合成されないことがある．このような二次代謝産物では，毛状根培養により生産性が向上することが知られている．**ニコチン** nicotine を生産する**タバコ** *Nicotiana tabacum* 毛状根，鎮痛剤・鎮痙剤として用いられるスコポラミンを生産するズボイシア *Duboisia* spp. 毛状根培養などの例がある(**表3.16.2**)．

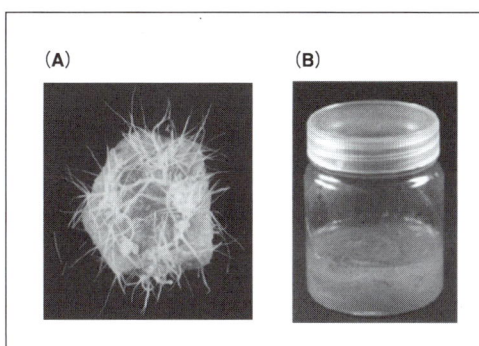

図3.16.2 毛状根培養．(A) ニンジン主根の切片から誘導された毛状根．(B) ヨモギ属植物毛状根の液体培養

表3.16.2 毛状根培養による二次代謝産物生産(細胞培養よりも生産性が向上したもの)

植物名	学名	二次代謝産物
アジュガ	*Ajuga reptans*	エクダイソン
ズボイシア	*Duboisia* spp.	スコポラミン
タバコ	*Nicotiana tabacum*	ニコチン
チャボイナモリ	*Ophiorrhiza pumila*	カンプトテシン
ビート	*Beta vulgaris*	ベタキサンチン
ヒヨス	*Hyoscyamus niger*	ヒヨシアミン
ベラドンナ	*Atropa belladonna*	ヒヨシアミン

根性で成し遂げたバイオリップ

ムラサキ組織培養によるシコニンの生産は，1980年代に日本の化学メーカーが成し遂げた世界初の快挙である．当時，CM ソングのヒットと相まって，培養シコニンを配合した"バイオリップ"(口紅)が爆発的な売れ行きを上げた．この成功例に触発され，いろいろな大学，研究機関がこぞって，植物組織培養による有用物質生産研究を行った．なるほど実験室レベルでは，植物組織培養により欲しい物質を検出できるようになったが，工業化のためのコスト試算をすると，野生の植物から抽出する方が安上がりであることが多かった．当時の技術では，目的とする有用物質が植物体内でどのように生合成されるかわからなかった．そのため，生産性を上げるには，生合成経路が「ブラックボックス」のまま手探りで試行錯誤——根性で研究するしかなかった．そのため，植物組織培養による有用物質生産研究は衰退した．長いブランクの後，21世紀に入り，高速シークエンス技術の発達と，精密でかつ包括的な代謝物分析が可能となった．これらの最新の技術を使って，植物有用物質生合成の「ブラックボックス」を明らかにしようとする研究が，今着目されているのである．

3-17 動物細胞による物質生産〈農学，薬学への応用〉

3-17-1 ある種のバイオ医薬品は動物細胞培養法で生産されている

動物細胞培養法は微生物培養法に比べて，培養期間が長い，生産性が低い，培地原料費が高いなどのデメリットがある．しかし，薬効発現に糖鎖が必要な糖タンパク質などの複雑な構造を有するバイオ医薬品の生産には，遺伝子組換え動物細胞培養法を欠かすことはできない．

3-17-2 動物細胞用発現ベクターの構造と宿主細胞株

これまでに様々な動物細胞用発現ベクターが開発されている．その構造の一例と各構成要素を図3.17.1に示す．多くの場合，クローニングや塩基配列の確認，ベクターの大量調製などの操作は大腸菌を用いて行う．したがって，各ベクターの基本構造は，複製開始点（*ori*）や抗生物質耐性遺伝子などの選択マーカーからなる大腸菌用のプラスミドであり，そこに動物細胞での遺伝子発現に関与する下記の機能配列が組み込まれている．

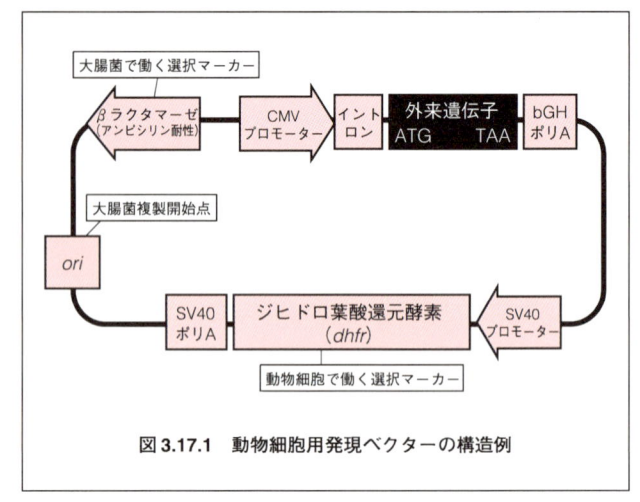

図3.17.1　動物細胞用発現ベクターの構造例

(1) プロモーター/エンハンサー配列 promoter/enhancer sequence：外来遺伝子の転写開始点および転写活性の強度を制御する．SV40やサイトメガロウイルス（CMV）などのウイルスプロモーターがよく用いられる．**(2) イントロン配列** intron sequence：人為的なイントロン配列をプロモーターと開始コドンの間に挿入することにより，外来遺伝子の発現効率が上昇することが知られている．**(3) 翻訳開始配列** translation initiation sequence：5′-CC(A/G)CCATGG-3′が開始コドン（ATG）周辺のコンセンサス配列として知られており，翻訳効率に影響を与える．**(4) ポリA付加シグナル** polyadenylation signal：mRNAの安定化に必要．SV40やウシ成長ホルモン（bGH）のシグナルなどがよく用いられる．**(5) 選択マーカー**：抗生物質耐性遺伝子や宿主細胞の栄養要求性を相補する遺伝子がある（表3.17.1）．前者の代表には，抗生物質G418をリン酸化して不活化する細菌のトランスポゾンTn5由来のネオマイシン（Neo）耐性遺伝子がある．後者の代表には，ヌクレオチドやグリシンの生合成に関与するテトラヒドロ葉酸の生成を触媒する**ジヒドロ葉酸還元酵素** dihydrofolate reductase（DHFR）遺伝子がある．また，グルタミン酸とアンモニアを基質としてグルタミンを生成する反応を触媒する**グルタミン合成酵**

表3.17.1　遺伝子導入細胞の選択に用いられる遺伝子と選択マーカー例

遺伝子	遺伝子産物	選択マーカー
Neo	アミノグリコシドホスホトランスフェラーゼ	G418（ジェネティシン）・ネオマイシン耐性
Bsd	ブラストサイジンSデアミナーゼ	ブラストサイジンS耐性
Hph	ハイグロマイシンホスホトランスフェラーゼ	ハイグロマイシンB耐性
Pac	ピューロマイシン-N-アセチルトランスフェラーゼ	ピューロマイシン耐性
Dhfr	ジヒドロ葉酸還元酵素	ヒポキサンチンやチミジンに対する要求性（*dhfr*欠損細胞），メトトレキセート（MTX）耐性
Gs	グルタミンシンセターゼ	グルタミンに対する要求性（*GS*欠損，あるいは*GS*低発現細胞），メチオニンスルフォキシミン（MSX）耐性

素 glutamine synthetase（GS）遺伝子もよく用いられる．

　バイオ医薬品の生産に最もよく用いられる宿主細胞株は，チャイニーズハムスターの卵巣由来細胞株（**CHO**）である．内在性の *DHFR* 遺伝子を欠損した亜株が複数樹立されている．内在性の抗体遺伝子，およびGS遺伝子の発現がないマウス骨髄腫由来細胞株（NS0）は，抗体医薬の生産によく用いられる．また，ヒト型の糖鎖構造が活性発現に必要な糖タンパク質の生産には，ヒト胎児腎由来の**HEK-293**細胞などが用いられる．これらはいずれも，増殖に足場を必要としない，浮遊増殖が可能な細胞であるため，大量培養に適している．

　外来遺伝子を組み込んだベクターをこれらの宿主細胞に導入（**トランスフェクション** transfection）するには，リン酸カルシウムとDNAの共沈殿物や，陽性荷電した脂質（カチオン性リポソーム）とDNAの複合体を，細胞の貪食能や膜融合を利用して取り込ませる方法がよく用いられる．

3-17-3　導入された外来遺伝子の発現増強

　細胞内へ導入された外来遺伝子の一部は核に到達し，非相同組換えによって染色体上のランダムな位置に組み込まれる．外来遺伝子の転写効率は，組み込まれた部位周辺のクロマチン構造の影響を強く受ける（**位置効果** position effect，1-16参照）．したがって，**インシュレーター** insulator などの，クロマチン構造に影響を与えるDNAエレメントを外来遺伝子の近傍にあらかじめ挿入したり，ヒストンの脱アセチル化を阻害する酪酸ナトリウムで細胞を処理することによって，位置効果による転写効率の低下を回避することが可能となる．

　細胞がDHFRの阻害剤である**メトトレキセート** methotrexate（MTX）に対する耐性を獲得する過程で，DHFRの**遺伝子増幅** gene amplification が起こることが知られている．その際，一緒に導入された外来遺伝子も同時に増幅するので，この操作を繰り返して得られたMTX高濃度耐性株は，高い物質生産性を示すことが多い．GSの阻害剤である**メチオニンスルフォキシミン** methionine sulfoximine（MSX）を用いれば，同様にGS遺伝子と外来遺伝子の増幅が起こることが知られている（図3.17.2）．

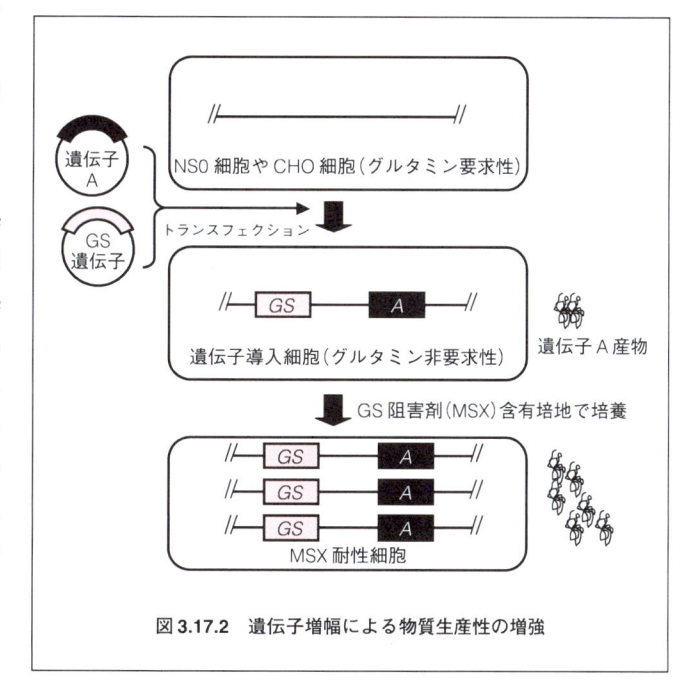

図3.17.2　遺伝子増幅による物質生産性の増強

3-17-4　大量培養によるバイオ医薬品の生産

　高発現細胞株が得られたら，培養温度，pH，溶存酸素濃度等を至適条件に維持して大量培養し，培養液から目的タンパク質を精製する．腎性貧血治療剤であるエリスロポエチン，血栓溶解剤である組織プラスミノーゲンアクチベーター，乳癌治療薬であるトラスツズマブ（ヒト化モノクローナル抗体）等の有用なバイオ医薬品がこれまでに承認されて利用されている．

3-18 遺伝病と遺伝子診断

3-18-1 遺伝子病と遺伝病

遺伝的要因が関連する病気全体を遺伝子病 genetic disease（遺伝子疾患）とよぶ．このなかで，メンデルの遺伝様式により疾患遺伝子が伝えられて発症に至る病気（メンデル遺伝性疾患）を，遺伝病 hereditary disease（遺伝性疾患）とよぶ．

遺伝病は単一遺伝子座の変異が原因である場合が多く，ハンチントン病やフェニルケトン尿症がこれにあたる．一方，がんや糖尿病などの多因性疾患も遺伝子の変異が原因で発生するが，単一遺伝子座の変異では発症に至る可能性は低い．この場合，遺伝子の変異は発生の"リスク"と考えることができる．

これまでに，多くの遺伝子疾患の**責任遺伝子** responsible gene が同定されてきた．分子生物学的手法の進歩とともにヒトゲノムの全塩基配列が明らかになり，遺伝子病の発生リスクもゲノムレベルで理解できるようになってきた．

3-18-2 疾患責任遺伝子の同定

遺伝子病の病態解明と診断には，その病因となる責任遺伝子の同定が必須である．図3.18.1に示したように，責任遺伝子の同定にはいくつか道筋がある．まず前段階として，責任遺伝子の染色体上の位置を特定する．次に，その位置情報をもとに約22,000のヒト全遺伝子から10～30の候補遺伝子へと絞り込む．候補遺伝子は，疫学集団における変異の検索や，疾患モデルを用いた相補試験によって検証され，疾患責任遺伝子として同定される．

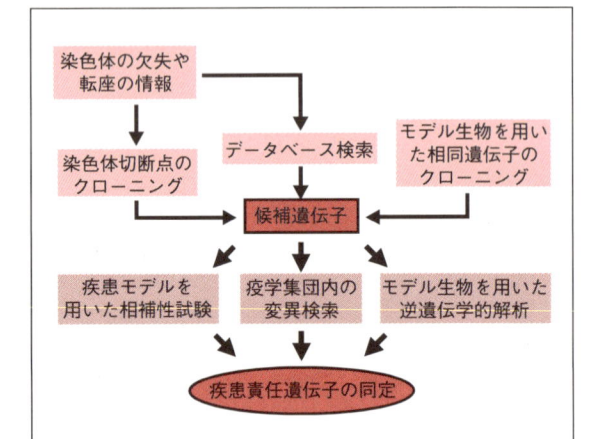

図 3.18.1　ポジショナルクローニングを中心とした疾患原因遺伝子の同定方法． 染色体の欠失や転座などの情報を元にして，疾患責任遺伝子の染色体上の位置を特定する．その情報を元に，候補遺伝子を絞り込む．これをポジショナルクローニングという．モデル生物で同様の疾患を引き起こす責任遺伝子がクローニングされていれば，そのヒト相同遺伝子も候補遺伝子の1つとなる．検証過程では，モデル生物において候補遺伝子のノックアウトや変異のノックインマウスを作製し，疾患を引き起こすかどうかで責任遺伝子を同定する．

3-18-3 一塩基多型

遺伝子の変異が疫学集団の中で1％以上の頻度で存在する場合，その変異を**遺伝子多型** genetic polymorphism とよぶ．遺伝子解析技術の進展によってDNAシークエンスが高精度化したことで，遺伝子多型を一塩基レベルで判別できるようになった．このような一塩基レベルの多型を，**一塩基多型** single nucleotide polymorphism（**SNP**：スニップと発音する）という．

身近な例として，ALDH2遺伝子のSNPを図3.18.2に示す．ALDH2遺伝子は，エタノールが代謝されて生じるアセトアルデヒドを分解する酵素をコードしており，12番目のエキソンにおいてGがAに変異した一塩基多型が報告されている．この多型をもつALDH2遺伝子から作られる酵素は活性が低いため，毒性の強いアセトアルデヒドを速やかに分解できない．したがって，この多型をホモにもつ人がお酒を飲むと，血中アセトアルデヒド濃度が上昇し，すぐに気分が悪くなる．

近年，DNAシークエンス技術の高速化により，様々な疫学集団からSNP情報が収集されている．そのSNP情報と疾患の表現型との連動を解析することで，疾患責任遺伝子の同定が行われている．さらに，SNP情報を活用することによって，多因性疾患の発生機序や危険因子がゲノムレベルで理解で

3-18-4 遺伝子型から副作用や薬効を予測する

処方された薬物に対する薬効や副作用には，多くの場合，個人差がある．薬物の薬理作用に関連した遺伝子変異や多型を調べることで，個人レベルでの薬効や副作用の予測が可能となる．

例えば，シトクロム P450 2C9 (CYP2C9) 遺伝子に多型をもつ患者は，抗血液凝固剤であるワルファリンを代謝しにくいため，過剰抗凝固による出血を引き起こす可能性が予測できる．また，乳がん患者の場合，乳がんを引き起こす主要因子(エストロゲン受容体，プロゲステロン受容体，ヒト上皮増殖因子受容体-2)の遺伝子型を調べることで治療方法が選ばれる．すなわち，これらの因子がすべて陰性の乳がんは，それらを標的とする抗がん剤のタモキシフェンやハーセプチンなどの薬効が期待できないため，別の治療戦略を考えることになる．

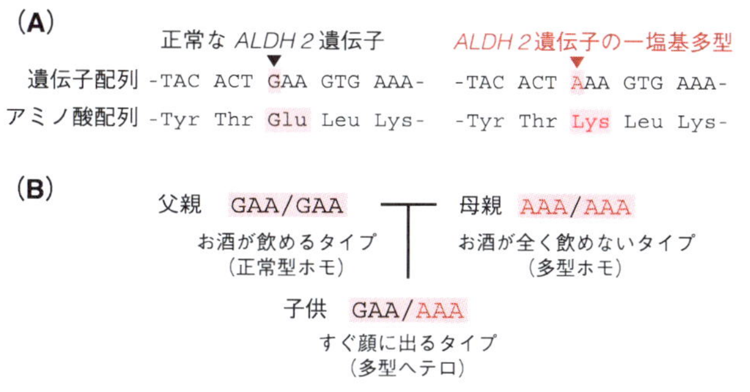

(A)
　　　　　　　　　正常な *ALDH 2* 遺伝子　　　*ALDH 2* 遺伝子の一塩基多型
遺伝子配列　-TAC ACT GAA GTG AAA-　　-TAC ACT AAA GTG AAA-
アミノ酸配列　-Tyr Thr Glu Leu Lys-　　-Tyr Thr Lys Leu Lys-

(B)
父親 GAA/GAA ─┬─ 母親 AAA/AAA
お酒が飲めるタイプ　　　　お酒が全く飲めないタイプ
(正常型ホモ)　　　　　　　(多型ホモ)
　　　　　子供 GAA/AAA
　　　　　すぐ顔に出るタイプ
　　　　　(多型ヘテロ)

図 3.18.2　Aldehyde dehydrogenase-2 (*ALDH 2*) 遺伝子の一塩基多型．(A) ALDH 2 タンパク質は，飲酒後にエタノールが代謝してできるアセトアルデヒドを分解する酵素である．*ALDH 2* 遺伝子の 12 番目のエキソンに "GAA → AAA" という一塩基多型が存在する．(B) 正常型ホモの父親(お酒が飲めるタイプ)と，一塩基多型をホモにもつ母親(お酒が全く飲めないタイプ)から生まれた子供は多型ヘテロとなり，すぐ顔に出るタイプとなる．

3-18-5 DNA マイクロアレイによる遺伝子発現解析

DNA マイクロアレイとは，スライドガラスなどの表面に数万の遺伝子配列由来のオリゴヌクレオチドや cDNA 断片をスポットしたもので，遺伝子の発現を網羅的に解析するために用いる(詳しくは 3-8 参照)．DNA マイクロアレイを用いて正常細胞と疾患細胞との遺伝子発現を比較することで，発現パターンの異なる遺伝子(発現していない遺伝子や高発現している遺伝子)が疾患責任遺伝子の候補となる．また，薬剤に対する感受性や細胞分化の機能に関わる遺伝子の同定などにも用いられる．

3-18-6 遺伝子診断からテーラーメイド医療へ

遺伝子型から病気やそのリスクを診断することを遺伝子診断とよぶ．近年，SNP 情報の蓄積に伴って，その診断精度が飛躍的に高まっている．また，診断内容も治療効果や治療後の経過予測などへ拡大されている．さらに，新世代塩基配列決定装置であるギガシークエンサーの登場によって，個人のゲノム配列解析にかかる期間の短縮やコストの低下が著しく進んでおり，個人に最も適した医療を選択するテーラーメード医療(個別化医療ともいう)が実現可能になってきている．

このような遺伝子工学技術の進歩に伴い，"究極の個人情報" であるゲノム情報の管理方法や遺伝子差別を招く危険性などが議論されている．

3-19 遺伝子治療

3-19-1 疾患の遺伝子治療

分子生物学のめざましい進展によって遺伝子工学技術が進歩し，ヒトの疾患治療に応用されるようになった．ヒトの疾患，特に機能喪失型疾患に対して，正常な遺伝子を導入して機能を回復させるという治療コンセプトは，とても分かりやすい．ヒトでは，アデノシンデアミナーゼ（ADA）欠損症等の単一遺伝子疾患の患者に対して適応され，実際に治療効果を挙げている．

さらに，前項で述べたように，ヒトゲノムの解読やギガシークエンスによる疫学集団の大規模な多型解析から，病態の責任遺伝子座や多型が続々とわかってきた．したがって，今後，遺伝子治療の対象となる疾患が増加する可能性が高く，単一遺伝子疾患だけでなく多因子疾患に対する治療法としても，遺伝子治療は期待されている．

3-19-2 細胞への遺伝子導入方法

細胞へ遺伝子を導入する方法は，ウイルスベクター系と非ウイルスベクター系に大別される（表3.19.1）．それぞれの方法によって，難易度や遺伝子導入効率，安全性や導入した遺伝子の体内での発現期間などが異なり，一長一短がある．したがって，疾患や患部組織に応じて最適な方法を個別に選択する必要がある．現在は，ウイルスベクター系が主流であり，特にレトロウイルスを用いる系は，初期の治験から遺伝子治療に用いられている．

ウイルスベクター系では，治療用遺伝子が宿主のゲノムに挿入されるため，患者の体内での発現期間が長いという利点がある．しかし，ゲノムへの挿入によって突然変異が誘発される危険性があり，安全上の重大な問題となっている．そこで，様々な非挿入系の導入法が開発されているが，導入効率が低く，発現期間が短いという欠点がある（表3.19.1）．

3-19-3 遺伝子治療のストラテジー

図3.19.1に遺伝子治療の主要なストラテジーを示した．まず，正常な遺伝子を補充する方法（図3.19.1A，遺伝子補充）と，siRNAやリボザイムなどを用いて疾患原因遺伝子の機能を抑制する方法（図3.19.1B，遺伝子の特異的阻害）がある．

表 3.19.1　細胞の遺伝子導入方法

	導入方法	長所	短所
ウイルスベクター系	レトロウイルス	染色体への挿入効率が高い．分裂細胞特異的に感染する．最大8 kbまでの遺伝子を導入できる．	導入遺伝子が染色体に挿入される．形質転換能を保持している．
	アデノウイルス	導入遺伝子が染色体に挿入されない．全ウイルスゲノムが除去，高ウイルス力価．最大38 kbまでの遺伝子を導入可能．	発現期間が短い．免疫原性がある．
	レンチウイルス	分裂細胞だけでなく非分裂細胞にも感染させることが可能．	導入遺伝子が染色体に挿入される．複製能をもつウイルスが産生される．
	単純ヘルペスウイルス	中枢神経系に高い親和性．導入遺伝子が染色体に挿入されない．最大38 kbまでの遺伝子を導入可能．	まだ開発初期段階である．
非ウイルスベクター系	リポソーム	DNA-脂質複合体を容易に形成させることができる．	細胞への遺伝子導入効率が低い．導入遺伝子の発現が一過的である．
	直接導入法と微粒子銃	遺伝子導入操作が単純かつ安全である．	細胞への遺伝子導入効率が低い．導入遺伝子の発現が一過的である．遺伝子を導入できる組織が限定される．
	受容体を介したエンドサイトーシス	染色体への挿入効率が高い．	導入遺伝子の発現が一過的である．リソソームにより除去されてしまう．

次に、毒素遺伝子やプロドラッグ遺伝子を疾患細胞に導入することで、細胞を直接的に死滅させる方法も試されている（図 3.19.1C，直接的殺傷）。単純ヘルペスウイルス 1 型‐チミジンキナーゼ（HSV‐TK）遺伝子は、代表的なプロドラッグ遺伝子である．抗ウイルス医薬品であるガンシクロビル（グアノシンの類似物質）は、それ自身には細胞毒性がないが、HSV‐TK 遺伝子産物によってリン酸化されると細胞毒性を発揮する．このような作用を示す薬剤をプロドラッグという。したがって、HSV‐TK 遺伝子が導入された細胞のみをガンシクロビルで選択的に自殺に追い込むことができる．

また、免疫遺伝子を導入し、疾患に対する患者の免疫を高める効果を期待した遺伝子治療も試みられている（図 3.19.1D，免疫増強）．このストラテジーでは、疾患細胞に外来抗原遺伝子を導入する方法と、免疫反応を増強するサイトカイン遺伝子を免疫系細胞に導入する方法が試されている．どちらも疾患細胞に対する細胞性免疫応答（2-21 参照）が増強される．

3-19-4　ex vivo 遺伝子治療と in vivo 遺伝子治療

遺伝子治療では、2 種類の方法で患者の細胞に遺伝子を導入する（図 3.19.2）．ex vivo 遺伝子導入法では、まず、患者から採取した細胞をシャーレやフラスコ内で培養し、培養した細胞に治療用遺伝子を導入する．次いで、治療用遺伝子が導入された細胞のみを薬剤耐性等で選択し、患者の体内に戻す．

一方、in vivo 遺伝子導入法は、治療用の遺伝子を患者の組織（細胞）に直接導入する方法である．この方法では、遺伝子が導入された細胞の選択が不可能なため、遺伝子導入効率と発現量が問題となる．したがって、ex vivo 遺伝子導入法が適応できない場合にのみ用いられる．

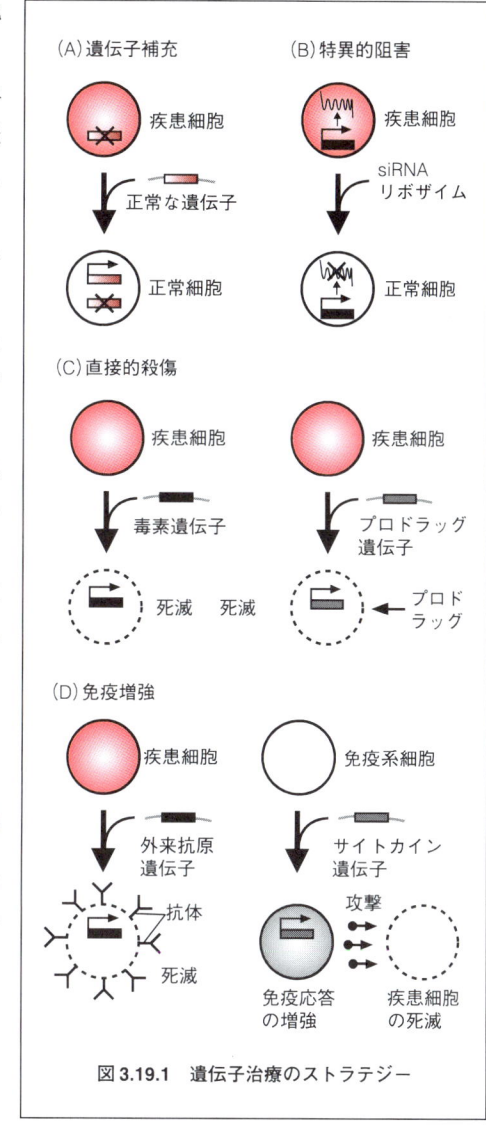

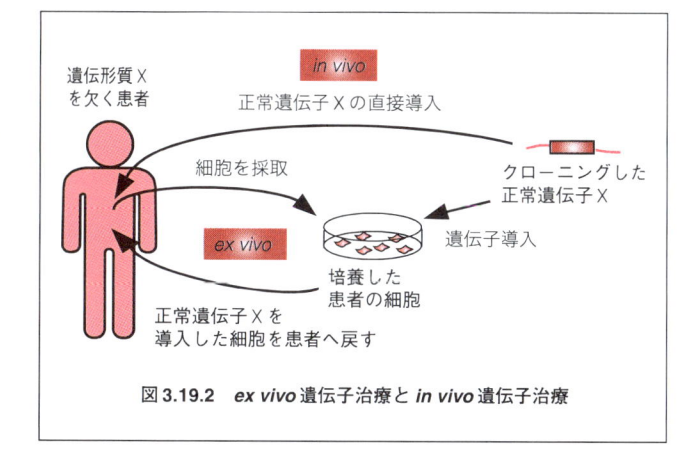

図 3.19.1　遺伝子治療のストラテジー

図 3.19.2　ex vivo 遺伝子治療と in vivo 遺伝子治療

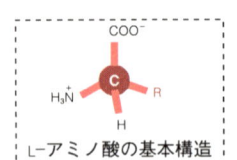

付表　タンパク質を構成するL-アミノ酸の構造とその表記法　　L-アミノ酸の基本構造

アミノ酸	側鎖(R)の構造	3文字表記	1文字表記	アミノ酸	側鎖(R)の構造	3文字表記	1文字表記
非極性（＝疎水性）の側鎖を有するアミノ酸				**芳香族の側鎖を有するアミノ酸**			
グリシン (Glycine)	H	Gly	G	フェニルアラニン (Phenylalanine)		Phe	F
アラニン (Alanine)	CH₃	Ala	A				
バリン (Valine)	CH(CH₃)₂	Val	V	チロシン (Tyrosine)		Tyr	Y
ロイシン (Leucine)	CH₂CH(CH₃)₂	Leu	L				
イソロイシン (Isoleucine)	CH(CH₃)CH₂CH₃	Ile	I	トリプトファン (Tryptophan)		Trp	W
プロリン (Proline)	⁺H₂N-CH-COO⁻ (環状)	Pro	P				
				正電荷の側鎖を有するアミノ酸			
				リジン* (Lysine)	(CH₂)₄NH₃⁺	Lys	K
極性で無電荷の側鎖を有するアミノ酸							
セリン (Serine)	CH₂OH	Ser	S	アルギニン (Arginine)	(CH₂)₃NHC(NH₂)=NH₂	Arg	R
トレオニン (Threonine)	CHOH-CH₃	Thr	T				
システイン (Cysteine)	CH₂SH	Cys	C	ヒスチジン (Histidine)	CH₂-(imidazole)	His	H
メチオニン (Methionine)	CH₂CH₂SCH₃	Met	M	**負電荷の側鎖を有するアミノ酸**			
アスパラギン (Asparagine)	CH₂CONH₂	Asn	N	アスパラギン酸 (Aspartic acid)	CH₂COO⁻	Asp	D
グルタミン (Glutamine)	CH₂CH₂CONH₂	Gln	Q	グルタミン酸 (Glutamic acid)	CH₂CH₂COO⁻	Glu	E

*Lysineを「リシン」と訳す場合もあるが，Ricin(リシン)というトウゴマの種子に含まれる毒物のタンパク質と紛らわしいので，ここでは従来の和訳名である「リジン」と記した．

索引

(1) 見出語は五十音順に配列してある．英字の略号はアルファベットの読みで配列してある．長音符「ー」は読みを省略してある．
(2) 化学構造を示す (1-, 2-, 3-…) や (o-, m-, p-, D-, L-…) が先頭に立つ物質名は，それらの数字や文字を省略して配列してある．

あ行

アイソシゾマー/isoschizomer　101
アクティベーションタギング/activation tagging　78
アグロバクテリウム/*Agrobacterium*　123, 131
アグロバクテリウム リゾゲネス/*Agrobacterium rhizogenes*（*Rhizobium rhizogenes*）　123, 131
アセチルコリン/acetylcholine　60
アデニル酸/adenylate, adenosine 5′-monophosphate（AMP）　7
アデニル酸シクラーゼ/adenylate cyclase　62
アデニン/adenine　4
アデノシン三リン酸/adenosine triphosphate（ATP）　6
アデノシンデアミナーゼ/adenosine deaminase　36
アドレナリン/adrenaline　62
アニーリング/annealing　110
アブサンウイロイド科/Avsunviroidae　42
アポトーシス/apoptosis　43, 71, 88
アミノアシル部位（A部位）/aminoacyl site　29
アミノ酸/amino acid　6
アラニルグルタミン/alanyl glutamine　129
Ri プラスミド/Ri plasmid　123
RNA 干渉/RNA interference（RNAi）　38
RNA 編集/RNA editing　32, 36
RNA ポリメラーゼ/RNA polymerase　19
RNA ワールド/RNA world　40
アルカリホスファターゼ/alkaline phosphatase　119
アルゴノート/Argonaute　33, 38
アルツハイマー病/Alzheimer's disease　71
RT-PCR　112
アンチコドン/anticodon　27
アンチセンス鎖/antisense strand　18
アンピシリン/ampicillin　106
アンピシリン耐性遺伝子/Amp^R　103
イオンチャネル/ion channel　82
異化/catabolism　6
鋳型/template　5, 9, 11
鋳型鎖/template strand　18
1塩基多型/single nucleotide polymorphism（SNP）　116, 134
位置効果/position effect　35, 133
一次抗体/primary antibody　119

一次転写産物/primary transcript　22
1本鎖/single-strand　12
1本鎖DNA結合タンパク質/single-strand binding protein（SSB）　11
遺伝暗号/genetic code　26
遺伝子/gene　3
遺伝子型/genotype　15
遺伝子クローニング/gene cloning　101, 102, 104
遺伝子増幅/gene amplification　133
遺伝子多型/genetic polymorphism　134
遺伝子ターゲッティング/gene targeting　85
遺伝子ノックアウト/gene knockout　85
遺伝子発現/gene expression　31
遺伝情報/genetic information　2
遺伝的刷り込み/genome imprinting　35
in silico 検索　129
イニシエーター/initiator　20
イノシトール1,4,5-トリスリン酸/inositol 1,4,5-trisphosphate（IP$_3$）　62
イノシン酸/inosinate（IMP）　7
インシュレーター/insulator　133
インスリン/insulin　63
インスリン受容体/insulin receptor　63
インターカレーション/intercalation　15
インターフェロン γ/interferon γ (INF-γ)　97
インターロイキン/interleukin　97
イントロン/intron　21, 22, 36
イントロン配列/intron sequence　132
院内感染/hospital acquired infection　51
インバース PCR/inverse PCR　112

ウイルス/virus　2, 12
ウイロイド/viroid　42
ウエスタンブロッティング法/western blotting　119
牛海綿状脳症/bovine spongiform encephalopathy（BSE）　43
ウラシル/uracil　5

栄養外胚葉/trophectoderm　76
エキソヌクレアーゼ/exonuclease　11
エキソン/exon　22
易変性/mutability　52
エクスポーチン 5/exportin 5　33
siRNA　38
shRNA　39
SOS 応答/SOS response　55
SOS 修復/SOS repair　17
ATP結合タンパク質/ATP-binding protein　54
N-グリコシド結合/N-glycosidic bond　4
エピジェネティックス/epigenetics　35
エピネフリン/epinephrine⇒アドレナリン
M 期促進因子/M phase-promoting

factor（MPF）　59
エレクトロポレーション/electroporation　106, 123, 126
塩基/base　3, 4
塩基除去修復/base-excision repair　16
塩基対/base pair　4, 18
塩基配列/base sequence　3
エンドヌクレアーゼ/endonuclease　100
エンハンサー/enhancer　20, 78

岡崎フラグメント/Okazaki fragment　11
オーガナイザー/organizer　74
オーキシン/auxin　78, 122, 130
オートシークエンサー（DNA シークエンサー）/autosequencer　108
オートファゴソーム/autophagosome　70
オートファジー/autophagy　70
オートラジオグラフィー/autoradiography　118
オートラジオグラム/autoradiogram　108
オートリソソーム/autolysosome　70
オプシン/opsin　60
オプソニン化/opsonization　93
オペレーター/operator　31

か行

開環状/open circular（OC）　102
会合/assembly　12
開始/initiation　10, 28
開始因子/initiation factor　28
開始コドン/initiation codon　26
解糖/glycolysis　6
外胚葉/ectoderm　74
外胚葉性頂堤/apical ectodermal ridge（AER）　75
海馬/hippocampus　84
がく/sepal　81
核/nucleus　2
核ゲノム/nuclear genome　2
核酸/nucleic acid　4
学習/learning　84
核内受容体/nuclear receptor　64
核内低分子 RNA/small nuclear RNA（snRNA）　20, 25
核内低分子リボ核タンパク質粒子/small nuclear ribonucleoprotein particle（snRNP）　25
核内保留シグナル/nuclear localization signal　69
カスパーゼ/caspase　88
活性化タンパク質/activator protein　31
活動電位/action potential　82
カドヘリン/cadherin　72
花弁/petal　81
カルス/callus　130

がん遺伝子/oncogene 86
幹細胞/stem cell 80
環状/circular 12
がん抑制遺伝子/tumor suppressor gene 87

記憶/memory 84
記憶細胞/memory cell 94
器官形成/organogenesis 123
キナーゼ/kinase 7
機能ドメイン/functional domain 21
忌避物質/repellent 61
基本転写因子/basal transcription factor 21
キメラマウス/chimera mouse 77
逆位/inversion 50
逆転写/reverse transcription 18
逆転写酵素/reverse transcriptase 41, 90, 104
逆向き反復配列/inverted repeat(IR) 50
キャップ cap 22
共発現遺伝子/coexpressed gene 79
共抑制/co-suppression 35, 38
極性化活性帯/zone of polarizing activity (ZPA) 75

グアニル酸/guanylate, guanosine 5′-monophosphate(GMP) 7
グアニン/guanine 4
グアノシン三リン酸/guanosine 5′-triphosphate(GTP) 7
クエン酸回路/citric acid cycle 6
組換え/recombination 117
組換え修復/recombinational repair 17
クラウンゴール/crown gall 123
グリコーゲン/glycogen 62
グリコシル化/glycosylation 67
グリコシルホスファチジルイノシトール/glycosylphosphatidylinositol 67
グルタチオン/glutathione 65, 128
グルタミン合成酵素/glutamine synthetase(GS) 132
クロイツフェルト・ヤコブ病/Creutzfeldt-Jakob disease 43
クローニング/cloning⇒遺伝子クローニング
クローニング部位/cloning site 103
クロマチン/chromatin 34, 56
クローン/clone 103, 104

蛍光タンパク質/fluorescent protein 120
軽鎖/light chain(L鎖) 95
形質細胞/plasma cell 94
形質転換/transformation 4
形質転換植物(トランスジェニック植物)/transgenic plant 123
形質転換体/transformant 103
形成中心/organizing center 80
茎頂分裂組織/shoot apical meristem 80
系統樹/phylogenetic tree 46
欠失/deletion 14, 50, 119
ゲノム/genome 2, 116
ゲノムDNAライブラリー/genomic

DNA library 104, 116
ゲノムサイズ/genome size 3
ゲノムの再編成/genomic rearrangement 50
原核生物/procaryote 2
原がん遺伝子/proto-oncogene 86
原腸胚/gastrula 74

コア酵素/core enzyme 19
抗原/antigen 94, 119
校正/proofreading 111
酵素/enzyme 7
抗体/antibody 94, 119
後天性免疫不全症候群/acquired immune deficiency syndrome(AIDS) 89
高度好熱菌 110
酵母/yeast 106
国立生物工学情報センター(NCBI) 46
古細菌/archaea 2
コーディング鎖/coding strand 18
コード/code 26
コドン/codon 26
コヘシブエンド(粘着末端)/cohesive end 101
ゴルジ体/Golgi body 67
コンセンサス配列/consensus sequence 18

さ 行

サイクリックAMP応答配列結合タンパク質/cyclic AMP(cAMP)responsive element binding protein(CREB) 21, 85
サイクリックアデノシン3′,5′−一リン酸/cyclic adenosine 3′,5′-monophosphate (cAMP) 62
サイクリン/cyclin 58
再生/renaturation 110, 118
再生医療/regenerative medicine 127
サイトカイニン/cytokinin 79, 122, 130
サイトカイン/cytokine 94
細胞/cell 2
細胞周期/cell cycle 58
細胞傷害性T細胞/cytotoxic T cell(Tc細胞) 96
細胞小器官(オルガネラ)/organelle 2, 68
細胞性免疫/cell-mediated immunity 96
細胞分裂/cell division 54
サザンブロッティング/Southern blotting 119
サブユニット/subunit 17, 28
サルベージ経路/salvage pathway 6

ジアシルグリセロール/diacylglycerol 63
CAATボックス/CAAT box 20
cAMP依存性プロテインキナーゼ/cAMP-dependent protein kinase 62
シークエンシング/sequencing 116
シグナル伝達/signal transduction 62, 78
シグナル認識粒子/signal recognition particle(SRP) 65
シグナル配列/signal sequnce 65

シグナルペプチダーゼ/signal peptidase 65
シグナルペプチド/signal peptide 65
シグマ因子/sigma(σ)factor 19
試験管内パッケージング/in vitro packaging 106
自己スプライシング/self-splicing 24, 40
シコニン/shikonin 130
自己免疫疾患/autoimmune disease 96
脂質結合タンパク質/lipid-linked protein 67
GCボックス/GC box 20
シス/cis 124
シス因子/cis factor 31
11-シス-レチナール/11-cis-retinal 60
自然淘汰説/natural selection theory 44
自然突然変異/spontaneous mutation 14
自然免疫応答/innate immune response 92
cDNA/complementary DNA 104
cDNA library/cDNAライブラリー 104
GTP結合タンパク質/GTP-binding protein 54
シトシン/cytosine 4
シナプス/synapse 82
シナプス可塑性/synaptic plasticity 85
GPIアンカー型タンパク質/GPI-anchored protein 67
CpGアイランド/CpG island 116
ジヒドロ葉酸還元酵素/dihydrofolate reductase(DHFR) 132
ジベレリン/gibberellin 78
シャイン・ダルガーノ配列/Shine-Dalgarno(SD)sequence 28
ジャスモン酸/jasmonic acid(JA) 78
シャトルベクター/shuttle vector 106
シャペロン/chaperone 66
終結/termination 10, 28
終結因子/releasing factor 28
終結コドン/stop codon⇒終止コドン
重鎖/heavy chain(H鎖) 95
終止コドン/termination codon 26
修飾酵素/modification enzyme 100
集束の伸長/convergent extension 74
修復/repair 16
周辺部/peripheral zone 80
縮重/degeneracy 26
宿主菌/host cell 12
宿主-ベクター系/host-vector system 128
出芽酵母/budding yeast 58
腫瘍壊死因子α/(TNF-α) 97
主要組織適合性複合体/major histocompatibility complex(MHC) 94
受容体/receptor 62
小胞体/endoplasmic reticulum 65
上流/upstream 18
初期化/reprogramming 77
除去修復/excision repair 16
植物極/vegetal pole 74
植物組織培養/plant tissue culture 130
植物体再生/plant regeneration 123
植物ホルモン/plant hormone(phyto-

hormone) 78, 122
自律性因子/autonomous element 51
自律複製配列/autonomously replicating sequence(ARS) 56
シロイヌナズナ/*Arabidopsis thaliana* 52, 79, 80
真核細胞/eucaryotic cell 2
真核生物/eucaryote 2
ジンクフィンガー/zinc finger 21
神経細胞（ニューロン）/neuron 60, 82
神経伝達物質/neurotransmitter 83
神経伝達物質受容体/neurotransmitter receptor 83
人工多能性幹細胞/induced pluripotent stem cell (iPS cell) 77
ジーンサイレンシング/gene silencing 38
真正クロマチン/euchromatin 34
伸長/elongation 10, 28
伸長因子/elongation factor 28
心皮/carpel 81

髄状部/rib zone 80
水素結合/hydrogen bond 4
スクレイピー病/scrapie 43
ステロイドホルモン/steroid hormone 64
スプライシング/splicing 23, 24, 36
スプライシング部位/splicing site 24
スプライソソーム/spliceosome 25

制御/regulation 7
制限酵素/restriction enzyme 100
制限修飾系/restriction-modification system 100
生合成/biosynthesis 6
成熟型 miRNA/mature miRNA 33
成熟型 mRNA/mature mRNA 23
生物/organism 2
生理活性タンパク質/biologically active protein 128
赤色蛍光タンパク質/red fluorescent protein(RFP) 120
責任遺伝子/responsible gene 134
セファレキシン/cephalexin 55
セルフライゲーション/self-ligation 112
繊維芽細胞増殖因子/fibroblast growth factor(FGF) 75
前駆体 mRNA/pre-mRNA 23
線状/linear⇒直鎖状
前初期遺伝子/immediate early gene 85
染色体/chromosome 2, 116
センス鎖/sense stand 18
選択的スプライシング/alternative splicing 32
セントラルドグマ/central dogma 18
セントロメア/centromere 3, 56
全能性/totipotency 76, 122
走化性/chemotaxis 61
相同組換え/homologous recombination 51, 126
相同的/homologous 119

挿入/insertion 14, 50
挿入配列/insertion sequence(IS) 51
増幅/amplification 50
相補的/complementary 4
ソニックヘッジホッグ/sonic hedgehog 75
粗面小胞体/rough endoplasmic reticulum 69

た 行

体液性免疫/humoral immunity 94
ダイサー/Dicer 33, 38
体軸/body axis 74
代謝/metabolism 6
代謝経路/metabolic pathway 7
代謝工学/metabolic engineering 128
体節/somite 75
大腸菌/*Escherichia coli* 10
ダイデオキシ法(サンガー法)/dideoxy method(Sanger method) 108
ダイデオキシリボヌクレオシド三リン酸/dideoxyribonucleoside triphosphate (ddNTP) 108
タキソール/taxol 130
タグ/tag 52
多剤耐性菌/multidrug-resistant bacteria 51
多段階発がんモデル/multi-step carcinogenesis 86
脱アミノ化/deamination 15
多能性/pluripotency 76
タバコ/*Nicotiana tabacum* 131
ターミネーター/terminator 18
単純挿入/simple insertion 50
タンパク質/protein 2, 65
タンパク質ジスルフィドイソメラーゼ/potein disulfide-isomerase(PDI) 66
タンパク質分解/proteolysis 70
タンパク質分解酵素/protease 71
タンパク質リン酸化酵素/protein kinase 13, 58

チェックポイント/checkpoint 58
置換/substitution 14
チミン/thymine 4
中期胞胚変移/mid-blastula transition 74
忠実度/fidelity 111
中心部/central zone 80
中枢神経系/central nervous system 82
中胚葉/mesoderm 74
調節/control 7
直鎖状/linear 12, 103
直接修復/direct repair 16
チロシンキナーゼ/tyrosine kinase 63

Ti プラスミド/Ti plasmid 123
TATA 結合タンパク質(TBP) 21
TATA ボックス/TATA box 20
DNA 結合ドメイン/DNA-binding domain 21
DNA 鎖/DNA strand 4

DNA ジャイレース/DNA gyrase 11
DNA 複製/DNA replication 10
DNA 複製開始点/DNA replication origin 56
DNA ホトリアーゼ/DNA photolyase 16
DNA ポリメラーゼ/DNA polymerase 9, 11, 110
DNA マイクロアレイ/DNA microarray 79
DNA ライブラリー/DNA library 104
DNA リガーゼ/DNA ligase 11
定量的 PCR/quantitative PCR 114
デオキシリボ核酸/deoxyribonucleic acid (DNA) 2
デオキシリボース/deoxyribose 4
デオキシリボヌクレオチド/deoxyribonucleotide(dNTP) 9, 110
適応免疫応答(獲得免疫応答)/adaptive immune response 92
テトラサイクリン/tetracycline 106
テロメア/telomere 3, 56
テロメラーゼ/telomerase 41, 57
転移/trasposition 119
転移 RNA/transfer RNA(tRNA)⇒トランスファー RNA
転移因子/transposable element 14
転写/transcription 3, 12, 18
転写因子/transcription factor 21, 72
転写開始点/startpoint 18
転写後修飾/post-transcriptional modification 31
転写制御/transcriptional regulation 31
転写単位/transcription unit 18, 22
伝染性海綿状脳症/transmissible spongiform encephalopathy 43
テンプレート/template⇒鋳型
テンペレートファージ/temperate phage 12
点変異/point mutation 14

同化/anabolism 6
糖鎖/sugar chain 67
動物極/animal pole 74
突然変異/mutation 14, 50
トポイソメラーゼ/topoisomerase 102
トランジション/transition 14
トランス/trans 124
トランス因子/trans factor 31, 37
トランスジェニック動物/transgenic animal 126
トランスデューシン/transducin 60
トランスバージョン/transversion 15
トランスファー RNA/transfer RNA (tRNA) 3, 27, 30
トランスフェクション/transfection 106, 133
トランスポゼース/transposase 50
トランスポゾン/transposon 14
トランスポゾン・タギング/transposon tagging 52
トランスロケーション/translocation 29
トランスロコン/translocon 65
トリカルボン酸回路/tricarboxylic acid

cycle　6
トリプレット/triplet　26
トリプレットコドン/triplet codon　26

な 行

内胚葉/endoderm　74
内部細胞塊/inner cell mass　76
投げ縄構造/lariat structure　24
ナンセンスコドン/nonsense codon　27
ナンセンス変異/nonsense mutation　15
2因子システム/two-element system　51
ニコチン/nicotine　131
二次抗体/secondary antibody　119
二次代謝産物/secondary metabolite　130
二重らせん/double helix　3
2成分制御系/two-component system　61
二倍体生物/diploid　116
2本鎖/double-strand　12
2本鎖DNA/double-strand DNA　4
2本鎖RNA/double-strand RNA (dsRNA)　38
ニューロン/neuron⇒神経細胞
ヌクレオチド除去修復/nucleotide-excision repair　16
ヌクレオシド/nucleoside　4
ヌクレオソーム/nucleosome　3, 34
ヌクレオチド/nucleotide　4
ネクローシス/necrosis　88
熱ショックタンパク質/heat shock protein (HSP)　66
ノーザンブロッティング/northern blotting　119
ノックアウトマウス/knockout mouse　36, 85, 126
乗換え/crossover　117
non-coding RNA　117

は 行

バイオインフォマティクス/bioinformatics　46
バイオ燃料/biofuel　128
胚形成/embryogenesis　123
胚性幹細胞/embryonic stem cell (ES cell)　76
バイナリーベクター/binary vector　124
ハイブリダイゼーション/hybridization　114, 118
パーキンソン病/Parkinson's disease　71
バクテリオファージ/bacteriophage　4, 12
パターン認識型受容体/pattern-recognition receptor　92
パッケージング/packaging　12
発現ベクター/expression vector　103
発色団/chromophore　120
パーティクルガン(遺伝子銃)/particle gun　123, 125
パリンドローム/palindrome(回文配列)　100
ハンチントン病/Huntington's disease　71
半保存的複製/semiconservative replication　5
ハンマーヘッド型リボザイム/hammerhead ribozyme　43
PRPP　7
光回復/photoreactivation　16
B細胞/B cell　93
PCR　110
非自律性因子/non-autonomous element　51
ヒストン/histone　3, 34
ヒストン脱アセチル化酵素/histone deacetylase　77
非相同組換え/illegitimate recombination　50
ヒトゲノムプロジェクト/Human Genome Project　116
ヒト免疫不全ウイルス/human immunodeficient virus (HIV)　89
PPRタンパク質/pentatricopeptide repeat protein　37
非複製型転移/non-replicative transposition　50
3'非翻訳領域/3'-untranslated region (3'-UTR)　33
表現型/phenotype　15
標的遺伝子組換え/gene targeting⇒遺伝子ターゲッティング
標的配列の重複/target site duplication (TSD)　50
ピリミジン/pyrimidine　4
ピリミジンダイマー/pyrimidine dimer　15
ビルレントファージ/virulent phage　12
品質管理機構/quality control　71
ファージ/phage⇒バクテリオファージ
ファージベクター/phage vector　106
フィーダー細胞/feeder cell　77
部位特異的変異導入法/site-directed mutagenesis　113
フィードバック阻害/feedback inhibition　7
複合トランスポゾン/composite transposon　51
複製/replication　5, 12
複製開始点認識複合体/origin recognition complex (ORC)　56
複製型転移/replicative transposition　50
複製前複合体/pre-replicative complex　56
複製フォーク/replication fork　10
復帰変異/reverse mutation　52
フットプリント/footprint　51
プライマー/primer　11, 110
プライマーゼ/primase　11
プライミング/priming　11
プライモソーム/primosome　11
ブラシノライド/brassinolide　78
プラスチド/plastid　36
プラスミド/plasmid　102, 106
ブラントエンド(平滑末端)/blunt end　101
プリオン/prion　43
プリオン病/prion disease　71
プリブナウボックス/Pribnow box　18
プリン/purine　4
プレニル化/prenylation　67
プレニル化タンパク質/prenylated protein　67
プレプライミング/prepriming　11
プレプライミング複合体/prepriming complex　11
フレームシフト変異/frameshift mutation　15
プロウイルス/provirus　90
プログラム細胞死/programmed cell death　88
プロセシング/processing　23, 38, 65
ブロッティング/blotting　118
プロテアソーム/proteasome　59, 71
プロテインキナーゼ/protein kinase⇒タンパク質リン酸化酵素
プロテインキナーゼC/protein kinase C　63
プロトプラスト/protoplast　123
プローブ/probe　118
プロファージ/prophage　12
プロモーター/promoter　18
プロモーター配列/promoter sequence　132
不和合性/incompatibility　102
分化/differentiation　122
分解/degradation　6
分子化石/molecular fossil　40
分子進化の中立説/natural theory of molecular evolution　44
分子時計/molecular clock　44
分枝部位/branch site　24
分裂酵母/fission yeast　58
分裂組織/meristem　80
閉環状/covalently closed circular (CCC)　102
ベクター/vector　102
βカテニン/β-catenin　74
ヘテロ核RNA/heterogeneous nuclear RNA (hnRNA)　20
ヘテロクロマチン/heterochromatin　34
ペニシリン/penicillin　55
ペニシリン結合タンパク質/penicillin-binding protein (PBP)　55
ペプチジルtRNA/peptidyl tRNA　29
ペプチジルトランスフェラーゼ/peptidyl transferase　29
ペプチジル部位/peptidyl site　28
ペプチドグリカン/peptidoglycan　54
ペプチド結合/peptide bond　29
ヘリカーゼ/helicase　11
ヘリックス・ターン・ヘリックス/helix-

turn-helix　21
ヘリックス・ループ・ヘリックス/helix-loop-helix　21, 72
ヘルパーT1細胞（Th1細胞）　96
変異/mutation　14
変異株/mutant　15
変異原性/mutagenicity　86
変異誘発因子/mutagen　14
変性/denaturation　66, 110, 118
ペントース/pentose　7
ペントースリン酸経路/pentose phosphate pathway　7

胞胚/blastula　74
Hognessボックス/Hogness box　20
補助刺激タンパク質/co-stimulatory protein　96
ポスピウイロイド科/Pospiviroidae　42
ホスホジエステル結合/phosphodiester bond　4
ホスホリパーゼC/phospholipase C　63
ホスホリラーゼ/phosphorylase　62
補体/complement　92
ボーダー配列/border sequence　124
ホメオティック遺伝子/homeotic gene　73
ホメオティック変異/homeotic mutation　73
ホメオドメイン/homeodomain　46, 73
ホメオボックス/homeobox　46
ポリA/poly(A)　22
ポリA尾部/poly(A)tail　23
ポリA付加シグナル/polyadenylation signal　22, 132
ポリAポリメラーゼ/poly(A)polymerase　23
ポリアクリルアミドゲル電気泳動/polyacrylamide gel electrophoresis　108
ポリアデニル酸/polyadenylate　22
ポリヌクレオチド/polynucleotide　4
ポリメラーゼ連鎖反応/polymerase chain reaction（PCR）　104, 110
ポリユビキチン化/polyubiquitination　71
ホルミルメチオニルtRNA/fMet-tRNA　28
ホルモン応答配列/hormone response element　64
ホロ酵素/holoenzyme　19
翻訳/translation　12, 18, 28
翻訳開始配列/translation initiation sequence　132
翻訳後修飾/post-translational modification　23, 31
翻訳制御/translational regulation　31

ま 行

マイクロRNA/micro RNA（miRNA）　33, 39
マイクロアレイ/microarray　46, 114
マイクロインジェクション/micro injection　126
−35領域/−35 region　18
−10領域/−10 region　18
膜傷害複合体/membrane-attack complex（MAC）　92
マクロオートファジー/macroautophagy　70
マルチプルアラインメント/multiple alignment　46

ミスセンス変異/missense mutation　15
ミスマッチ修復（誤対合修復）/mismatch repair　17
ミトコンドリア/mitochondria　2, 69

メタボローム/metabolome　46
メチオニンスルフォキシミン/methionine sulfoximine　133
メチラーゼ/methylase　100
メチル化/methylation　116
メッセンジャーRNA/messenger RNA（mRNA）　3, 18, 28
メトトレキセート/methotrexate　133
免疫応答/immune response　92
免疫寛容/immune tolerance　96
免疫記憶/immunologic memory　95
免疫グロブリン/immunoglobulin　95

毛状根/hairy root　123, 131
モチーフ/motif　21

や 行

薬剤耐性遺伝子/drug resistant gene　51
薬剤耐性因子/drug resistant factor　51
野生株/wild type　15

誘引物質/attractant　60
融解温度/melting temperature　110
融合体/cointegrate　50
雄ずい/stamen　81
誘発変異/induced mutation　14
ユビキチン/ubiquitin　59, 71
ユビキチン-プロテアソーム系/ubiquitin-proteasome system　71, 78

溶菌感染/lytic infection　12
溶原菌/lysogenic bacteria　12
葉緑体（クロロプラスト）/chloroplast　2
読み枠/reading frame　27

ら 行

ラウス肉腫ウイルス/rous sarcoma virus（RSV）　90
ラギング鎖/lagging strand　11
リアルタイムPCR/real-time polymerase chain reaction　113
リソソーム/lysosome　70
立体構造/conformation　43
リーディング鎖/leading strand　11
リプレッサー/repressor　31
リボ核酸/ribonucleic acid（RNA）　2
リボ核タンパク質粒子/ribonucleoprotein particle　28
リボザイム/ribozyme　24, 25, 40
リボース/ribose　5
リボソーム/ribosome　28
リボソームRNA/ribosomal RNA（rRNA）　3, 28
リボヌクレオチド/ribonucleotide　9
緑色蛍光タンパク質/green fluorescent protein（GFP）　120

レトロウイルス/retrovirus　18, 48, 90
レトロポゾン/retroposon　48
レプリコン/replicon　10
レポーター遺伝子/reporter gene　127

ロイシンジッパー/leucine zipper　21
ロドプシン/rhodopsin　60
ローリングサークル型/rolling circle type　43
long terminal repeat（LTR）　48, 91

わ 行

和合性/compatibility　102

Index

(1) 見出し語はアルファベット順に配列してある。
(2) 化学構造を示す(1-, 2-, 3-…)や(o-, m-, p-, D-, L-…)が先頭に立つ物質名は、それらの数字や文字を省略して配列してある。

A

acetylcholine/アセチルコリン 60
acquired immune deficiency syndrome (AIDS)/後天性免疫不全症候群 89
action potential/活動電位 82
activation tagging/アクティベーションタギング 78
activator protein/活性化タンパク質 31
adaptive immune response/適応免疫応答(獲得免疫応答) 92
adenine/アデニン 4
adenosine deaminase/アデノシンデアミナーゼ 36
adenosine triphosphate (ATP)/アデノシン三リン酸 6
adenylate, adenosine 5'-monophosphate (AMP)/アデニル酸 7
adenylate cyclase/アデニル酸シクラーゼ 62
adrenaline/アドレナリン 62
Agrobacterium/アグロバクテリウム 123
Agrobacterium rhizogenes (*Rhizobium rhizogenes*) 123, 131
Agrobacterium tumefaciens 123
alanyl glutamine/アラニルグルタミン 129
alkaline phosphatase/アルカリホスファターゼ 119
alternative splicing/選択的スプライシング 32
Alzheimer's disease/アルツハイマー病 71
amino acid/アミノ酸 6
aminoacyl site/アミノアシル部位 (A部位) 29
ampicillin/アンピシリン 106
amplification/増幅 50
Amp^R/アンピシリン耐性遺伝子 103
anabolism/同化 6
animal pole/動物極 74
annealing/アニーリング 110
antibody/抗体 94, 119
anticodon/アンチコドン 27
antigen/抗原 94, 119
antisense strand/アンチセンス鎖 18
apical ectodermal ridge (AER)/外胚葉性頂堤 75
apoptosis/アポトーシス 43, 71, 88
Arabidopsis thaliana/シロイヌナズナ 52, 79, 80
archaea/古細菌 2
Argonaute/アルゴノート 33, 38
assembly/会合 12
ATP-binding protein/ATP結合タンパク質 54

attractant/誘引物質 60
autoimmune disease/自己免疫疾患 96
autolysosome/オートリソソーム 70
autonomous element/自律性因子 51
autonomously replicating sequence (ARS)/自律複製配列 56
autophagosome/オートファゴソーム 70
autophagy/オートファジー 70
autoradiogram/オートラジオグラム 108
autoradiography/オートラジオグラフィー 118
autosequencer/オートシークエンサー (DNAシークエンサー) 108
auxin/オーキシン 78, 122, 130
Avsunviroidae/アブサンウイロイド科 42

B

B cell/B細胞 93
bacteriophage/バクテリオファージ 4, 12
basal transcription factor/基本転写因子 21
base/塩基 3, 4
base pair/塩基対 4, 18
base sequence/塩基配列 3
base-excision repair/塩基除去修復 16
Basic Local Alignment Search Tool (BLAST) 46
β-catenin/β カテニン 74
binary vector/バイナリーベクター 124
biofuel/バイオ燃料 128
bioinformatics/バイオインフォマティクス 46
biologically active protein/生理活性タンパク質 128
biosynthesis/生合成 6
blastula/胞胚 74
blotting/ブロッティング 118
blunt end/ブラントエンド (平滑末端) 101
body axis/体軸 74
border sequence/ボーダー配列 124
bovine spongiform encephalopathy (BSE)/牛海綿状脳症 43
branch site/分枝部位 24
brassinolide/ブラシノライド 78
budding yeast/出芽酵母 58

C

CAAT box/CAATボックス 20
cadherin/カドヘリン 72
callus/カルス 130
cAMP-dependent protein kinase/cAMP依存性プロテインキナーゼ 62

cAMP responsive element binding protein (CREB)/cAMP応答配列結合タンパク質 21, 85
cap/キャップ 22
carpel/心皮 81
caspase/カスパーゼ 88
catabolism/異化 6
cDNA/complementary DNA 104
cDNA library/cDNAライブラリー 104
cell/細胞 2
cell cycle/細胞周期 58
cell division/細胞分裂 54
cell-mediated immunity/細胞性免疫 96
central dogma/セントラルドグマ 18
central nervous system/中枢神経系 82
central zone/中心部 80
centromere/セントロメア 3, 56
cephalexin/セファレキシン 55
chaperone/シャペロン 66
checkpoint/チェックポイント 58
chemotaxis/走化性 61
chimera mouse/キメラマウス 77
chloroplast/葉緑体(クロロプラスト) 2
chromatin/クロマチン 34, 56
chromophore/発色団 120
chromosome/染色体 2, 116
circular/環状 12
cis/シス 124
cis factor/シス因子 31
11-cis-retinal/11-シス-レチナール 60
citric acid cycle/クエン酸回路 6
clone/クローン 103, 104
cloning/クローニング 101, 104
cloning site/クローニング部位 103
Clustal 46
co-stimulatory protein/補助刺激タンパク質 96
co-suppression/共抑制 35, 38
code/コード 26
coding strand/コーディング鎖 18
codon/コドン 26
coexpressed gene/共発現遺伝子 79
cohesive end/コヘシブエンド(粘着末端) 101
cointegrate/融合体 50
compatibility/和合性 102
complement/補体 92
complementary/相補的 4
composite transposon/複合トランスポゾン 51
conformation/立体構造 43
consensus sequence/コンセンサス配列 18
control/調節 7
convergent extension/集束的伸長 74
core enzyme/コア酵素 19
covalently closed circular (CCC)/閉環状

102
CpG island/CpG アイランド 116
Creutzfeldt-Jakob disease/クロイツフェルト・ヤコブ病 43
crossover/乗換え 117
crown gall/クラウンゴール 123
cyclic adenosine 3',5'-monophosphate (cAMP)/サイクリックアデノシン 3',5'-一リン酸 62
cyclic AMP(cAMP) responsive element binding protein(CREB)/サイクリック AMP 応答配列結合タンパク質 21, 85
cyclin/サイクリン 58
cytokine/サイトカイン 94
cytokinin/サイトカイニン 79, 122, 130
cytosine/シトシン 4
cytotoxic T cell(Tc 細胞)/細胞傷害性 T 細胞 96

D

de novo 合成 6
deamination/脱アミノ化 15
degeneracy/縮重 26
degradation/分解 6
deletion/欠失 14, 50, 119
denaturation/変性 66, 110, 118
deoxyribonucleic acid(DNA)/デオキシリボ核酸 2
deoxyribonucleotide/デオキシリボヌクレオチド 9
deoxyribose/デオキシリボース 4
diacylglycerol/ジアシルグリセロール 63
Dicer/ダイサー 33, 38
dideoxy method/ダイデオキシ法 108
dideoxyribonucleoside triphosphate (ddNTP)/ダイデオキシリボヌクレオシド三リン酸 108
differentiation/分化 122
dihydrofolate reductase(DHFR)/ジヒドロ葉酸還元酵素 132
diploid/二倍体生物 116
direct repair/直接修復 16
DNA library/DNA ライブラリー 104
DNA ligase/DNA リガーゼ 11
DNA microarray/DNA マイクロアレイ 79
DNA photolyase/DNA ホトリアーゼ 16
DNA polymerase/DNA ポリメラーゼ 9, 11, 110
DNA replication/DNA 複製 10
DNA replication origin/DNA 複製開始点 56
DNA strand/DNA 鎖 4
DNA-binding domain/DNA 結合ドメイン 21
DNA gyrase/DNA ジャイレース 11
dNTP/デオキシリボヌクレオチド 9, 110
double helix/二重らせん 3
double-strand/2 本鎖 12
double-strand DNA/2 本鎖 DNA 4
double-strand RNA(dsRNA)/2 本鎖 RNA 38

Drosha 33
drug resistant factor/薬剤耐性因子 51
drug resistant gene/薬剤耐性遺伝子 51
dye terminator 法 108

E

exportin 5/エクスポーチン 5 33
ectoderm/外胚葉 74
electroporation/エレクトロポレーション 106, 123, 126
elongation/伸長 10, 28
elongation factor/伸長因子 28
embryogenesis/胚形成 123
embryonic stem cell/胚性幹細胞(ES 細胞) 76, 126
endoderm/内胚葉 74
endonuclease/エンドヌクレアーゼ 100
endoplasmic reticulum/小胞体 65
enhancer/エンハンサー 20, 78
enzyme/酵素 7
epigenetics/エピジェネティクス 35
epinephrine/エピネフリン⇒adrenaline
Escherichia coli/大腸菌 10
ES cell/ES 細胞 76, 126
eucaryote/真核生物 2
eucaryotic cell/真核細胞 2
euchromatin/真正クロマチン 34
excision repair/除去修復 16
exit site/E 部位 29
exon/エキソン 22
exonuclease/エキソヌクレアーゼ 11
expression vector/発現ベクター 103

F

feedback inhibition/フィードバック阻害 7
feeder cell/フィーダー細胞 77
fibroblast growth factor(FGF)/繊維芽細胞増殖因子 75
fidelity/忠実度 111
fission yeast/分裂酵母 58
fluorescent protein/蛍光タンパク質 120
fMet-tRNA/ホルミルメチオニル tRNA 28
footprint/フットプリント 51
frameshift mutation/フレームシフト変異 15
functional domain/機能ドメイン 21

G

gastrula/原腸胚 74
GC box/GC ボックス 20
gene/遺伝子 3
gene amplification/遺伝子増幅 133
gene cloning/遺伝子クローニング 102, 104
gene expression/遺伝子発現 31
gene knockout/遺伝子ノックアウト 85
gene silencing/ジーンサイレンシング 38

gene targeting/遺伝子ターゲッティング 85
genetic code/遺伝暗号 26
genetic information/遺伝情報 2
genetic polymorphism/遺伝子多型 134
genome/ゲノム 2, 116
genome imprinting/遺伝的刷り込み 35
genome size/ゲノムサイズ 3
genomic DNA library/ゲノム DNA ライブラリー 104, 116
genomic rearrangement/ゲノムの再編成 50
genotype/遺伝子型 15
gibberellin/ジベレリン 78
glutamine synthetase(GS)/グルタミン合成酵素 132
glutathione/グルタチオン 65, 128
glycogen/グリコーゲン 62
glycolysis/解糖 6
glycosylphosphatidylinositol/グリコシルホスファチジルイノシトール 67
Golgi body/ゴルジ体 67
GPI-anchored protein/GPI アンカー型タンパク質 67
green fluorescent protein(GFP)/緑色蛍光タンパク質 120
GTP-binding protein/GTP 結合タンパク質 54
guanine/グアニン 4
guanosine 5'-triphosphate(GTP)/グアノシン三リン酸 7
guanylate, guanosine 5'-monophosphate (GMP)/グアニル酸 7

H

hairy root/毛状根 123, 131
hammerhead ribozyme/ハンマーヘッド型リボザイム 43
heat shock protein(HSP)/熱ショックタンパク質 66
heavy chain(H 鎖)/重鎖 95
helicase/ヘリカーゼ 11
helix-loop-helix/ヘリックス・ループ・ヘリックス 21, 72
helix-turn-helix/ヘリックス・ターン・ヘリックス 21
heterochromatin/ヘテロクロマチン 34
heterogeneous nuclear RNA(hnRNA)/ヘテロ核 RNA 20
HGPRT 8
hippocampus/海馬 84
histone/ヒストン 3, 34
histone deacetylase/ヒストン脱アセチル化酵素 77
Hogness box/Hogness ボックス 20
holoenzyme/ホロ酵素 19
homeobox/ホメオボックス 46
homeodomain/ホメオドメイン 46, 73
homeotic gene/ホメオティック遺伝子 73
homeotic mutation/ホメオティック変異 73

145

homologous/相同的 119
homologous recombinatiion/相同組換え 51, 126
hormone response element/ホルモン応答配列 64
hospital acquired infection/院内感染 51
host-vector system/宿主-ベクター系 128
host cell/宿主菌 12
Hox complex/Hox 複合体 73
Hox gene/Hox 遺伝子 75
Human Genome Project/ヒトゲノムプロジェクト 116
human immunodeficient virus(HIV)/ヒト免疫不全ウイルス 89
humoral immunity/体液性免疫 94
Huntington's disease/ハンチントン病 71
hybridization/ハイブリダイゼーション 114, 118
hydrogen bond/水素結合 4

I

illegitemate recombination/非相同組換え 50
immediate early gene/前初期遺伝子 85
immune response/免疫応答 92
immune tolerance/免疫寛容 96
immunoglobulin/免疫グロブリン 95
immunologic memory/免疫記憶 95
in silico 検索 129
in vitro packaging/試験管内パッケージング 106
incompatibility/不和合性 102
induced mutation/誘発変異 14
induced pluripotent stem cell(iPS cell)/人工多能性幹細胞(iPS 細胞) 77, 127
INF-γ/インターフェロン γ 97
initiation/開始 10, 28
initiation codon/開始コドン 26
initiation factor/開始因子 28
initiator/イニシエーター 20
innate immune response/自然免疫応答 92
inner cell mass/内部細胞塊 76
inosinate(IMP)/イノシン酸 7
inositol 1,4,5-trisphosphate(IP$_3$)/イノシトール 1,4,5-トリスリン酸 62
insertion/挿入 14, 50
insertion sequence(IS)/挿入配列 51
insulator/インシュレーター 133
insulin/インスリン 63
insulin receptor/インスリン受容体 63
intercalation/インターカレーション 15
interleukin/インターロイキン 97
intron/イントロン 21, 22, 36
intron sequence/イントロン配列 132
inverse PCR/インバース PCR 112
inversion/逆位 50
inverted repeat(IR)/逆向き反復配列 50
ion channel/イオンチャネル 82
iPS cell/iPS 細胞 77, 127

isoschizomer/アイソシゾマー 101

J

jasmonic acid(JA)/ジャスモン酸 78

K

kinase/キナーゼ 7
knockout mouse/ノックアウトマウス 36, 85, 126

L

lagging strand/ラギング鎖 11
lariat structure/投げ縄構造 24
leading strand/リーディング鎖 11
learning/学習 84
leucine zipper/ロイシンジッパー 21
light chain(L 鎖)/軽鎖 95
linear/直鎖状(線状) 12, 103
lipid-linked protein/脂質結合タンパク質 67
long terminal repeat(LTR) 48, 91
lysogenic bacteria/溶原菌 12
lysosome/リソソーム 70
lytic infection/溶菌感染 12

M

M phase-promoting factor(MPF)/M 期促進因子 59
macroautophagy/マクロオートファジー 70
major histocompatibility complex(MHC)/主要組織適合性複合体 94
mature mRNA/成熟型 mRNA 23
mature miRNA/成熟型 miRNA 33
melting temperature/融解温度 110
membrane-attack complex(MAC)/膜傷害複合体 92
memory/記憶 84
memory cell/記憶細胞 94
meristem/分裂組織 80
mesoderm/中胚葉 74
messenger RNA(mRNA)/メッセンジャー RNA 3, 18, 28
metabolic engineering/代謝工学 128
metabolic pathway/代謝経路 7
metabolism/代謝 6
metabolome/メタボローム 46
methionine sulfoximine/メチオニンスルフォキシミン 133
methotrexate/メトトレキセート 133
methylase/メチラーゼ 100
methylation/メチル化 116
microinjection/マイクロインジェクション 126
micro RNA(miRNA)/マイクロ RNA 33, 39
microarray/マイクロアレイ 46, 114
mid-blastula transition/中期胞胚変移 74

−10 region/−10 領域 18
−35 region/−35 領域 18
mismatch repair/ミスマッチ修復(誤対合修復) 17
missense mutation/ミスセンス変異 15
mitochondria/ミトコンドリア 2, 69
modification enzyme/修飾酵素 100
molecular clock/分子時計 44
molecular fossil/分子化石 40
motif/モチーフ 21
multi-step carcinogenesis/多段階発がんモデル 86
multidrug-resistant bacteria/多剤耐性菌 51
multiple alignment/マルチプルアラインメント 46
mutability/易変性 52
mutagen/変異誘発因子 14
mutagenicity/変異原性 86
mutant/変異株 15
mutation/突然変異 14, 50

N

N-glycosidic bond/N-グリコシド結合 4
natural selection theory/自然淘汰説 44
natural theory of molecular evolution/分子進化の中立説 44
NCBI/国立生物工学情報センター 46
necrosis/ネクローシス 88
neuron/ニューロン(神経細胞) 60, 82
neurotransmitter/神経伝達物質 83
neurotransmitter receptor/神経伝達物質受容体 83
Nicotiana tabacum/タバコ 131
nicotine/ニコチン 131
non-autonomous element/非自律性因子 51
non-coding RNA 117
non-replicative transposition/非複製型転移 50
nonsense codon/ナンセンスコドン 27
nonsense mutation/ナンセンス変異 15
northern blotting/ノーザンブロッティング 119
NTP/リボヌクレオチド 9
nuclear genome/核ゲノム 2
nuclear localization signal/核内保留シグナル 69
nuclear receptor/核内受容体 64
nucleic acid/核酸 4
nucleoside/ヌクレオシド 4
nucleosome/ヌクレオソーム 3, 34
nucleotide/ヌクレオチド 4
nucleotide-excision repair/ヌクレオチド除去修復 16
nucleus/核 2

O

Okazaki fragment/岡崎フラグメント 11

oncogene/がん遺伝子　86
open circular(OC)/開環状　102
operator/オペレーター　31
opsin/オプシン　60
opsonization/オプソニン化　93
organelle/細胞小器官(オルガネラ)　2, 68
organism/生物　2
organizer/オーガナイザー　74
organizing center/形成中心　80
organogenesis/器官形成　123
origin recognition complex(ORC)/複製開始点認識複合体　56

P

packaging/パッケージング　12
palindrome(回文配列)/パリンドローム　100
Parkinson's disease/パーキンソン病　71
particle gun/パーティクルガン(遺伝子銃)　123, 125
pattern-recognition receptor/パターン認識型受容体　92
pBluescriptII SK+　102
pBR322　102
PCR/ポリメラーゼ連鎖反応　104, 110
penicillin/ペニシリン　55
penicillin-binding protein(PBP)/ペニシリン結合タンパク質　55
pentatricopeptide repeat protein/PPRタンパク質　37
pentose/ペントース　7
pentose phosphate pathway/ペントースリン酸経路　7
peptide bond/ペプチド結合　29
peptidoglycan/ペプチドグリカン　54
peptidyl site/ペプチジル部位　28
peptidyl transferase/ペプチジルトランスフェラーゼ　29
peripheral zone/周辺部　80
petal/花弁　81
phage/ファージ　12
phage vector/ファージベクター　106
phenotype/表現型　15
phosphodiester bond/ホスホジエステル結合　4
phospholipase C/ホスホリパーゼC　63
phosphorylase/ホスホリラーゼ　62
photoreactivation/光回復　16
phylogenetic tree/系統樹　46
phytohormone/植物ホルモン　78, 122
plant hormone/植物ホルモン　78, 122
plant regeneration/植物体再生　123
plant tissue culture/植物組織培養　130
plasma cell/形質細胞　94
plasmid/プラスミド　102, 106
plastid/プラスチド　36
pluripotency/多能性　76
point mutation/点変異　14
poly(A)/ポリA　22
poly(A)polymerase/ポリAポリメラーゼ　23
poly(A)tail/ポリA尾部　23

polyacrylamide gel electrophoresis/ポリアクリルアミドゲル電気泳動　108
polyadenylate/ポリアデニル酸　22
polyadenylation signal/ポリA付加シグナル　22, 132
polymerase chain reaction(PCR)/ポリメラーゼ連鎖反応　104, 110
polynucleotide/ポリヌクレオチド　4
polyubiquitination/ポリユビキチン化　71
position effect/位置効果　35, 133
positive selection/ポジティブセレクション　105
Pospiviroidae/ポスピウイロイド科　42
post-transcriptional modification/転写後修飾　31
post-translational modification/翻訳後修飾　23, 31
potein disulfide-isomerase(PDI)/タンパク質ジスルフィドイソメラーゼ　66
pre-replicative complex/複製前複合体　56
pre-mRNA/前駆体mRNA　23
prenylated protein/プレニル化タンパク質　67
prenylation/プレニル化　67
prepriming/プレプライミング　11
prepriming complex/プレプライミング複合体　11
Pribnow box/プリブナウボックス　18
primary antibody/一次抗体　119
primary transcript/一次転写産物　22
primase/プライマーゼ　11
primer/プライマー　11, 110
priming/プライミング　11
Pri-miRNA　33
primosome/プライモソーム　11
prion/プリオン　71
probe/プローブ　118
procaryote/原核生物　2
processing/プロセシング　23, 38, 65
programmed cell death/プログラム細胞死　88
promoter/プロモーター　18
proofreading/校正　111
prophage/プロファージ　12
protease/タンパク質分解酵素　71
proteasome/プロテアソーム　59, 71
protein/タンパク質　2, 65
protein kinase/タンパク質リン酸化酵素(プロテインキナーゼ)　13, 58
protein kinase C/プロテインキナーゼC　63
proteolysis/タンパク質分解　70
proto-oncogene/原がん遺伝子　86
protoplast/プロトプラスト　123
provirus/プロウイルス　90
PRPP　7
purine/プリン　4
pyrimidine/ピリミジン　4
pyrimidine dimer/ピリミジンダイマー　15

Q

quality control/品質管理機構　71
quantitative PCR/定量的PCR　114

R

Ras　67
reading frame/読み枠　27
real-time polymerase chain reaction/リアルタイムPCR　113
RecA　55
receptor/受容体　62
recombination/組換え　117
recombinational repair/組換え修復　17
red fluorescent protein(RFP)/赤色蛍光タンパク質　120
regenerative medicine/再生医療　127
regulation/制御　7
releasing factor/終結因子　28
renaturation/再生　110, 118
repair/修復　16
repellent/忌避物質　61
replication/複製　5, 12
replication fork/複製フォーク　10
replication origin/複製開始点　10
replicative transposition/複製型転移　50
replicon/レプリコン　10
reporter gene/レポーター遺伝子　127
repressor/リプレッサー　31
reprogramming/初期化　77
responsible gene/責任遺伝子　134
restriction enzyme/制限酵素　100
restriction-modification system/制限修飾系　100
retroposon/レトロポゾン　48
retrovirus/レトロウイルス　18, 48, 90
reverse mutation/復帰変異　52
reverse transcriptase/逆転写酵素　41, 90, 104
reverse transcription/逆転写　18
rhodopsin/ロドプシン　60
Ri plasmid/Riプラスミド　123
rib zone/髄状部　80
ribonuclease(RNase)/RNA分解酵素　38
ribonucleic acid(RNA)/リボ核酸　2
ribonucleoprotein particle/リボ核タンパク質粒子　28
ribonucleotide/リボヌクレオチド　9
ribose/リボース　5
ribosomal RNA(rRNA)/リボソームRNA　3, 28
ribosome/リボソーム　28
ribozyme/リボザイム　24, 25, 40
RNA editing/RNA編集　32, 36
RNA induced silencing complex(RISC)　33, 38
RNA interference(RNAi)/RNA干渉　38
RNA polymerase/RNAポリメラーゼ　19

RNA strand/RNA 鎖　5
RNA world/RNA ワールド　40
rolling circle type/ローリングサークル型　43
rough endoplasmic reticulum/粗面小胞体　69
RT-PCR　112

S

S-S bond/S-S 結合　65
salvage pathway/サルベージ経路　6
scrapie/スクレイピー病　43
secondary anfibody/二次抗体　119
secondary metabolite/二次代謝産物　130
self-ligation/セルフライゲーション　112
self-splicing/自己スプライシング　24, 40
semiconservative replication/半保存的複製　5
sense stand/センス鎖　18
sepal/がく　81
sequencing/シークエンシング　116
shikonin/シコニン　130
Shine-Dalgarno(SD)sequence/シャイン・ダルガーノ配列　28
shoot apical meristem/茎頂分裂組織　80
short hairpin RNA(shRNA, small hairpin RNA)　39
short interfering RNA(siRNA)　38
short interspersed element(SINE)　48
shuttle vector/シャトルベクター　106
σ(sigma)factor/シグマ因子　19
signal peptidase/シグナルペプチダーゼ　65
signal peptide/シグナルペプチド　65
signal recognition particle(SRP)/シグナル認識粒子　65
signal sequnce/シグナル配列　65
signal transduction/シグナル伝達　62, 78
simple insertion/単純挿入　50
single nucleotide polymorphism(SNP)/1塩基多型　116, 134
single-strand/1 本鎖　12
single-strand binding protein(SSB)/1本鎖 DNA 結合タンパク質　11
site-directed mutagenesis/部位特異的変異導入法　113
small nuclear ribonucleoprotein particle(snRNP)/核内低分子リボ核タンパク質粒子　25
small nuclear RNA(snRNA)/核内低分子 RNA　20, 25
somite/体節　75
sonic hedgehog/ソニックヘッジホッグ　75
SOS repair/SOS 修復　17
SOS response/SOS 応答　55
Southern blotting/サザンブロッティング　119
spliceosome/スプライソソーム　25
splicing/スプライシング　23, 24, 36
splicing site/スプライシング部位　24
spontaneous mutation/自然突然変異　14

stamen/雄ずい　81
startpoint/転写開始点　18
stem cell/幹細胞　80
steroid hormone/ステロイドホルモン　64
stop codon/終結コドン　26
substitution/置換　14
subunit/サブユニット　17, 28
sugar chain/糖鎖　67
synapse/シナプス　82
synaptic plasticity/シナプス可塑性　85

T

T cell/T 細胞　93
TA cloning/TA クローニング　105
tag/タグ　52
Taq DNA ポリメラーゼ　110
target site duplication(TSD)/標的配列の重複　50
TATA box/TATA ボックス　20
TATA 結合タンパク質(TBP)　21
taxol/タキソール　130
TBP-associated factor(TAF)/TBP 会合因子　21
T-DNA　123, 124, 131
telomerase/テロメラーゼ　41, 57
telomere/テロメア　3, 56
temperate phage/テンペレートファージ　12
template/鋳型(テンプレート)　5, 9, 11
template strand/鋳型鎖　18
termination/終結　10, 28
termination codon/終止コドン　26
terminator/ターミネーター　18
tetracycline/テトラサイクリン　106
TFIID　21
TGF-β family/TGFβ ファミリー　74
Th 1 細胞/ヘルパー T 1 細胞　96
Thermus aquaticus　110
thymine/チミン　4
Ti plasmid/Ti プラスミド　123
TNF-α/腫瘍壊死因子 α　97
topoisomerase/トポイソメラーゼ　102
totipotency/全能性　76, 122
trans/トランス　124
trans factor/トランス因子　31, 37
transcription/転写　3, 12, 18
transcription factor/転写因子　21, 72
transcription unit/転写単位　18, 22
transcriptional regulation/転写制御　31
transducin/トランスデューシン　60
transfection/トランスフェクション　106, 133
transfer RNA(tRNA)/トランスファー RNA　3, 27, 30
transformant/形質転換体　103
transformation/形質転換　4
transgenic animal/トランスジェニック動物　126
transgenic plant/トランスジェニック植物(形質転換植物)　123
transition/トランジション　14

translation/翻訳　12, 18, 28
translation initiation sequence/翻訳開始配列　132
translational regulation/翻訳制御　31
translocation/トランスロケーション　29
translocon/トランスロコン　65
transmissible spongiform encephalopathy/伝染性海綿状脳症　43
transposable element/転移因子　14
transposase/トランスポゼース　50
transposon/トランスポゾン　14
transposon tagging/トランスポゾン・タギング　52
transversion/トランスバージョン　15
trasposition/転移　119
tricarboxylic acid cycle/トリカルボン酸回路　6
triplet/トリプレット　26
triplet codon/トリプレットコドン　26
trophectoderm/栄養外胚葉　76
tumor suppressor gene/がん抑制遺伝子　87
two-component system/2 成分制御系　61
two-element system/2 因子システム　51
tyrosine kinase/チロシンキナーゼ　63

U

ubiquitin/ユビキチン　59, 71
ubiquitin-proteasome system/ユビキチン-プロテアソーム系　71, 78
3′-untranslated region(3′-UTR)/3′非翻訳領域　33
upstream/上流　18
uracil/ウラシル　5

V

vector/ベクター　102
vegetal pole/植物極　74
vir helper plasmid/*vir* ヘルパープラスミド　124
viroid/ウイロイド　42
virulent phage/ビルレントファージ　12
virus/ウイルス　2, 12

W

western blotting/ウエスタンブロッティング法　119
wild type/野生株　15

Y

yeast/酵母　106

Z

zinc finger/ジンクフィンガー　21
zone of polarizing activity(ZPA)/極性化活性帯　75

ポイントがわかる分子生物学　第2版		
	平成22年10月30日	発　　　行
	平成30年10月20日	第3刷発行

編著者	真　野　佳　博
	川　向　　　誠
発行者	池　田　和　博
発行所	丸善出版株式会社
	〒101-0051　東京都千代田区神田神保町二丁目17番
	編集：電話(03)3512-3261／FAX(03)3512-3272
	営業：電話(03)3512-3256／FAX(03)3512-3270
	https://www.maruzen-publishing.co.jp

Ⓒ Yoshihiro Mano, Makoto Kawamukai, 2010

組版印刷・中央印刷株式会社／製本・株式会社 星共社

ISBN 978-4-621-08285-0 C 3045　　　　　Printed in Japan

JCOPY　〈(社)出版者著作権管理機構　委託出版物〉

本書の無断複写は著作権法上での例外を除き禁じられています．複写される場合は，そのつど事前に，(社)出版者著作権管理機構(電話03-3513-6969，FAX 03-3513-6979，e-mail：info@jcopy.or.jp)の許諾を得てください．